新时期　新风险　新应对

建设工程施工合同法律风险分析及防范

李素蕾　何佰洲　孔　钧　著

中国建筑工业出版社

图书在版编目（CIP）数据

建设工程施工合同法律风险分析及防范/李素蕾，何佰洲，孔钧著. —北京：中国建筑工业出版社，2020.1
ISBN 978-7-112-24811-7

Ⅰ.①建… Ⅱ.①李…②何…③孔… Ⅲ.①建筑工程-经济合同-风险管理 Ⅳ.①TU723.1

中国版本图书馆CIP数据核字(2020)第017960号

责任编辑：宋 凯 张智芊
责任校对：赵 菲

建设工程施工合同法律风险分析及防范
李素蕾 何佰洲 孔 钧 著
*
中国建筑工业出版社出版、发行（北京海淀三里河路9号）
各地新华书店、建筑书店经销
北京科地亚盟排版公司制版
北京圣夫亚美印刷有限公司印刷
*
开本：787×1092毫米 1/16 印张：20½ 字数：362千字
2020年1月第一版 2020年1月第一次印刷
定价：**65.00**元
ISBN 978-7-112-24811-7
(34815)

前　言

Preface

众所周知，我国近年来建筑业在拉动经济增长、促进就业中起到了很大的作用，是我国国民经济构成的很重要的一个组成部分。该行业的资源高度密集的特性决定了建筑业中所需调整的社会关系也是十分复杂、繁多的，这就使得法律这一社会关系在建筑业中显得十分必要。国家在建筑领域的立法、释法工作也从未止步，为了适应新时代建筑行业发展的需要，住房城乡建设部联合国家工商总局于2017年9月22日发布了《建筑工程施工合同（示范文本）》（GF-2017-0201）（以下简称“示范文本（2017）”），最高法也于2019年1月3日颁布了《最高人民法院关于审理建设工程施工合同纠纷案件适用法律问题的解释（二）》（以下简称“司法解释（二）”），在进一步规范了建筑行业的同时也使得原来相对稳定的行业环境发生了一些微小波动，集中表现在新的规范与司法解释的出台使得许多未知的风险逐渐显现，给工程法律界专业人士的实际工作造成了一些困扰。

本书在写作思路上按照介绍问题—分析问题—解决问题的路径，首先集体分析了建设工程合同法律风险的类型，针对合同效力、工程价款、工程质量、工期等问题分别展开论述，结合示范文本（2017）与司法解释（二）的变动，向读者详细地梳理了因这两部规范性法律文件的颁布而发生变动的法律风险。继而笔者又按照招标、投标、施工、竣工验收这几大工程阶段论述了如何有效地识别这些新产生的建设工程合同的法律风险，为风险的解决提供了切实指导。随后，本书着重向读者讲述了如何防范、控制风险，在风险的处理上，笔者认为，下策为化解，中策乃控制，上策当防范，因此在这一部分主要强调了对于风险的控制与防范，就是希望业界同行们借此刍荛之见，在工程实践中能够尽可能以最小的成本将风险消灭于萌芽中。他山之石，可以攻玉，我们要用发展的眼光看问题。虽然示范文本（2017）刚刚出台，但实事求是地讲，其还是不能够穷尽所有在工程中出现的社会关系并给予有效的调节，所以在全书的最后，特意安排了示范文本（2017）与FIDIC（2017）的比较，国内、国际的施工环境有着何种差别？国内的示范文本又有哪些内容还有待完善？这些都是值得探讨的问题。

笔者多年从事工程法律的一线教学、研究与咨询工作，虽无五车之学，但对于专业也有着自己的一些见解，借此拙作也希望能够抛砖引玉，为同道们提供一些能够解决实际问题同时又能展开继续深入研究的思路。笔者的学识终是有限的，我们会尽最大的努力给大家提供最准确、最恰当的信息，但终不能避免书中会出现些许纰漏，也希望各位读者不吝笔墨给予斧正，不胜感激。

最后，在成书过程中，笔者参考了大量的文献资料，从中汲取了丰富的营养，在这里向这些学界的前辈以及为本书提供帮助的同道给予最衷心的感谢。

2020 年 1 月

目　录

Contents

第一章

建设工程施工合同
法律风险概述

第一节　建设工程施工合同概述

1. 建设工程施工合同的概念及特征

合同是平等主体的自然人、法人和其他组织之间设立、变更、终止民事权利义务关系的协议。合同有广义、狭义之分，狭义的合同仅包括有关财产关系的协议，广义的合同不仅包括有关财产关系的合同还包括有关人身关系的合同，我国民法中的合同仅指狭义的合同。

建设工程合同本质上属于我国合同法分论中的承揽合同，因其较为复杂，合同法将其单独列出，根据《中华人民共和国合同法》第二百六十九条规定，建设工程合同是承包人进行工程建设，发包人支付价款的合同。建设工程合同包括建设工程勘察、设计、施工合同。在建设工程合同中，勘察、设计、施工单位一方为承包方，建设单位一方为发包方。这里只研究建设工程施工合同。

建设工程施工合同的特征主要包括以下几个方面。

第一，合同标的物的特殊性与大额性。

施工合同的“标的物”是特定的建筑产品，不同于其他一般商品。首先，建筑产品的固定性和施工生产的流动性是区别于其他商品的根本特点。建筑产品是不动产，其基础部分与大地相连，无法移动，这就决定了每个施工合同之间具有不可替代性，而且施工队伍、施工机械必须围绕建筑产品不断移动。其次由于建筑产品各有其特定的功能要求，其实物形态千差万别，种类庞杂，其外观、结构、使用目的、使用人各不相同，这就要求每一个建筑产品都需要单独设计和施工，即使可重复利用标准设计或重复使用图纸，也应采取必要的修改设计才能施工，造成建筑产品的单体性和生产的单件性。再次，建筑产品体积庞大，消耗的人力、物力、财力多，一次性投资额大。所有这些特点，必然在施工合同中表现出来，使得施工合同在明确标的物时，需要将建筑产品的幢数、面积、层数或高度、结构特征、内外装饰标准和设备安装要求等规定清楚。

第二，合同内容的多样性和复杂性。

施工合同实施过程中设计的主体有多种，且其履行期限长、标的额大；涉及的法律关系，除承包人与发包人的合同关系外，还涉及与劳务人员的劳动关系、与保险公司的保险关系、与材料设备供应商的买卖关系、与运输企业的运输关系，还涉及监理单位、分包人、保证单位等。施工合同除了应当具有合同的一般内容外，还应对安全施工、专利技术使用、地下障碍和文物发现、工程分包、不可抗力、工程设计变更、材料设备供应、运输和验收等内容做出规定。所有这些，都决定了施工合同内容具有多样性和复杂性的特点，要求合同条款必须具体、明确和完整。

第三，合同履行期限的长期性。

由于建设工程结构复杂、体量大、材料类型多、工作量大，使得工程生产周期都较长。因为建设工程的施工应当在合同签订后才开始，且需加上合同签订后到正式施工前的施工准备时间和工程全部竣工验收后、办理竣工结算和保修时间。在工程的施工过程中还可能因为不可抗力、工程变更、材料供应不及时、一方违约等原因而导致工期延误，因而施工合同的履行期限具有长期性，变更较频繁，合同争议和纠纷也比较多。

第四，合同监督的严格性。

由于施工合同的履行对国家经济发展、公民的工作与生活都有重大的影响，因此，国家对施工合同的监督是十分严格的。

首先表现在对合同主体监督的严格。建设工程施工合同的主体一般是法人。发包人一般是经过批准进行工程项目建设的法人，必须具有国家批准的建设项目，落实投资计划，并且应当具备相应的协调能力；承包人必须具备法人资格，而且应当具备相应的从事施工的资质。无营业执照或无承包资质的单位不能作为建设工程施工合同的主体，资质等级低的单位不能越级承包建设工程。

其次表现在对合同订立监督的严格性。订立建设工程施工合同必须以国家批准的投资计划为前提，即使是国家投资以外的，以其他方式筹资的投资也要受到当年的贷款规模和批准限额的限制，纳入当年投资规模的平衡，并经过严格的审批程序。建设工程施工合同的订立，还必须符合国家对于建设程序的规定。考虑到建设工程的重要性和复杂性，在施工过程中经常会发生影响合同履行的各种纠纷，因此，《合同法》要求建设工程施工合同应当采用书面形式。

最后表现在对合同履行监督的严格性。在施工合同履行过程中，除了合同当事人应当对合同进行严格的管理外，合同的主管机关（工商行政管理部门）、建设行政主管部门、合同双方的上级主管部门、金融机构、解决合同争议的仲裁机构和人民法院，还有税务部门、审计部门及合同公证机关或鉴证机关等机构和部门，都要对建设工程施工合同的履行进行严格的监督。

2. 建设工程施工合同责任的主体及双方的义务

建设工程施工合同法律责任的主体，是建设工程施工合同法律关系的参与人，包括发包人、承包人、实际施工人等。建设工程施工合同法律责任最主要的主体是发包人与承包人。建设工程施工合同法律责任的主体关系到建设工程施工合同履行中权利义务关系的界定及法律责任的承担。

发包人又称建设单位、发包单位、业主，是通过签订建设工程施工合同将施工任务交给他人完成，且具有发包工程主体资格的当事人，以及取得该当事人资格的合法继受人，包括法人、其他组织、自然人、合伙人。发包人签订建设工程施工合同前应办理建设用地的土地使用证、立项批准、建设用地规划许可证、建设工程规划许可证等文件。

实践中对于发包人诉讼主体的认定，通常遵循以下原则：

（1）法人、其他组织、自然人发包工程与承包人签订建设工程施工合同的，法人、其他组织、自然人为诉讼主体。

（2）合伙人发包工程签订建设工程施工合同的，合伙人均为诉讼主体。

（3）法人的分公司发包工程签订建设工程施工合同的，分公司所在的法人为诉讼主体。

（4）法人的职能部门发包工程签订建设工程施工合同的，法人为诉讼主体。

（5）法人、其他组织、自然人委托项目管理机构等发包工程的，在委托的权限内法人、其他组织、自然人是诉讼主体。

（6）两个以上的法人、其他组织联合开发建设工程成立新的公司与承包人签订建设工程施工合同的，新成立的公司为诉讼主体。如果未成立新公司，联合开发的部分当事人签订建设工程施工合同的，与承包人签订合同的该联合开发的当事人为诉讼主体。

（7）建设工程施工合同的发包方与建设工程的产权人不一致的，建设工程的产权人不是诉讼主体，发包方仍为诉讼主体。

而对于发包人应承担的义务，主要体现在以下几个方面：

第一，提供施工现场、施工条件和基础资料。

除专用合同条款另有约定外，发包人应最迟于开工日期 7 天前向承包人移交施工现场。

除专用合同条款另有约定外，发包人应负责提供施工所需要的条件，包括：

（1）将施工用水、电力、通信线路等施工所必需的条件接至施工现场内；

（2）保证向承包人提供正常施工所需要的进入施工现场的交通条件；

（3）协调处理施工现场周围地下管线和邻近建筑物、构筑物、古树名木的保护工作，并承担相关费用；

（4）按照专用合同条款约定应提供的其他设施和条件。

提供基础资料，发包人应当在移交施工现场前向承包人提供施工现场及工程施工所必需的毗邻区域内供水、排水、供电、供气、供热、通信、广播电视等地下管线资料，气象和水文观测资料，地质勘查资料，相邻建筑物、构筑物和地下工程等有关基础资料，并对所提供资料的真实性、准确性和完整性负责。

按照法律规定确需在开工后方能提供的基础资料，发包人应尽其努力及时地在相应工程施工前的合理期限内提供，合理期限应以不影响承包人的正常施工为限。

因发包人原因未能按合同约定及时向承包人提供施工现场、施工条件、基础资料的，由发包人承担由此增加的费用和（或）延误的工期。

第二，提供资金来源证明及支付担保。

除专用合同条款另有约定外，发包人应在收到承包人要求提供资金来源证明的书面通知后28天内，向承包人提供能够按照合同约定支付合同价款的相应资金来源证明。

除专用合同条款另有约定外，发包人要求承包人提供履约担保的，发包人应当向承包人提供支付担保。支付担保可以采用银行保函或担保公司担保等形式，具体由合同当事人在专用合同条款中约定。

第三，支付合同价款。发包人应按合同约定向承包人及时支付合同价款。

第四，组织竣工验收。发包人应按合同约定及时组织竣工验收。

第五，签订现场统一管理协议。发包人应与承包人、由发包人直接发包的专业工程的承包人签订施工现场统一管理协议，明确各方的权利义务。施工现场统一管理协议作为专用合同条款的附件。

承包人又称施工人、承包单位，是具有建设工程施工承包主体资格，被发包人认可的当事人及取得该当事人资格的合法继受人。建设工程施工合同的承包人必须具备企业法人资格，领取营业执照，持有资质证书，且在核准的施工资质等级许可范围内承揽建设工程。

根据承包工程的方式，承包人分为总承包人、分包人。总承包人，是具备总承包工程资质条件的承包人承揽建设工程的施工等全部工程任务的承包人。总承包人负责工程的全部建设。总包人可以把承包的部分工程另行分包，但是，总承包人必须完成所承包工程的主体结构。分包人是经发包人同意，总承包人把承包的部分工程再发包给具备施工资质的承包人，承揽该部分工程的施工人。总承包人分包工程后，并没有退出建设工程承包关系，工程总承包人与分包人共同对分包人完成的工程向发包人承担连带责任。

对于承包人，其应在履行合同过程中遵守法律和工程建设标准规范，并履行以下义务。

第一，办理法律规定应由承包人办理的许可和批准，并将办理结果书面报送发包人留存；

第二，按法律规定和合同约定完成工程，并在保修期内承担保修义务；

第三，按法律规定和合同约定采取施工安全和环境保护措施，办理工伤保险，确保工程及人员、材料、设备和设施的安全；

第四，按合同约定的工作内容和施工进度要求，编制施工组织设计和施工措施计划，并对所有施工作业和施工方法的完备性和安全可靠性负责；

第五，在进行合同约定的各项工作时，不得侵害发包人与他人使用公用道路、水源、市政管网等公共设施的权利，避免对邻近的公共设施产生干扰。承包人占用或使用他人的施工场地，影响他人作业或生活的，应承担相应责任；

第六，按照约定负责施工场地及其周边环境与生态的保护工作（见附录 1《建设工程施工合同（示范文本）》GF-2017-0201 第 6.3 款）；

第七，按照约定采取施工安全措施，确保工程及其人员、材料、设备和设施的安全，防止因工程施工造成的人身伤害和财产损失（见附录 1《建设工程施工合同（示范文本）》GF-2017-0201 第 6.1 款）；

第八，将发包人按合同约定支付的各项价款专用于合同工程，且应及时支付其雇用人员工资，并及时向分包人支付合同价款；

第九，按照法律规定和合同约定编制竣工资料，完成竣工资料立卷及归档，并按专用合同条款约定的竣工资料的套数、内容、时间等要求移交发包人；

第十，应履行的其他义务。

第二节　法律风险的含义

1. 法律风险

所谓法律风险，指由于作为或不作为与法律规范或其他具有相应效力的规范性文件的规定存在差异，从而导致行为主体因此而承担不利后果的可能性。众所周知，我国是成文法国家，成文法是法官判案的最主要的依据，是调整社会关系的最主要的途径，但成文法的滞后性、稳定性的特点，与日新月异的社会生活之间总会存在着一些矛盾，这些矛盾就是法律风险“赖以生存的栖息地”。由此可以得出，法律风险产生的根本原因在于，人类目前所有的规范性文件都不可能穷尽人类社会的全部社会关系进行充分的调整，同时，法律行为的各方作为法律假设的理性人，都在追求利益最大化，法无禁止则自由，在这个过程中，人们倾向于遵守显性的法律规范（将“法”理解为显性的），而往往会忽略法律原则等一些隐性的法律精神。最后，人们利益范围的交叉处就产生了法律风险。

根据法律风险的后果不同，可以将风险分为：公权力处罚风险、违约责任风险、侵权责任风险和权益丧失风险。

（1）公权力处罚风险，主要是由于行为人违反刑事与行政法律法规，由代表国家的公权力机关对行为人做出的否定性评价与相应处罚的风险，这是最为严重的风险，后果是承担刑事责任或是行政责任。例如，2018 年 10 月，某施工单位未按合同履行其应该在保修期内履行的保修义务而被当地建设主管部门依据《中华人民共和国建设工程质量管理条例》第六十六条责令改正，同时罚款十二万元并承担该建筑物在保修期内因质量缺陷造成的损失。在这个案例中，该施工企业就承担了因其不法行为而应承担的行政处罚。

（2）违约责任风险，主要是因为行为人不履行或不适当履行合同义务而应承担民事责任的风险。违约责任风险的双方当事人均为具有平等的民事法律地位的自然人、法人或其他组织，这一点不同于前者。例如，发包人违反合同约定逾期还未支付承包人工程价款，此时，发包人就应当承担违约责任。

（3）侵权责任风险，指行为人因其侵权行为而依法应当承担民事法律责任的风险。也就是说，因为行为人的侵权行为而应承担的赔偿损失、返还原物、停止侵害排除妨碍、恢复原状、消除危险、消除影响、恢复名誉、赔礼道歉等责任的风险。同违约责任一样，侵权责任风险的主体各方也应为平等的民事主体。例如，在施工现场，因高空坠物将工地附近的行人甲砸伤，此时，施工单位就侵犯了甲的健康权，需要承担侵权责任，而承担此类责任的风险就是侵权责任风险。

（4）权益丧失风险，指行为人未能充分的利用其被赋予的合法权益而产生的风险。与另外三种风险不同，这种风险并不是在作为与不作为之后违反法律规定或合同约定而导致承担法律责任的可能性，往往是一种合法的行为，不会对其他权益造成影响，并且大多数情况下这种风险的主体为一方。当发生权益损害的时候，如果受害人不及时请求公权力的介入就很有可能丧失其合法的权益，如，债权人不及时主动地主张债权，将会导致债权丧失的情况。建设工程人身财产关系众多，各种权利关系错综复杂，其中权益丧失的风险不可小觑。

2. 建设工程施工合同法律风险

从本质上说，建设工程施工合同法律风险在一般的合同法律风险的范畴之中。根据相关理论，建设工程合同有广义和狭义两种，广义上包括建筑物的勘察、设计、建造、装修、改造和修缮等各种合同，而狭义上仅指建设工程的勘察、设计和施工合同，我国《合同法》对建设工程合同采纳了狭义的概念，其中，本文只研究建设工程施工合同。

合同法律风险，是指平等民事主体在订立合同和履行合同过程中，由于外部法律环境发生变化或者由于民事主体自身违反法定或者约定行使权利、履行义务而导致其承担不利法律后果的可能。所以，建设工程施工合同法律风险主要是指建设工程法律主体在参与工程项目建设过程中因其民事行为违反法律规定而导致的不利后果或经济损失。由于建设工程施工合同法律风险伴随着整个工程项目建设的全过程，因此，避免因合同法律风险导致的经济损失，全面实现建设工程合同目的，如何防范建设工程合同的法律风险成了建设工程项目建设中的核心所在。

基于前文所述建设工程施工合同的独特特征，如合同履行期限的长期性、标的额巨大等特点，建设工程施工合同履行过程中有可能产生大量的法律风险，其具体特征表现在以下方面。

（1）建设工程施工合同法律风险持续时间长，且伴随工程建设项目最关键的施工阶段。所以这类风险的防范，在工程项目中应该占据非常重要的地位。否则，稍有不慎就可能造成重大损失，甚至是为工程项目埋下不可预估的隐患。

（2）建设工程施工合同中各类风险相互影响。建设工程施工阶段各种资源聚集，各种社会关系错综复杂，存在的各个风险之间相互依赖、相互依存、相互制约的情况，这就要求在工程实务中，处理建设工程施工合同法律风险应当如抽丝剥茧一般，条理清晰、慎重为之，否则就有可能牵一发而动全身，造成更大损失。

（3）建设工程施工合同法律风险的防范是一个动态的过程。不同于一般合同，建设工程施工合同所在的建设工程施工阶段的资源变动频繁，施工中工程变更、索赔等情况非常常见，这就决定了其风险的防范是一个动态的过程，需要随着工程的变动而灵活变动，不过，这也在合同的稳定性特点之间产生了一些矛盾，如何更好地处理这些矛盾也就成了工程实务人员必须面临的问题。

（4）建设工程施工合同法律风险的综合性。建设工程的专业性特征决定了建设工程施工合同法律风险的相关问题不能仅仅局限在法学范畴之内，工程技术、经济学、管理学的相关领域也在风险防范方面起着重要作用。

（5）建设工程施工合同法律风险所涉及法学领域的复杂性。建设工程合同所涉及的社会关系除了受《建筑法》《合同法》《招标投标法》等法律的调整，还要受到行政法规、地方性法规、部门规章等一系列的规范性文件的调整。另外，最高人民法院与最高人民检察院颁布的司法解释也同样对于这类法律关系具有调整功能。总之，建设工程施工合同法律风险涉及法学领域的方方面面，相关专业人员必须具备深厚的法律素养。

（6）建设工程施工合同法律风险具有经济利益性。建设工程本身作为固定资产投资的一种形式，对其法律风险的防范属于投资成本控制的范畴。对建设工程的法律风险进行有效的识别和控制，可以控制违约责任的产生，有利于节约资金成本、保障工程质量，同时确保工程能够按照工期计划如期交付。因此，从经济学的角度看，建设工程合同的法律风险防范对经济利益可以产生重大影响。

第三节 建设工程施工合同法律风险的现状

在 2017 年下半年住房城乡建设部与国家工商行政管理总局联合制定了《建设工程施工合同（示范文本）》GF-2017-0201（以下简称“示范文本（2017）”）。另外，在 2018 年年底最高人民法院发布了《最高人民法院关于审理建设工程施工合同纠纷案件适用法律问题的解释（二）》（以下简称“司法解释（二）”）。两份文件的发布，无疑使建设行业朝着更加规范化的方向发展，但这也打破了多年来形成的相对稳定的行业格局，建设工程施工合同法律风险的构成也发生了一些新的变化。

1.《建设工程施工合同(示范文本)》GF-2017-0201 发生的变动

对比来看，示范文本 2017 版相比较于 2013 版的示范文本总共有九处变动：

第一，第二部分：通用合同条款 1.1.4.4 新增说明。变更后为：

缺陷责任期：是指承包人按照合同约定承担缺陷修复义务，且发包人预留质量保证金（已缴纳履约保证金的除外）的期限，自工程实际竣工日期起计算。

第二，第二部分：通用合同条款 14.1 新增内容。变更后为：

除专用合同条款另有约定外，承包人应在工程竣工验收合格后 28 天内向发包人和监理人提交竣工结算申请单，并提交完整的结算资料，有关竣工结算申请单的资料清单和份数等要求由合同当事人在专用合同条款中约定。

除专用合同条款另有约定外，竣工结算申请单应包括以下内容：

（1）竣工结算合同价格；

（2）发包人已支付承包人的款项；

（3）应扣留的质量保证金。已缴纳履约保证金的或提供其他工程质量担保方式的除外；

（4）发包人应支付承包人的合同价款。

第三，第二部分：通用合同条款 15.2.1 变更内容。变更后为：

缺陷责任期从工程通过竣工验收之日起计算，合同当事人应在专用合同条款约定缺陷责任期的具体期限，但该期限最长不超过 24 个月。

单位工程先于全部工程进行验收，经验收合格并交付使用的，该单位工程缺陷责任期自单位工程验收合格之日起算。因承包人原因导致工程无法按合同约定期限进行竣工验收的，缺陷责任期从实际通过竣工验收之日起计算。因发包人原因导致工程无法按合同约定期限进行竣工验收的，在承包人提交竣工验收报告 90 天后，工程自动进入缺陷责任期；发包人未经竣工验收擅自使用工程的，缺陷责任期自工程转移占有之日起开始计算。

第四，第二部分：通用合同条款 15.2.2 新增内容、说明。变更后为：

缺陷责任期内，由承包人原因造成的缺陷，承包人应负责维修，并承担鉴定及维修费用。如承包人不维修也不承担费用，发包人可按合同约定从保证金或银行保函中扣除，费用超出保证金额的，发包人可按合同约定向承包人进行索赔。承包人维修并承担相应费用后，不免除对工程的损失赔偿责任。发包人有权要求承包人延长缺陷责任期，并应在原缺陷责任期届满前发出延长通知。但缺陷责任期（含延长部分）最长不能超过24个月。

由他人原因造成的缺陷，发包人负责组织维修，承包人不承担费用，且发包人不得从保证金中扣除费用。

第五，第二部分：通用合同条款15.3新增内容。变更后为：

经合同当事人协商一致扣留质量保证金的，应在专用合同条款中予以明确。

在工程项目竣工前，承包人已经提供履约担保的，发包人不得同时预留工程质量保证金。

第六，第二部分：通用合同条款15.3.2新增内容。变更后为：

质量保证金的扣留有以下三种方式：

（1）在支付工程进度款时逐次扣留，在此情形下，质量保证金的计算基数不包括预付款的支付、扣回以及价格调整的金额；

（2）工程竣工结算时一次性扣留质量保证金；

（3）双方约定的其他扣留方式。

除专用合同条款另有约定外，质量保证金的扣留原则上采用上述第（1）种方式。

发包人累计扣留的质量保证金不得超过工程价款结算总额的3%。如承包人在发包人签发竣工付款证书后28天内提交质量保证金保函，发包人应同时退还扣留的作为质量保证金的工程价款；保函金额不得超过工程价款结算总额的3%。

发包人在退还质量保证金的同时按照中国人民银行发布的同期同类贷款基准利率支付利息。

第七，第二部分：通用合同条款15.3.3新增内容。变更后为：

缺陷责任期内，承包人认真履行合同约定的责任，到期后，承包人可向发包人申请返还保证金。

发包人在接到承包人返还保证金申请后，应于14天内会同承包人按照合同约定的内容进行核实。如无异议，发包人应当按照约定将保证金返还给承包人。对返还期限没有约定或者约定不明确的，发包人应当在核实后14天内将保证金返还承包人，逾期未返还的，依法承担违约责任。发包人在接到承包人返还保证金申请后14

天内不予答复，经催告后 14 天内仍不予答复，视同认可承包人的返还保证金申请。

第八，第三部分：专用合同条款 15.3 新增内容。变更后为：

在工程项目竣工前，承包人按专用合同条款第 3.7 条提供履约担保的，发包人不得同时预留工程质量保证金。

第九，附件 3：三、缺陷责任期，变更内容。变更后为：

工程缺陷责任期为______个月，缺陷责任期自工程通过竣工验收之日起计算。单位工程先于全部工程进行验收，单位工程缺陷责任期自单位工程验收合格之日起算。

缺陷责任期终止后，发包人应退还剩余的质量保证金。

2.《最高人民法院关于审理建设工程施工合同纠纷案件适用法律问题的解释（二）》的大致内容

对于新出台的司法解释二，一共二十六条，大致包含了以下几个方面。

第一，有关合同效力的规定主要有三条。其中，第一条确立了中标合同与其他合同不一致时，中标合同的地位；第二条确定了未及时办理审批手续致使施工合同不生效的原则；第三条则规定了建设工程施工合同无效时的损失赔偿原则。

第二，有关工期的规定有两条。其中，第五条明确了开工日期争议的解决办法；第六条规定了工期顺延的有关情况。

第三，有关合同价款问题的规定主要有三条。第九条规定了不必须招标的工程招标之后，中标合同与其他合同不一致时的解决办法；第十条确立了招标文件、投标文件、中标通知书在工程价款结算时的优先地位；第十一条规定了数份合同均无效但工程质量合格时可参照实际履行的合同结算工程价款。

第四，有五条规定涉及造价鉴定问题。造价鉴定必然是有关诉讼程序的事项，所以这五条规定都是民事诉讼法有关证据规定在建设工程施工合同领域的具体化，均体现着充分质证的思想。

第五，优先受偿问题是本次司法解释的重头，有七条规定事关于此。建设工程施工合同的优先受偿权制度的设定本身就是为了保护承包人的利益，防止发包人因资金链断裂等情况无法支付工程价款而“跑路”。所以这七条规定中大半都是明确对承包人按合理程序行使优先受偿权的肯定。但为了防止承包人怠于行使权力，在第二十二条规定了优先受偿权的期限；同时，基于建筑市场中发包人的绝对强势地位，在第二十三条，司法解释排除了“发包人与承包人约定放弃或者限制建设工程价款优先受偿权，损害建筑工人利益”条款的效力。

第六，还有五项规定有关其他方面。第四条规定了出借资质的施工单位的连带责任；第七条事关诉讼程序，规定在一定条件下可以合并审理发包人在承包人提起的建设工程施工合同纠纷案件中的反诉；第八条明确了承包人可请求发包人返还工程质量保证金的情形；第二十四条明确了在转包或违法分包情况下，发包人承担的有限责任；第二十五条规定了实际施工人的代位诉讼权。

3. 两份文件的规律总结

结合两份文件（详见附录 1、附录 2），不难看出，新近发布的这两份文件的规律大致有以下几个方面（表 1）。

第一，对于“示范文本（2017）”，较前一版本的九处变动中，不外乎对于缺陷责任期与工程质量担保这两项内容，这九处变动基本都是将上一版本的规定进行细化、说明。

第二，对于“司法解释（二）”，一共的二十五项条款（第二十六条为该文件的效力条款）中，大致也是围绕着几个问题规定的：合同效力问题、工期问题、工程价款问题、造价鉴定问题、优先受偿问题与责任承担问题。从中也可以窥见近年来司法实践中有关建设工程方面的热点问题。

新形势下建设工程施工合同中双方当事人风险负担分配情况　　表 1-1

	增加甲方负担	减轻甲方负担	增加乙方负担	减轻乙方负担	两方负担均衡
示范文本（2017）	1	0	4	6	0
司法解释（二）	2	4	3	10	8
总计	3	4	7	16	8

第三，经过统计，综合两份文件，可以看出新形势下的风险分配发生了变化。在两份文件的合计 38 个相关问题中（表 1.1），增加甲方（发包人）风险的条款有 3 条，占比 7.9%；减轻甲方风险的条款有 4 条，占比 10.5%；增加乙方（承包人，包括实际施工人）风险的条款有 7 条，占比 18.4%；减轻乙方风险的条款有 16 条，占比 42.1%；二者风险平衡的条款有 8 条，占比 21.1%。（图 1.1）可见，新形势下，甲方的负担较以往更重，国家更倾向于给乙方减轻负担，这也使得乙方在建筑市场的地位得以提高，建筑市场中，甲方占绝对强势的地位得到了一定程度的平衡。

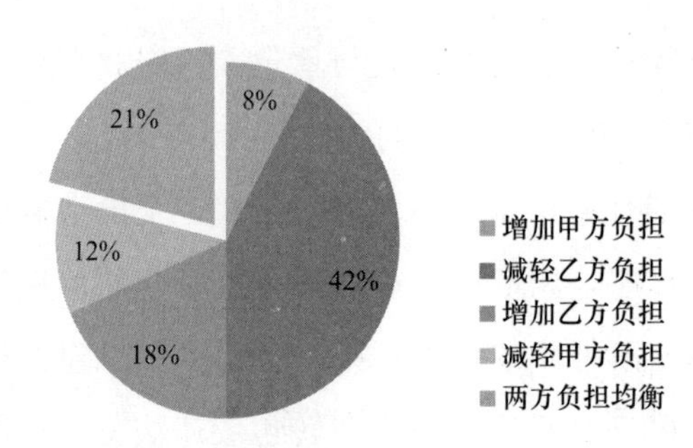

图 1-1　新形势下建设工程施工合同双方当事人风险占比情况

那么，在这个新的形势下，建设工程施工合同的各方当事人究竟承担了哪些风险，这些风险是怎样形成的，在工程实践中我们又将如何应对？这些问题都值得我们深入讨论。

第二章

新形势下建设工程施工合同法律风险的类型及成因

合同效力、工程价款、工程质量、工期这几大因素作为工程管理的关键对整个工程的影响远大于其他方面，其所涉及的各种关系也颇为复杂烦冗，因此，此处所涉及的建设工程合同法律风险将以此为切入点深入地讨论新形势下的各种法律风险及其成因。

第一节　与建设工程施工合同效力相关的风险

1. 概述

合同的效力，又称合同的法律效力，指已经成立的合同对当事人乃至第三人产生的法律后果。已经成立的合同要产生当事人预期的法律后果，需满足一定的生效要件。我国《合同法》对合同的效力相关问题做出了详细的规定，之后出台的民法总则对于合同效力又做了一定的修正。

民法总则规定，合同的一般生效要件是：

（1）当事人缔约时有相应的缔约能力。

（2）当事人的意思表示真实。

（3）不违反强制性法律规范及公序良俗。

合同欠缺生效要件主要有三种法律后果：合同的无效、合同的可撤销、合同的效力待定。建设工程施工合同也是《合同法》分则中规定的一类合同，受《合同法》调整。因而，对于建设工程施工合同效力的讨论也可以按照这个思路进行。

2. 建设工程施工合同无效

无效合同，指虽然业已成立，但因违反法律、行政法规的强制规定或损害社会公共利益而不能发生合同应有效力的合同。无效的合同自始当然无效、绝对确定无效，任何人都可以主张其无效，法院可以依职权主动宣告该合同无效。

对于无效合同，合同法做出了明确规定，同时，最高人民法院于2004年颁布的《关于审理建设工程施工合同纠纷案件适用法律问题的解释》中，依据相关法律法规以及工程司法实践对建设工程施工合同的效力认定也做了明确规定。

司法解释中规定，建设工程施工合同无效的情形主要包括：

（1）承包人未取得建筑施工企业资质或者超越资质等级的；

（2）没有资质的实际施工人借用有资质的建筑施工企业名义的；

（3）建设工程必须进行招标而未招标或者中标无效的；

（4）承包人非法转包建设工程的；

（5）承包人违法分包建设工程的。

基于以上理论，结合“示范文本（2017）”“司法解释（二）”以及工程实践，我们可以归纳出常见的几类引起合同无效的原因：

第一，由于承包人主体资格缺陷造成的合同无效。这种情况下又有三种情形：承包人没有建筑施工企业资质；承包人超越资质等级承包工程；没有资质的实际施工人借用有资质的建筑施工企业名义。

前两种情形很好理解，在实践中应用的界限也不会很模糊。而对于第三种情形则较为复杂。

在民营企业中，由于其起步时规模较小、资金不足。建设能力也相对较弱，故而无法取得法定的建设工程资质等级，所以，借用具有法定资质条件的建筑施工企业的名义对外承揽工程在建筑市场中已成为一种普遍现象。所以，社会上一度有不同观点认为，鉴于这种现象的普遍存在，不应该认定这类合同全部无效。而最高法民一庭在2004年出版的《最高人民法院建设工程施工合同司法解释的理解和适用》中则明确指出：“虽然这种情况普遍存在，但这种普遍存在的情况是违反法律禁止性规定的违法行为，如果我们放宽对无资质企业借用具有法定资质企业名义对外承揽工程，牺牲的是法律规定的价值，最终导致的是建筑业市场的混乱，影响建筑业市场的健康有序发展，影响建筑工程质量，给国家和人民的生命财产安全带来威胁。我们严格对建筑施工企业的资质条件，最终会导致民营企业在法治轨道上的逐步健康发展，牺牲的是眼前的利益，保证的是长治久安。”所以，借用资质的企业所签订的施工合同应该是无效合同。

第二，违反法律法规有关招标投标的规定致使合同无效。招标投标是基本建设领域促进竞争的全面经济责任制形式，是保证工程质量、提升企业竞争力、促进公共投资透明化、减少腐败的关键手段。合同双方违反国家有关招标投标的规定串通投标甚至不招标的行为不仅破坏了社会主义市场经济秩序，还会损害公共利益甚至危及公共安全。在这种情况下签订的施工合同当然不可能视为有效的合同。

第三，承包人非法转包、违法分包建设工程致使合同无效。承包人经过发包人的层层审查取得了承包资格，表明其有能力胜任这项工程，而发包人也就实现了对于工程质量的有效控制。而承包人若非法转包或是违法分包所取得的工程，对于发包人来讲也就失去了对工程质量的有效监控，从这种意义上讲，招标投标的程序也就形同虚设，没有发挥其应有的作用。所以，为了保护发包人以及公共的利益，承包人非法转包和违法分包的行为也会使得建设工程施工合同无效。

第四，发包人未取得建设工程规划许可证等规划审批手续使得合同无效。司法解释二规定“当事人以发包人未取得建设工程规划许可证等规划审批手续为由，请求确认建设工程施工合同无效的，人民法院应予支持，但发包人在起诉前取得建设工程规划许可证等规划审批手续的除外。”从本质上讲，这一款的规定体现的是国家对于建设工程的控制，由于建设工程具有资源投入大、与公共利益密切相关的特点，国家有必要对建设工程进行一定程度的管控，否则，就有可能对经济秩序、社会环境、城市发展以及公共安全造成影响，而国家对建设工程管控的形式就体现在行政审批上，未取得相应审批的发包人所订立的合同当然是无效合同。

第五，其他足以致使建设工程施工合同无效的情形。

3. 建设工程施工合同可撤销

建设工程施工合同属于《合同法》分则中规定的建设工程合同中的一部分，受我国《合同法》的调整，因此其相关理论适用《合同法》总则规定的基本理论。所以建设工程施工合同的可撤销的情形适用可撤销合同的规定。

可撤销合同，又称相对无效合同，是指因意思表示不真实等原因，享有撤销权的当事人有权予以撤销而使其无效的合同。可撤销的合同在撤销权人行使撤销权之前，合同对当事人具有效力。在撤销权人行使撤销权之后，该合同溯及合同成立之时无效。

可撤销合同主要包括：

（1）因重大误解订立的合同。所谓重大误解，指的是一方当事人因自己的过错导致对合同的内容等发生误解而订立的合同。误解直接影响到当事人所应享有的权利和承担的义务。误解既可以是单方面的误解，也可以是双方的误解。这种误解必须基于合同双方的过错，同时，必须是对合同的主要内容，如：合同价款、合同履行方式、合同主体等足以影响到合同正常履行的内容。

（2）在订立合同时显失公平的。显示公平的情况又可细分为三种：

一方以欺诈手段，使对方在违背真实意思的情况下订立的合同；第三人实施欺诈行为，使一方在违背真实意思的情况下订立的合同，对方知道或者应当知道该欺诈行为的，受欺诈方有权请求撤销。这种情况下，因欺诈行为受益合同一方当事人就违背了我国民法总则所确立的诚实信用原则，侵犯了另一方利益，法律当然不能保护。

一方或第三人以胁迫手段，使对方在违背真实意思的情况下订立的合同。

一方利用对方处于危困状态、缺乏判断能力等情形，致使订立时显失公平的合同。

根据合同法的基本理论，撤销权本质上属于形成权，在我国只能通过诉讼或者仲裁的方式行使，但同时撤销权的行使也受到了限制，在下列情形下，撤销权自动消灭：

（1）具有撤销权的当事人自知道或者应当知道撤销事由之日起一年内、重大误解当事人自知道或应当知道撤销事由之日起三个月内没有行使撤销权；

（2）当事人受胁迫，自胁迫行为终止之日起一年内没有行使撤销权；

（3）具有撤销权的当事人知道撤销事由后明确表示或以自己的行为放弃撤销权；

（4）当事人订立合同后五年内没有行使撤销权。

4. 建设工程施工合同效力待定

效力待定的合同，指虽已成立，但其效力在成立之时尚未确定，有待其他事实予以确定的合同。根据合同法规定，效力待定的合同包括：

（1）限制民事行为能力人依法不能独立订立而又未经其法定代理人事先同意的合同。在这种情况下，合同是否发生效力需要取决于法定代理人是否追认。不过，由于建设工程施工合同的特殊性，其不可能发生这种情况下的效力待定问题。

（2）无权代理人以被代理人的名义与他人订立的合同，是否发生效力，有待享有形成权被代理人所做的追认或拒绝的意思表示，但是，表见代理除外。

表见代理是我国民法中设立的一项重要的制度，其在建设工程领域中也占据了一定的地位，笔者将会在下文中详细论述。

5. 表见代理

表见代理，指行为人虽没有代理权，但第三人在客观上有理由相信其有代理权而与其实施法律行为，该法律行为由本人（无权代理指被代理人）承担的代理。根据《合同法》第四十九条规定，行为人没有代理权、超越代理权或者代理权终止后以被代理人名义订立合同，相对人有理由相信行为人有代理权的，该代理行为有效。

表见代理是民法中设立的一项特殊的制度，该制度以牺牲本人利益为代价，通过侧重保护善意第三人的利益达到保护交易安全的目的。

构成表见代理需要具备以下条件：

（1）代理人无代理权。代理人在实施代理行为时，并无本人授权，或虽有授权，但并未授权其可实施超出特定授权范围的行为。如：A公司为一施工企业，其总经理甲，在未经公司正当程序决策的情况下，私自与一建设单位B公司签订建设工程施工合同，此时，甲在这种情况下并没有代表A公司签订合同的代理权，甲的行为即是无权代理。

（2）该无权代理人有被授予代理权的外表或假象。如前例，甲作为A公司的总经理，负责公司的日常运营，自然具有被授予代理权的外表。

（3）相对人有正当理由相信该无权代理人有代理权。这是与第二条相联系的一个要件，如上所述，B公司显然有充分正当的理由相信甲有完全的代理权。

（4）相对人基于信任而与该无权代理人成立法律行为。这是判定行为是否构成表见代理的最终标准，这也是表见代理制度设立的原因所在—保护交易双方的信任利益。

在建设工程司法实践中，常见的表见代理的情形主要有：

（1）因表见授权表示而产生的表见代理。被代理人以直接或间接的意思表示，表明授权他人代理权，但事实上并未授权，此时，相对人有理由相信该无权代理人为有权代理人而与之为民事行为。就如前例所述，作为法定代表人的总经理甲，是接受了法人的授权来管理企业，但对于案例涉及的民事法律行为，法人并没有授权，在这种情况下，甲的行为即为因表见授权表示而产生的表见代理。

（2）因代理授权不明而产生的表见代理。被代理人在代理授权时，未明确代理权限，或未将指明的代理权限告知相对人，致使相对人善意且无过失地相信代理人的越权行为为有权代理，而与之从事民事法律行为。假设A公司决定要收购B公司，并任命甲为收购事务的全权代表，但A公司给B公司的消息中却未明确甲所代理的事项，在谈判中甲因为个人利益，并未提及收购事宜，而是与B公司签订了一份建设工程施工合同，在该种情况下，B公司相信甲的代理行为时完全是出于善意且无过失，所以，此时甲的行为就是因代理授权不明而产生的表见代理。

（3）因代理关系终止后未及时采取必要措施而产生的表见代理。假设A公司原本就有意向与B公司签订一份建设工程施工合同，也任命了甲作为磋商此事的全权代表，并将真实情况如实的告知了B公司，但在甲真正与B公司开始谈判之前，A公司改组，甲不再担任A公司的总经理，同时，其原本被授予的代理权也宣告丧失，不过，因为信息阻隔，B 公司并不知情，甲也故意隐瞒并与 B 公司继续按原计划协商并签订了合同，此时，甲的行为即为因代理关系终止后未及时采取必要措施而产生的表见代理。

在上述三种情况下，B 公司在与甲签订合同时，都是基于在正常的市场交易中对对方的正常程度的信赖，B 公司始终是善意的，所以，出于保护正常市场交易的目的，法律赋予了这类民事法律行为与真实意思下所做出的具有同等效力，A 公司必须按照合同履行义务，由此造成的损失可要求甲承担责任。

显然，表见代理制度虽然保护了市场秩序和 B 公司的利益，但是却为 A 公司带来了非常大的损失，那么，如何有效的应对因表见代理而产生的法律风险应当成为建设工程施工合同各方着重注意的问题。

6. 黑白合同

黑白合同本是无效合同的一种情况，但因其较为复杂，是研究领域的热点问题，此处将其单独列出进行探讨。

在建设工程施工领域，黑白合同也被称为阴阳合同。所谓“黑白合同”，就是在建设工程施工招标投标过程中，业主与中标单位除了公开签订的施工合同外，还私下签订合同。这两份合同的标的物虽然完全一样，但在具体的价款、酬金、履行期限和方式、工期、质量等实质内容方面则有较大差异。在双方私下签订的合同中，业主往往强迫中标单位垫资带资承包、压低工程款等。签订这种阴阳合同的主观动机大多是为了应付某种检查和监管或规避法律。那份公开的、对外的、在相关行政主管部门备案或按照招投标文件内容所签订的合同，其内容和程序均合法，称为白合同、阳合同。而那份私下签订的合同，对白合同具体的价款、酬金、履行期限和方式、工期、质量等实质性内容进行了更改，只为当事人所知并实际履行的合同，一般在内容和程序方面均有违法之处，即为黑合同、阴合同。

究其成因，不外乎合同主体想要规避政府监管而获取更多利益。国家对于工程建设领域的强制性的规定对当事人的充分意思自治造成了一定的限制，所以签订黑白合同的双方都会基于自身利益的考虑，在国家许可的范围之外达成新的协议，而国家许可之外的“法外之地”往往都会对公共利益造成一定程度上的损害。

试想，甲是某国有企业 A 公司负责人，因个人失误致使国有资产流失，为防止受到处分，甲欲找机会平账，恰巧 B 公司负责人乙听说了这一消息，想对甲行贿，遂与甲私下进行协商，并表示愿意在其刚中标的 A 公司发包的项目上让利为其平账，于是两人一拍即合，甲以A公司的名义私下与B公司签订了同样一份施工合同，但合同价款比中标时低了500万元，正好补上了亏空。工程结束后，B公司反悔，在任的负责人将甲乙举报，主张第二份合同非法，只履行中标合同，但A公司却主张第二份合同是时任负责人的甲乙二人以各自公司名义签订的，代表了两个法人的自由意志，况且合同中并无非法内容，让利500万之后也在合理的市场价之内，所以，应该考虑第二份合同的约定。

在这种情况下，两个企业、两份合同，到底应该怎么履行各自的义务，这就产生了争议，正是因为有这种情况发生的可能性，参与建设工程施工合同的各方才应当慎重的考虑该如何有效的处理"黑白合同"所带来的法律风险。

第二节　与工程价款相关的法律风险

建设工程施工合同的价款，是根据我国建筑法律法规以及合同中相关条款规定的费用标准计算，由发包人支付给承包人，用于后者履行合同完成工程内容的价款总额。施工合同价款一般是通过招投标方式确定合同价，也有通过协商确定合同价。合同总价调整是由工程量与综合单价发生变化，这两个关键原因所引起的。目前，我国的《合同法》《建筑法》《招标投标法》以及《民法总则》等，是建设工程施工合同价款调整方面主要的法律调整规范。住房城乡建设部、财政部等行政法规、国家标准及有关施工合同示范文本也是目前影响工程价款调整的法规依据。

由此可见，除了法律、法规和物价变化外，影响建设工程合同价款调整的主要因素还有招标文件、工程量清单、投标报价、设计变更、工程签证及不可抗力等其他因素。以上因素都可能导致施工合同价款调整法律纠纷，应该在合同价款内容之中详细约定相关内容。目前我国建设工程施工合同对工程价款的约定不够完善，所以在建设工程施工合同中往往会出现许多的合同价款纠纷，而价款又是整个工程项目的核心问题，因此，建设工程施工合同参与各方都会在工程价款的问题上承担很多的风险。

工程实务中影响工程价款的因素主要有下述内容。

1. 法律法规及政策变化

法律的作用是调整社会关系，行政法规以及政策的作用也都是将原本混乱的秩序进行规范化，而建立新秩序的同时必定会打破旧秩序，旧秩序的打破也就带来了法律风险。

据不完全统计，与建设工程施工行业相关的规范性法律文件大致有：《中华人民共和国民法总则》《中华人民共和国民法通则》《中华人民共和国合同法》《中华人民共和国建筑法》《中华人民共和国招标投标法》《中华人民共和国税法》《建设工程质量管理条例》《建设工程安全生产管理条例》《房屋建筑工程质量保修办法》《建筑业企业资质管理规定》《房屋建筑和市政基础设施工程施工招标投标管理办法》《建筑工程施工许可管理办法》《建筑工程施工发包与承包计价管理办法》《工程建设项目施工招标投标办法》《房屋建筑和市政基础设施工程施工分包管理办法》《建设工程价款结算暂行办法》《最高人民法院关于建设工程价款优先受偿权问题的批复》《最高人民法院关于审理建设工程施工合同纠纷案件适用法律问题的解释》等。

这些文件可以分为以下几类：

（1）法律

这是效力最高的规范性文件，法律是由享有立法权的立法机关（全国人民代表大会和全国人民代表大会常务委员会）行使国家立法权，依照法定程序制定、修改并颁布，并由国家强制力保证实施的基本法律和普通法律总称。如《民法总则》《合同法》《招标投标法》等，对于建设工程施工领域，这些法律规定的大都是一些原则性、程序性的问题，所以由于法律变动而产生的法律风险往往都是根本性的。

（2）政策、法规

这里的法规包括行政法规、地方性法规等由各级政府制定的法规。政策、法规作为国家行政权力的具体体现，其对于某一行业的影响往往是全局性的。2016 年 3 月 18 日召开的国务院常务会议决定，自 2016 年 5 月 1 日起，中国将全面推开“营改增”试点，将建筑业、房地产业、金融业、生活服务业全部纳入“营改增”试点，至此，营业税正式退出了历史舞台，而这项“营改增”的财税政策对于建设工程施工行业的影响涉及上游下游产业，涉及整个行业的流程。在“营改增”政策实行以前，我国建筑行业营业税额为 3%，之后，建筑行业实行增值税计税，增值税额为 10%，应纳税额就从之前营业额的 3%变为了增值额的 10%，在 2019 年十三届全国人大二次会议上，李克强总理在政府工作报告中明确提出要继续加大减税降费的力度，其中，交通运输业、建筑业等行业的增值税税率从 10%又降到 9%，这些由政策引发的税率变动，切实的影响着建筑企业的切身利益，自然会对法律风险造成一定程度影响。

（3）行政规章与标准文件

行政规章指国务院各部委以及各省、自治区、直辖市的人民政府和省、自治区的人民政府所在地的市以及设区市的人民政府根据宪法、法律和行政法规等制定和发布的规范性文件。标准文件包括国家标准、行业标准、地方标准、企业标准、团体标准，其中前三类都是政府主导制定颁布的。行政规章与标准文件所规定的大都是行业内比较具体的实践性的规定，对于法律风险形成的影响更加直接。

（4）其他规范

其他规范主要包括：法律解释、最高人民法院与最高人民检察院颁布的指导性案例等。这些文件大都是对于其他规范性文件的补充说明或是修正，其更具有针对性，所以，这些文件所产生的法律风险所涉及的范围比较有限，但是在范围内其影响却较其他规范更大。

2. 项目特征描述偏差

项目特征是用来表述项目名称的实质内容，用于区分同一清单条目下各个具体的清单项目。由于项目特征直接影响工程实体的自身价值，关系到综合单价的准确确定，因此项目特征的描述，应根据《建设工程工程量清单计价规范》项目特征的要求，结合技术规范、标准图集、施工图纸按照工程结构、使用材质及规格或安装位置等予以详细表述和说明。

根据实践中一般的做法，在描述项目特征时，可遵循下列原则。

（1）必须描述的内容如下：

1）涉及正确计量计价的：如门窗洞口尺寸或框外围尺寸。

2）涉及结构要求的：如混凝土强度等级（C20 或 C30）。

3）涉及施工难易程度的：如抹灰的墙体类型（砖墙或混凝土墙）。

4）涉及材质要求的：如油漆的品种、管材的材质（碳钢管、无缝钢管）。

（2）可不描述的内容如下：

1）对项目特征或计量计价没有实质影响的内容：如混凝土柱高度、断面大小等。

2）应由投标人根据施工方案确定的：如预裂爆破的单孔深度及装药量等。

3）应由投标人根据当地材料确定的：如混凝土拌和料使用的石子种类及类径、砂的种类等。

4）应由施工措施解决的：如现浇混凝土板、梁的标高等。

（3）可不详细描述的内容如下：

1）无法准确描述的：如土壤类别可描述为综合等（对工程所在具体地点来讲，应由投标人根据地勘资料确定土壤类别，决定报价）。

2）施工图、标准图标注明确的，可不再详细描述。可描述为见××图集××图号等。

3）还有一些项目可不详细描述，但清单编制人在项目特征描述中应注明由投标人自定，如“挖基础土方”中的土方运距等。

由此，我们可以看出，在工程计量与计价的过程中，如果计价人员稍有不慎，将某一项目特征填错或者直接漏项，就有可能在最终的报价中差之千里。所以，项目特征的描述也应当作为建设工程施工合同履行过程中的一项风险，各方应予以重视。

3. 工程量偏差和工程量清单错项缺项

工程量，指工程的实物数量，是以物理计量单位或自然计量单位所表示各个分项或子分项工程和构配件的数量。工程量是以自然计量单位或物理计量单位表示的各分项工程或结构构件的工程数量。

工程量清单是建设工程的分部分项工程项目、措施项目、其他项目、规费项目和税金项目的名称和相应数量等的明细清单。由分部分项工程量清单、措施项目清单、其他项目清单、规费税金清单组成。在招投标阶段，招标工程量清单为投标人的投标竞争提供了一个平等和共同的基础。工程量清单将要求投标人完成的工程项目及其相应工程实体数量全部列出，为投标人提供拟建工程的基本内容、实体数量和质量要求等信息。这使所有投标人所掌握的信息相同，受到的待遇是客观、公正和公平的。

工程量的计算与工程量清单的填写大部分还是需要依靠人力，其项目繁多，在计量的过程中极易造成错项缺项，而这最终体现在报价上很可能就是很大的出入，所以，工程量的偏差也应该是建设工程施工合同法律风险的来源之一。

4. 暂估价与暂列金额

暂列金额与暂估价是工程造价领域的两个名词，在《建设工程工程量清单计价规范》GB 50500—2013 中有明确解释。

暂列金额，指招标人在工程量清单中暂定并包括在合同价款中的一笔款项。用于工程合同签订时尚未确定或者不可预见的所需材料、工程设备、服务的采购，施工中可能发生的工程变更、合同约定调整因素出现时的合同价款调整以及发生的索赔、现场签证确认等的费用。

暂估价，指招标人在工程量清单中提供的用于支付必然发生但暂时不能确定价格的材料、工程设备的单价以及专业工程的金额。

二者有着明显的区别，暂列金额的暂列工程，可能会发生，也可能不会发生，可以将暂列金额理解为建设工程的一项准备金，以备特殊情况的发生。而暂估价的工程却是一定有的，只是暂时的单价或工程量尚不十分确定。

既然是“暂列”金额、“暂”估价，就如前文所述，其发生与否或是发生的金额都是不确定的，这也就给工程带来了一定的风险因素。

5. 赶工补偿与误期赔偿

（1）赶工补偿

赶工补偿在工程造价中主要体现在赶工措施费上。赶工措施费是指当发包方要求的工期少于合理工期或者工程项目由于自然、地质以及外部环境的影响导致工期延误，承包方为满足发包方的工期要求，通过采取相应的技术及组织措施所发生的，应由发包方负担的费用，包括为赶工所额外增的人工、材料、机械费、劳务损失、加班班次奖金以及相应的规费和税金等。

赶工措施费主要分为两大类，一种是发包人需支付的赶工措施费；另一种是发包人不必支付的赶工措施费。

发包人需支付的赶工措施费主要有三种情况：

1）合同工期压缩导致的赶工；

2）非施工方原因导致工期延误的赶工；

3）其他方面的原因。

而发包人不必支付的赶工措施费主要是由于承包人造成的，一般是发包人未同意承包人的赶工要求而增加的费用。

其计算原则：

① 人工费包括基本工资、加班工资、税金、保险费、福利费、劳保费、交通费、津贴和奖金等。

② 施工机械费包括全部费用，按增加的台班费计算（包括固定费用和运转费用）。

③ 材料按现行价格和增加的数量计算。

④ 相应管理费和利润（如果是不可抗力引起的停工，不考虑利润）计算合同单价项目补偿费用是用单价差价分析法，通过套用合同定额和取费标准，代入赶工状态下人工、机械使用、材料等预算价格，依次得出基本直接费、其他直接费、间接费、利润和税金的差额，求得单价差价，再乘以工程量。计算变更新增单价项目费用，通过套用承包商提出的定额和取费标准进行单价分析，求得单价，乘以工程量。

（2）误期赔偿

和赶工补偿一样，误期赔偿在工程造价中主要体现为工期延误赔偿金。从本质上来说，工程延误其实就是违约，而支付赔偿金实则为承包人所应承担的违约责任。

2009 年 2 月 10 日，中铁建与沙特阿拉伯王国城乡事业部签署了《沙特麦加萨法至穆戈达莎轻轨合同 Felix Sac》。轻轨全长 18.25 公里，工期 21 个月，造价 17.7 亿美元。采用 EPC+O&M 总承包模式（即设计、采购、施工加运营、维护总承包模式）。中铁建负责麦加轻轨从设计、采购、施工、系统安装调试及三年的运营和维护等全部工作。根据合同，中铁建要保证在 2010 年 11 月 13 日前完成开通运营，达到 35%运能；2011 年 5 月前，完成所有调试，达到 100%运能。合同签订后，由于各方面的原因，工程进展并不顺利，为了确保这一项目的顺利运转，中铁建举全系统之力，投入了大量的人力、物力，开展了一场“不计条件、不讲价钱、不谈客观”的大会战。11 月 13 日，轻轨如期通车，但在通车前最近一期的公告中，中铁建却突然宣告，项目亏损将达到 41 亿元。

这次的亏损造成了巨大影响，也使得建设工程施工风险管理受到了重视，其原因也比较复杂，不过，就中沙两国之间的文化差异来看，沙特独特的穆斯林文化，富足的生活环境，严格的法律制度，慵懒的生活节奏等都与国内的施工文化不同。在沙特，“5+2”“三班倒”不可能实现。这严重的拖延了中铁建在中标项目时预期的工期。

6. 物价变化、计日工与其他事项

建设工程施工合同周期较长，经常要受到物价浮动等多种因素的影响，其中最主要的是人工费、材料费、施工机械费、运费等的动态影响。因此，应该把多种动态因素纳入工程价款结算过程中加以计算，对工程价款进行调整，使其能够反映工程项目的实际消耗费用。

这里讲的物价变化引起的与工程价款相关的法律风险主要是幅度不太大，在正常的市场秩序下所产生的物价变化，至于物价剧烈变化所引起的风险，笔者将会在本章最后一节的情势变更中讨论。

计日工在2013版《建设工程工程量清单计价规范》（GB 50500—2013）中表述为：在施工过程中，承包人完成发包人提出的工程合同范围以外的零星项目或工作，按合同中约定的单价计价的一种方式。其量的增减必然会引起工程价款的变动。

7. 建设工程司法实践中造价鉴定相关风险

造价鉴定，也就是工程造价司法鉴定，其于以上所述的每一种与工程价款相关的风险都有密切的关系，但笔者在成文过程中考虑到其性质与其他方面有着根本区别加之司法解释二中有关于此的条款占了不小的篇章，故将其作为独立的一部分进行论述。

工程造价司法鉴定是指工程造价司法鉴定机构和鉴定人，依据其专业知识，对建筑工程诉讼案件中所涉及的造价纠纷进行分析、研究、鉴别并做出结论的活动。工程造价司法鉴定作为一种独立证据，是工程造价纠纷案调解和判决的重要依据，在建筑工程诉讼活动中起着至关重要的作用。

根据通说观点，工程造价司法鉴定的特征主要包括以下方面：

（1）工程造价司法鉴定的鉴定对象是与造价有关的工程事实，诉讼当事人一般有承发包双方，有的涉及分包。

（2）由于建筑工程生产周期长，生产过程复杂，定价过程特殊，所以鉴定涉及材料量大，内容多。

（3）建筑工程造价目前正处在新旧体制交替，工程造价计价依据和计价办法正在发生深刻变化的时期，使鉴定的依据处于指导与市场价并存、行业标准多元化的境地。

（4）建筑市场承包商之间竞争十分激烈，垫资承包、阴阳合同、拖欠工程款、现场乱签证、工程质量低劣等社会现象在诉讼活动中全部折射出来，鉴定难度大。

一般情况下，工程造价司法鉴定是由与案件相关的各级司法机关、公民、法人或是其他组织通过书面的委托书委托有工程造价咨询资质的中介机构按照特定的程序进行鉴定。

住房城乡建设部在2017年颁布的《建设工程造价鉴定规范》（GB/T 51262—2017）中规定了30份送检证据材料，归纳起来大概有以下几类：

（1）诉讼状与答辩状等卷宗；

（2）工程施工合同、补充合同；

(3) 招标发包工程的招标文件、投标文件及中标通知书;

(4) 承包人的营业执照、施工资质等级证书;

(5) 施工图纸、图纸会审记录、设计变更、技术核定单、现场鉴证;

(6) 视工程情况所必须提供的其他材料。

另外，还要求:

(1) 司法机关委托鉴定的送鉴材料应经双方当事人质证认可，复印件由委托人注明与原件核实无异。

(2) 其他委托鉴定的送鉴材料，委托人应对材料的真实性承担法律责任。

(3) 送鉴材料不具备鉴定条件或与鉴定要求不符合，或者委托鉴定的内容属国家法律法规限制的，可以不予受理。

司法解释二中规定的有关造价鉴定的条款大都为中立性的，但是在司法实务中，利用好造价鉴定这一工具，无疑对建设工程施工合同法律风险的控制意义重大。

8. 建设工程优先受偿权相关的法律风险

优先受偿权是法律规定的特定债权人优先于其他债权人甚至优先于其他物权人受偿的权利。我国合同法中关于建设工程价款优先受偿权的规定在中国立法史上是崭新的，也是具有鲜明的中国特色的一项法律规定。根据《中华人民共和国合同法》第二百八十六条规定，优先受偿权的内容为:

发包人未按照约定支付价款的，承包人可以催告发包人在合理期限内支付价款。发包人逾期不支付的，除按照建设工程的性质不宜折价、拍卖的以外，承包人可以与发包人协议将该工程折价，也可以申请人民法院将该工程依法拍卖。建设工程的价款就该工程折价或者拍卖的价款优先受偿。

由于建设工程承包人的优先受偿权在司法实践中存在较大争议，所以最高人民法院在《关于优先受偿权问题的批复》(以下简称《批复》)中明确指出:

(1) 建设工程承包人的优先受偿权优于抵押权和其他债权;

(2) 消费者交付购买商品房的全部或者大部分款项后，承包人就该商品房享有的工程价款优先受偿权不得对抗买受人;

(3) 建设工程价款包括承包人为建设工程应当支付的工作人员报酬、材料款等实际支出的费用，不包括承包人因发包人违约造成的损失;

(4) 建设工程承包人行使优先受偿权的期限为六个月，自建设工程竣工之日或者建设工程合同约定的竣工之日起计算。

依据学界以及司法实践的主流观点，对于权利主体的认定有以下原则：

（1）优先受偿权的主体为建设工程施工合同双方。由于勘察设计阶段建筑物还不存在且勘察设计合同的标的物实质上是勘察报告或是设计文件，其承包人完全可以以其形成的文件行使留置权。所以，建设工程勘察、设计合同的承包人如果作为建设工程优先受偿权的主体的话，在法理上是讲不通的。

（2）合同相对人一般应为建设工程的所有权人。显然，如果合同相对人不是建设工程的所有权人必然也就无法行使建设工程的优先受偿权了。另外，司法解释二第十八条规定“装饰装修工程的承包人，请求装饰装修工程价款就该装饰装修工程折价或者拍卖的价款优先受偿的，人民法院应予支持，但装饰装修工程的发包人不是该建筑物的所有权人的除外。”这也就证明建设工程装修装饰工程也适用于建设工程优先受偿权的规定。

（3）实际施工人可以成为优先受偿权的主体。关于实际施工人是否可以成为优先受偿权的主体这一问题，学界其实有正反两种观点，但是在司法实践中，多数法院倾向于承认实际施工人的优先受偿权。

对于建设工程优先受偿权的担保范围，通常认为，优先受偿权以工程实际支出的费用为限，包括：材料费、人工费等，而不包括施工人的利润，将《批复》中第三条的“实际支出的费用”理解为狭义的。

根据高印立先生的观点，建设工程优先受偿权的行使方式和程序应该区分两种情况：

（1）当发包人对所欠承包人的工程款无异议时，承包人和发包人可协议将该工程折价，并以折价价款优先受偿。若承包人未能与发包人协议折价的，其可以直接申请人民法院拍卖，并就拍卖的价款优先受偿。

（2）当发包人有异议时，承包人应依法提起诉讼，待获得生效诉讼判决后方可行使优先受偿权，申请法院拍卖。

近年来，在司法实践中有关优先受偿权的纠纷呈现急剧上升趋势，于是，在“司法解释二”中优先受偿权占据了很大篇幅。

（1）1999年实施的合同法的二百八十六条规定的工程价款优先受偿权在实务中的一个重要的争议是哪些人享有工程价款优先受偿权。依据合同法规定，建设工程承包人包括建设工程勘察人、设计人、施工人。施工人又分为总包人、分包人和实际施工人等不同的主体。只有依法、合理界定合同法第二百八十六条规定的承包人范围才能真正实现工程价款优先受偿权制度保护劳动者劳动报酬的目的并平衡建设工程施工合同关系各方当事人的权利义务。为了响应这一风险，司法解释二明确了优先受偿权的主体范围：与发包人订立建设工程施工合同的承包人，根据合同法第二百八十六条规定请求其承建工程的价款就工程折价或者拍卖的价款优先受偿的，人民法院应予支持。

（2）装饰装修是为了充分发挥建筑物的功能而不可缺少的建设活动。装饰装修工程就其性质而言，属于建设工程无疑，但因装饰装修工程不能脱离其所依附的建筑物，故实务中对装饰装修工程承包人应否享有及如何行使工程价款优先受偿权存在争议。于是，司法解释二中对于该问题进行了明确：装饰装修工程的承包人，请求装饰装修工程价款就该装饰装修工程折价或者拍卖的价款优先受偿的，人民法院应予支持，但装饰装修工程的发包人不是该建筑物的所有权人的除外。

（3）在司法实践中，近年来的建设工程施工合同纠纷案件数量以及标的额均呈现快速上涨趋势。在现实中，案件的纷繁复杂程度往往超出了立法者的初衷，思考最为缜密的立法者设计规则时并不可能包罗万象。实践中，裁判者需发挥智慧对纠纷加以评判，以解决纠纷维护秩序。就建设工程施工合同纠纷而言，尽管建筑法、招标投标法以及司法解释一对资质、招标投标规定进行了规范，然而，因合同违反上述法律规定而无效的情形常常多发。建设工程施工合同无效后，承包人对其承建工程的价款是否享有优先受偿权，或者承包人行使优先受偿权是否以合同有效为前提，争议较大。因此在“司法解释二”中，条文规定：建设工程质量合格，承包人请求其承建工程的价款就工程折价或者拍卖的价款优先受偿的，人民法院应予支持。

（4）未竣工工程优先受偿权的行使问题，首先涉及合同无效、被撤销以及合同解除后的法律后果问题。合同法第五十八条规定：“合同无效或者被撤销后，因该合同取得的财产，应当予以返还；不能返还或者没有必要返还的，应当折价补偿。有过错的一方应当赔偿对方因此所受到的损失，双方都有过错的，应当各自承担相应的责任。”该法第九十七条规定：“合同解除后，尚未履行的，终止履行；已经履行的，根据履行情况和合同性质，当事人可以要求恢复原状、采取其他补救措施，并有权要求赔偿损失。”合同无效、被撤销以及解除后，承包人的投入已物化为建设工程，根据司法解释的规定，承包人承建的建设工程如符合竣工验收合格、已完成建设工程质量合格的情形，则承包人享有向发包人请求支付工程价款的权利。而对于未竣工的工程，承包人能否享有建设工程价款优先受偿权呢？实践中不无争议。于是，“司法解释二”中对这一问题进行了明确：

未竣工的建设工程质量合格，承包人请求其承建工程的价款就其承建工程部分折价或者拍卖的价款优先受偿的，人民法院应予支持。

（5）建设工程价款优先受偿权制度的初衷是保护建筑工人的合法权益。但此项保护并非直接指向建筑工人的工资权益，而是以保护承包人的建设工程价款债权为媒介，间接保护建筑工人的合法权益。合同法第二百八十六条规定，建设工程的价款可就建设工程折价或者拍卖的价款优先受偿。关于建设工程价款中哪些部分能够就建设工程折价或者拍卖的价款优先受偿的问题，实践和理论上存在争议。于是，在这个问题上，往往会产生建设工程施工合同纠纷。所以，司法解释二给出了明确解释：承包人建设工程价款优先受偿的范围依照国务院有关行政主管部门关于建设工程价款范围的规定确定。

承包人就逾期支付建设工程价款的利息、违约金、损害赔偿金等主张优先受偿的，人民法院不予支持。

（6）工程价款给付请求权是建设工程承包人在建设工程合同中所享有的最基本的权利。发包人在工程建设完成后，对竣工验收合格的工程，应当及时进行工程决算并支付价款。但在实践中，拖欠工程款的现象普遍存在，其数量之大、拖欠时间之长，已经严重影响和制约了建设企业的发展，更对工程质量进度和劳动者权益造成了威胁。为保障承包人的工程价款债权实现，合同法第二百八十六条规定：“发包人未按照约定支付价款的，承包人可以催告发包人在合理期限内支付价款。发包人逾期不支付的，除按照建设工程的性质不宜折价、拍卖的以外，承包人可以与发包人协议将该工程折价，也可以申请人民法院将该工程依法拍卖。建设工程的价款就该工程折价或者拍卖的价款优先受偿。”确定建设工程承包人对工程价款享有优先受偿权，但合同法并没有规定这一优先权从何时行使以及行使的期限，使得优先受偿权的行使因缺少明确详细的法律规定而在司法实践中面临一定的障碍。为了明确这一条款的理解与适用，督促承包人积极行使优先受偿权，最高人民法院与 2002 年 6 月 20 日公布《工程价款优先受偿批复》，第四条规定：“建设工程承包人行使优先受偿权的期限为 6 个月，自建设工程竣工之日或者建设工程合同约定的竣工之日起计算。”该批复确定了建设工程价款优先受偿权行使的期限及起算时间，主要目的是为了促使承包人尽快行使其优先受偿权，维护交易安全，保护银行及其他第三人的合法权益。但本条批复在实践中主要有两个问题需要研究及解决：一是建设工程承包人行使优先受偿权的期限为6个月是否合理；二是自建设工程竣工之日或者建设工程合同约定的竣工之日起计算建设工程价款优先受偿权的期间是否合理。围绕这两个问题，在司法实践中出现了很多的争议，由此也产生了相关的风险。于是，“司法解释二”中明确规定：

承包人行使建设工程价款优先受偿权的期限为六个月，自发包人应当给付建设工程价款之日起算。

（7）为保护农民工等建筑工人的合法权益，合同法第二百八十六条规定：“发包人未按照约定支付价款的，承包人可以催告发包人在合理期限内支付价款。发包人逾期不支付的，除按照建设工程的性质不宜折价、拍卖的以外，承包人可以与发包人协议将该工程折价，也可以申请人民法院将该工程依法拍卖。建设工程的价款就该工程折价或者拍卖的价款优先受偿。”该规定赋予了承包人的建设工程价款债权就建设工程折价或者拍卖的价款优先受偿的效力。实践中一般称该权利为建设工程价款优先受偿权。关于建设工程价款优先受偿权的性质有不同的说法，法定优先权说逐渐为司法实践所普遍接受。同时，司法实践一般认为作为法定优先权的建设工程价款优先受偿权的效力优先于抵押权等当事人约定的担保权。《工程价款优先受偿批复》第一条规定：“人民法院在审理房地产纠纷案件和办理执行案件中，应当依照《中华人民共和国合同法》第二百八十六条的规定，认定建筑工程的承包人的优先受偿权优于抵押权和其他债权。”因此，建设工程价款优先受偿权不仅对发包人的利益有影响，对发包人的其他债权人，包括抵押债权人的利益也有巨大影响。另一方面，在建筑市场上，相对于承包人，发包人和发包人的债权人尤其是商业银行处于弱势地位，双方缔约地位不平等，导致了实践中发包人和发包人的债权人通过与承包人签订协议或者让承包人做出单方允诺等方式，让承包人放弃建设工程价款优先受偿权或者限制建设工程价款优先受偿权的行使，具体情况包括，有些银行为了保障自身利益，在向发包人发放贷款时，要求发包人将来在与承包人签订建筑工程承包合同进行招标时，将放弃建设工程价款优先受偿权作为标书的条款，不接受该条款的承包人则无法中标。承包人为了获得工程，往往在合同中同意放弃建设工程优先受偿权。现实中甚至出现了逼迫承包人放弃优先受偿权的“黑白条约”。其具体做法是，在正式工程合同上看不出任何破绽，但是工程承包方必须与开发商、开发商的贷款银行三方在合同之外再签订补充条款或是补充协议，声明“自愿”放弃优先受偿权。我国台湾地区也常有此现象，银行基于保障自己权益，要求建筑商必须邀同承揽的营造商签立“法定抵押权抛弃书”，以使银行的抵押权及贷款有所保障。可见，之前的一个时期，法定抵押权制度形同虚设，承包人往往都要冒着巨大的风险去投标。但是，司法解释二中，对于这一现象做出了约束：

发包人与承包人约定放弃或者限制建设工程价款优先受偿权，损害建筑工人利益，发包人根据该约定主张承包人不享有建设工程价款优先受偿权的，人民法院不予支持。

第三节　与工程质量相关的法律风险

百年大计，质量为本。建设工程的质量问题是影响建筑物外观及使用功能的主要因素，一旦建设工程发生质量问题，轻微的可能会影响建筑物结构的使用安全，严重的可能危害人们的财产和生命安全。质量问题影响工程寿命和使用功能，增加工程维护量，浪费国家财力、物力和人力，给业主甚至是公共生活带来困扰，因此，作为工程监理工作的核心之一的质量控制一直是风险管控的重要组成部分。

1. 发包人的前期不规范操作行为间接导致质量争议

作为建设工程施工项目的最主要的参与方，发包人的行为也有可能造成法律风险。其主要体现在以下方面：

（1）未遵循先勘察、后设计、再施工的原则导致质量争议。“三边工程”（边勘测，边设计，边施工）违背工程建设基本程序，在施工过程中不可预见性、随意性较大，工程质量和安全隐患比较突出。没有施工图纸进行施工使得工程失去了按图施工的条件，同样会导致质量缺陷，进而引发质量法律风险。

（2）未规范办理工程前期审批手续导致质量争议。工程未办理建设工程规划许可证，工程为违法建筑；未办理施工许可证，施工过程可能被主管部门停止；未办理施工图设计审查，则出现质量缺陷后，责任主体难以明确。总而言之，未办理相关审批手续，可能导致工程进展不畅，甚至停工，增加了建设工程施工合同的风险。

（3）依法必须招标的项目“先定后招”或不招标导致质量争议。根据合同法与司法解释（一）的规定，依法必须进行招标的项目“先定后招”或者不招标合同无效，另外，“先定后招”还要根据招投标的结果另外签订一份合同用于备案。这样招投标后签订的“白合同”和招投标前签订的“黑合同”就构成“黑白合同”。依法必须进行招标的工程“先定后招”或者不招标会给质量争议造成隐患。主要体现在两个方面：一是发包人和承包人相互串通，会使得个人或者小集体获得好处，发包人对承包人施工质量的制约就被一种特殊的利益关系所取代，施工过程中极有可能产生不按图施工、偷工减料等现象对工程质量造成极大隐患，当工程质量缺陷无法掩盖时，发包人和承包人便产生质量争议。这也是建筑法和招标投标法禁止发包人及其工作人员在发包过程中收受贿赂、回扣或者索取其他好处的根本目的之一。二是合同无效或者“黑白合同”在履约阶段容易产生争议，也会间接导致质量法律风险。

（4）直接发包的工程先施工，后签订合同导致质量争议。这样也可能造成质量争议。主要体现在两个方面：一是在签订合同之前，承包人施工没有合同约定的质量标准，这给发包人的质量验收和监管带来困难，同时也会给承包人偷工减料等行为提供契机。二是先施工后签订合同容易产生法律风险。

（5）将工程发包给不具备资质条件的承包人导致质量争议。主要体现在三个方面：一是不具备相应资质条件的承包人施工能力有限，容易造成工程质量隐患，进而造成工程质量争议。二是该类情形同样可能存在类似于“先定后招”的利益输送。三是将工程发包给不具备资质条件的承包人，致使施工合同无效。

（6）直接发包工程和直接指定分包单位导致质量争议。直接发包工程容易产生质量责任主体不清，界面管理不清的情形。发包人指定分包单位也与之类似，均容易产生质量争议。

综合上述分析，由于发包人前期的不规范操作，容易造成履约阶段产生争议、合同无法继续履行及工程中途停工的现象，且工程在施工过程中容易产生质量缺陷。这些情形发生后，均容易导致质量争议。

2. 质量责任承担相关风险

对于质量责任的承担问题，无外乎就质量责任主体以及责任的承担方式可以作为建设工程施工合同双方的争议点。

建筑工程质量涉及的责任主体比较多，发包人、承包人、咨询人都会因为自身的过错导致工程质量缺陷。当质量缺陷的原因不明确，即不能确定责任主体时就会在各参建方之间产生质量争议。这时质量缺陷确实已经存在，各参建方对工程质量的责任主体必然产生争议。

而在明确工程存在质量缺陷及责任主体的情况下，仍有可能发生质量争议，这个争议就是质量责任承担方式的争议。发包人和承包人不能协商一致，矛盾尖锐或者质量缺陷比较严重，修复费用数额较大时，发承包双方往往就责任的承担以及承担的份额产生争议。

3. 质量验收相关风险

工程质量验收是指在工程竣工之后，根据相关行业标准，对工程建设质量和成果进行评定的过程。与质量验收相关的法律风险主要存在两个方面：质量验收不规范和质量验收依据不明确。

（1）质量验收不规范

严格意义上说，一项工程按照合同约定的程序和标准进行了质量验收，承包人在自检合格的基础上，工程建设相关单位对检验批、分项、分部、单位工程及隐蔽工程进行验收，对技术文件进行审核，以书面形式对工程质量合格与否进行确认，形成完整的质量验收记录。并且上一道工序不合格，不许进行下一道工序施工，竣工验收不合格，不得投入使用。这样进行规范验收的工程应当不存在质量争议。但是在工程实践中存在大量质量验收不规范的情况。其主要是出于以下原因：工程未经竣工验收或者竣工验收不合格，发包人擅自使用，对存在缺陷的工程进行折价验收，竣工验收资料不全，上一道工序不合格就进入下一道工序施工。

（2）质量验收依据不明确

质量验收的唯一依据是施工合同，有合同约束力的图纸和技术标准与要求是合同文件的组成部分。但是在我国建筑工程领域长期的实践中，质量验收和合同相分离，逐渐形成了按国家、行业标准和规范进行质量验收的习惯。当国家、行业标准和规范、图纸或者合同关于某一具体质量标准规定不一致时，发包人与承包人便会对具体质量验收依据产生争议，进而对工程质量合格与否产生争议，从而就有可能产生工程质量的法律风险。

4. 由价款争议间接导致质量风险

工程价款争议是指发包人和承包人对工程价款的计算、调整、确认及支付尚有争论而未达成一致结论，以及承包人认为发包人未能全部或者部分履行合同约定的付款义务而引起的纠纷。从这个定义可以看出，工程价款争议包含三个方面的含义：一是合同双方对工程价款总额产生争议；二是合同双方对已付工程款数额或者将要支付工程款数额产生争议；三是承包人认为发包人没有按合同约定支付工程款而产生争议。在工程实践当中，工程价款争议普遍存在，当工程进度款争议不能协商解决时就有可能致使工程正常施工受到影响，进而导致质量风险。与此同时，工程质量认定与工程价款的给付之间也存在着相互牵制的关系，工程质量的合格与否或是否符合设计要求，这必然会影响工程价款的给付，而工程价款的认定则必然要以工程质量的认定为基础。

5. 与建设工程质量保证金相关的质量风险

根据住房城乡建设部和财政部联合颁布的《建设工程质量保证金管理办法》（本节中以下简称《办法》）的规定，建设工程质量保证金是指，发包人与承包人在建设工程承包合同中约定，从应付的工程款中预留，用以保证承包人在缺陷责任期内对建设工程出现的缺陷进行维修的资金。

与质量保修金确保保修所需资金的及时到位，约束施工单位履行保修义务的目的不同，质量保证金设立的目的是保证承包人在缺陷责任期内对建设工程出现的缺陷进行修复。所以，质量保证金对于工程而言更是一种全面的担保，即对整个建设项目整体质量的担保。

由于质量保证金属于保证金的一种，其金额必定会受到限制，《办法》规定，发包人应按照合同约定方式预留保证金，保证金总预留比例不得高于工程价款结算总额的3%。合同约定由承包人以银行保函替代预留保证金的，保函金额不得高于工程价款结算总额的3%。

对于质量保证金的约定程序，《办法》在第三条规定：

发包人应当在招标文件中明确保证金预留、返还等内容，并与承包人在合同条款中对涉及保证金的下列事项进行约定：

（1）保证金预留、返还方式；

（2）保证金预留比例、期限；

（3）保证金是否计付利息，如计付利息，利息的计算方式；

（4）缺陷责任期的期限及计算方式；

（5）保证金预留、返还及工程维修质量、费用等争议的处理程序；

（6）缺陷责任期内出现缺陷的索赔方式；

（7）逾期返还保证金的违约金支付办法及违约责任。

6. 缺陷责任期相关问题

缺陷责任期来源于建设部、财政部2005年发布的《建设工程质量保证金管理暂行办法》，并在国家发展改革委等部门2007年发布的《标准施工招标文件》中给予了明确定义和约定：缺陷责任期是工程承包单位履行缺陷责任的期限。具体期限由承发包单位双方在合同专用条款中约定，包括根据合同约定所做的延长。缺陷责任期自实际竣工日期起计算。在全部工程竣工验收前，已经发包人提前验收的单位工程，其缺陷责任期的起算日期相应提前。承包人应在缺陷责任期内对已交付使用的工程承担缺陷责任。缺陷责任期内，发包人对已接收使用的工程负责日常维护工作。发包人在使用过程中，发现已接收的工程存在新的缺陷或已修复的缺陷部位或部件又遭损坏的，承包人应负责修复，直至检验合格为止。

缺陷责任期与工程质量保修期一直存在着一些相似之处，不少人都容易将二者混淆，其实，对他们进行深入的剖析，二者之间的差别还是比较明显的。

（1）二者担保的范围和其对应的期限不同

根据《建设工程质量管理条例》规定，在质量保修期内发包人有权在合同约定的工程保修范围与期限内要求承包人承担保修责任。而根据《标准施工招标文件》约定，发包人在使用过程中，发现已接收的工程存在新的缺陷或已修复的缺陷部位或部件又遭损坏的，承包人应负责修复，直至检验合格为止。也就是说在缺陷责任期内，发包人有权根据合同约定要求承包人修复任何工程缺陷、损坏。

在正常使用条件下，建筑工程的保修期应从工程竣工验收合格之日起计算，其最低保修期限为：地基基础工程和主体结构工程，为设计文件规定的该工程的合理使用年限；屋面防水工程、有防水要求的卫生间、房间和外墙面的防渗漏，为 5 年；供热与供冷系统，为 2 个采暖期、供冷期；电气管线、给排水管道、设备安装、装修工程为 2 年。缺陷责任期一般为 6 个月、12 个月或 24 个月，具体可由发、承包双方在合同中约定，并且可以约定期限的延长。标准招标文件合同第 19.3 款约定：由于承包人原因造成某项缺陷或损坏使某项工程或工程设备不能按原定目标使用而需要再次检查、检验和修复的，发包人有权要求承包人相应延长缺陷责任期，但缺陷责任期最长不超过 2 年。

（2）保证期满后结果不同

质量保修期期满，保修义务消灭。根据《标准施工招标文件》约定，缺陷责任期满，仅是承包人承担该期限内出现的所有缺陷修复义务的消灭，但仍应承担该期限期满后，根据法律规定和专用条件中约定的保修期限前，相应的在合同范围内的质量保修义务。此外缺陷责任期满后，发包人应向承包人及时支付质保金。

（3）期满后承包人仍未完成缺陷的处理方式不同

根据《标准施工招标文件》约定，如果在约定的缺陷责任期满时，承包人没有完成缺陷责任的，发包人有权扣留与未履行责任剩余工作所需金额相应的质量保证金余额。而在质量保修期期满后，承包人仍有发生在质量保修期内但未处理的缺陷，则发包人只有通过协商或诉讼的方式要求承包人来完成未完缺陷的处理。

第四节 与工期相关的法律风险

工程建设项目是一个复杂的系统工程，不仅仅因为内部利益相关者众多，工序交叉多，协调困难，也因为工程项目的建设对于整个社会系统来说，并非孤立存在的，而是无时无刻不受到社会环境及自然环境的影响，同时受到项目建设所需的各种资源（如人工、材料、机械）的制约，因此项目建设存在很大的不确定性。正是因为这些不确定性的存在，工程项目工期也存在较大的不确定性。调查发现，目前，我国建设项目中超过40%存在工期延误现象。

通常，将工期风险称为在预定的工期内无法完成施工造成的损失。工期风险包括两个方面的含义：

（1）在预定工期内无法完成施工的可能性大小；

（2）在预定工期内无法完成施工所造成的损失大小。

同时，工期有关的法律风险的来源基本可以归为如下：工程建设项目业主方风险、工程建设项目设计方风险、工程建设项目监理方风险、工程建设项目材料供应方风险、工程建设项目承包方风险、工程建设项目合同风险、工程建设项目自身风险、工程建设项目自然环境风险、工程建设项目社会环境风险。

1. 业主方风险

在工程项目建设管理过程中，业主方通常是指在建设过程中的发包方，也就在项目建设过程中提出项目建设需求和建设目标的一方。通常由于项目建设者内外部原因变化，往往会形成要求建设目标不明确、项目定位不准确、建设场地提供不及时以及自身资金及管理出现问题。在工程项目延期整体风险由于业主方的因素而引起的项目不能及时交付也时常发生，因此，业主方的风险因素应该作为引起工期相关法律风险的因素之一。

2. 监理方风险

在工程项目建设管理过程中，监理方通常是指在建设过程中根据业主方要求对施工方实际运行情况完成监督检查的一方，也就在项目建设过程中负责项目整体质量、安全、进度监督检查的第三方机构。通常由于监理方内外部原因变化，往往会由于不同监理机构组成人员的差别化及各监理机构的职业道德水平风险、各监督管理机构所掌握的技术水平不同以及各监督机构的工作态度和能力的差异从而引起项目在实际运行过程中存在延期风险。在工程项目延期整体风险由监理方的相关因素变动而引起的项目不能及时交付也时常发生，因此，监理方风险因素应该作为引发工期相关法律风险的因素之一。

3. 承包方风险

在工程项目建设管理过程中，承包方通常是指在建设过程中的根据业主方要求完成项目建设和实际施工的一方，也就在项目建设过程中实际执行和施工的一方。在具体工程中，承包方的风险往往表现为施工单位人员素质和质量风险、现场作业环境管理与规划风险、施工进行中安全事故发生和防范风险、对施工技术和施工能力掌握与运用能力的风险以及对整体项目施工过程资金的管理和处理能力的风险等。由施工方的相关因素变动而引起的项目不能及时交付也时常发生，因此，施工方的风险因素应该作为引发工期相关法律风险的因素之一。

4. 设计方风险

在工程项目建设管理过程中，设计方通常是指在建设过程中的提供方案设计的一方，也就在项目建设过程中提出建设方案和技术支持的一方。通常由于项目设计者内外部原因变化，往往会形成设计方案不能及时交付、设计图纸不符合实际应用需求、设计方法和技术在不断变更以及设计方案在实际运行过程中操作性和灵活性不强等问题及自身资金及管理出现问题。由于设计方的因素而引起的项目不能及时交付也时常发生，因此本文将业主方的风险因素纳入整体风险因素中。

5. 材料供应方风险

在工程项目建设管理过程中，材料供应方通常是指在建设过程中的提供项目建设材料的一方，也就在项目建设过程中满足施工方以及监理方等相关利益集体的材料需求的一方。通常由于材料供应方内外部原因变化，往往会形成材料供应不及时、材料供应整体供应链断裂、材料供应质量不合规定要求、材料采购运输风险及供应商的讨价还价等因素导致项目整体交付时间受到影响。由于材料供应方以及材料的运输、储藏等因素引起的项目不能及时交付也时常发生，因此，材料供应方的风险因素应该作为引发工期相关法律风险的因素之一。

6. 项目自身风险

在工程项目建设管理过程中，建设项目自身的特点往往也影响着项目整体竣工情况。通常由于工程项目自身追求高品质而与实际情况形成差距、项目自身施工难易程度超过预期目标、项目整体运行和管理复杂、项目实际资金要求超出预算、项目在执行过程中加入新的技术与方法等而引起的工程项目不能及时交付也时常发生，因此，项目自身风险因素应该作为引发工期相关的法律风险的因素之一。

7. 合同风险

在工程项目建设管理过程中，合同的签订主要涉及不同的利益相关之间的关于某些权力和职能的划分的规定，也就是约束和规范各方职责和权力的文件。通常由于合同签订在前，事情的处理与执行在后，导致合同签订时的内外部环境与项目在实际过程中内外部环境发生变化，从而引起合同制定条款不能满足现实生产规范的需要、严重的甚至是在合同制定过程中由于疏忽或解释不明确导致签订的相关条款错误等一系列可能发生的现象。于合同签订的相关内外部因素变动而引起的项目不能及时交付也时常发生。因此，合同风险因素应该作为引发工期相关法律风险的因素之一。

8. 自然环境风险

在工程项目建设管理过程中，项目建设自然环境通常是指在建设过程中的由于受到外部自然条件影响而影响项目整体进程的物理性因素，也就是在项目建设过程所处的自然地理环境。通常由于自然环境变化，比如实际施工的地质条件与勘察时的地质条件不一致、施工过程中大风大雨、施工过程中的严寒酷暑等。由于自然环境相关因素变动而引起的项目不能及时交付也时常发生，因此，自然环境因素应该作为引发工期相关法律风险的因素之一。

9. 社会环境风险

在工程项目建设管理过程中，项目建设中的社会环境通常是指在建设过程中由于受到社会经济、政治、文化、法律等条件变化影响而影响项目整体进程的人文性的因素，也就在项目建设过程所处的社会经济环境。通常由于社会经济环境的变化，比如项目施工主管行政部门关系处理不当、相关项目主管部门办事效率低下、整体行业不景气、项目所在地发生重大的突发事件以及整体宏观经济环境发生变化、宏观经济调控政策发生变化等。由于社会环境相关因素变动而引起的项目不能及时交付也时常发生，因此，社会环境风险因素应该作为引发工期相关法律风险的因素之一。

10. 名词解释

(1) 开工日期

开工是指承包人进场开始施工。开工日期是建设工程工期的起算点，也是控制工期风险的第一个重要节点。一般而言，开工日期的确定方式有以下几种：

1) 合同中约定具体的日期作为开工日期；

2) 以发包人开工通知中写明的日期作为开工日期；

3) 以监理人的开工通知写明日期作为开工日期；

4) 以承包人递交的开工报告或开工申请被批准的日期为开工日期。

当前使用较多的九部委 2007 年版标准施工招标文件中将开工日期确定为“监理人发出的开工通知中写明的开工日期”。实践中，当事人就开工时间经常发生争议，其原因是约定的开工日期与实际开工日期不一致。

在此情形下，应当按照以下原则认定开工日期：

1) 承包人有证据证明实际开工日期的，则应认定该日期为开工日期（承包人的证据可以是发包人的通知、工程监理的记录、当事人的会议纪要等）；

2) 承包人虽无证据证明开工日期，但有开工报告的，则应认定开工报告中记载的日期为开工日期；

3) 若承包人无任何证明证明实际施工日期，亦无开工报告，则应以合同约定的开工日期为准。

(2) 竣工日期

竣工是指承包人完成施工任务。一般来说，工程竣工后，发包人均进行验收，确认合格后予以接收。然而在实践中，承包人工程完工之日和竣工验收时间经常有时间差，所以确定竣工日期很重要，因为涉及工程款的支付时间和利息的起算时间、逾期竣工违约和违约金的数额、工程风险转移等重要问题。最高人民法院《关于审理建设工程施工合同纠纷案件适用法律问题的解释》对竣工日期做了明确规定。

1) 以双方确认的日期为竣工日期。

如果双方当事人签字确认了竣工日期，则该确认的日期为竣工日期。确认的形式一般是书面的，可以是竣工验收登记表、协议、会议纪要、往来函件、监理记录等。

2) 建设工程经竣工验收合格的，以竣工验收合格之日作为竣工日期。

最高人民法院《关于审理建设工程施工合同纠纷案件适用法律问题的解释》第

十四条第（一）项规定：建设工程经竣工验收合格的，以竣工验收合格之日为竣工日期。

《合同法》第二百七十九条规定：建设工程竣工后，发包人应当根据施工图纸及说明书、国家颁发的施工验收规范和质量检验标准及时进行验收。验收合格的，发包人应当按照约定支付价款，并接收该建设工程。建设工程竣工经验收合格后，方可交付使用；未经验收或者验收不合格的，不得交付使用。根据该规定，工程竣工验收合格是发包人支付工程价款、工程交付的前提。所以最高人民法院《关于审理建设工程施工合同纠纷案件适用法律问题的解释》规定以竣工验收合格日期作为竣工日期。

3）承包人已经提交竣工验收报告，发包人拖延验收的，以承包人提交验收报告之日为竣工日期。

国务院《建设工程质量管理条例》颁布实施后，政府不再参与建设工程竣工验收工作，而由建设单位组织设计、施工、监理等进行验收或自行验收，因而竣工验收的主导权在于发包人。

最高人民法院《关于审理建设工程施工合同纠纷案件适用法律问题的解释》第十四条第（二）项规定：承包人已经提交竣工验收报告，发包人拖延验收的，以承包人提交验收报告之日为竣工日期。该规定的法理依据是在附条件的民事行为中，若当事人恶意阻止条件成就的，视为条件已经成就。

4）建设工程未经竣工验收，发包人擅自使用的，以转移占有建设工程之日为竣工日期。

根据《建筑法》和《合同法》的有关规定，建设工程未经竣工验收，不得交付使用。然而在实践中，时常发生发包人出于各种原因而在工程未经竣工验收而擅自使用工程的情形。

最高人民法院《关于审理建设工程施工合同纠纷案件适用法律问题的解释》第十四条第（三）项规定：建设工程未经竣工验收，发包人擅自使用的，以转移占有建设工程之日为竣工日期。理由如下：

① 发包人在工程未经竣工验收的情况下擅自使用工程，违反了上述相关法律规定，应承担相应的责任。

② 发包人使用工程，表明其已经实现合同的目的。

③ 发包人使用工程后，若再进行竣工验收，便出现质量责任不清晰的问题。

第五节 其他风险

1. 情势变更

我国法律中并没有对情势变更做出规定，情势变更最早出现于1993年5月6日最高人民法院发布的《全国经济审判工作座谈会纪要》中：“由于不可归责于当事人双方的原因，作为合同基础的客观情况发生非当事人所能预见的根本性变化，以致使合同履行显失公平的，可以根据当事人的申请，按情势变更原则变更或解除合同。”随后，最高人民法院于2009年发布的《最高人民法院关于适用〈中华人民共和国合同法〉若干问题的解释（二）》中又明确规定了“合同成立以后客观情况发生了当事人在订立合同时无法预见的、非不可抗力造成的不属于商业风险的重大变化，继续履行合同对于一方当事人明显不公平或者不能实现合同目的，当事人请求人民法院变更或者解除合同的，人民法院应当根据公平原则，并结合案件的实际情况确定是否变更或者解除。”李永军认为，“情势变更”中所谓“情势”，是指合同赖以成立的各种客观现象。所谓“变更”，是指合同赖以成立的各种客观现象发生了异样变化，以致引起了双方权利义务的严重失调，不利一方可以请求法院变更或者解除合同的情形。笔者认为，情势变更是指发生了当事人无法预见并且无法归责于当事人的非不可抗力的事由，而使继续履行合同对一方造成明显的重大不利，受损害的一方可主张变更或撤销合同的制度。

通常认为，情势变更的情形主要包括以下方面：

（1）物价涨跌剧烈。情势变更制度的提出就是源于第一次世界大战时德国物价的飞涨，大陆法系和英美法系国家的学者由此开始注意到物价的剧烈变动对合同公平履行的影响，从而借鉴12世纪到13世纪注释法学派提出的“情事不变条款”发展出了各种有关情势变更的学说。不过，物价变动虽为情势变更最为典型的形式，但其幅度必须达到相当的剧烈程度，从而致使继续履行合约会造成一方利益的极大损失。

（2）合同基础丧失。合同基础丧失是指合同订立后出现的某种无法归因于当事人的情势改变，使其订立合同时的预期目标无法达到，或订立合同时的基础已不复存在，可不履行合同所规定的义务而终止合同。例如，合同标的物损毁致使无法进行交易。

（3）汇率大幅变化。类似于物价涨跌剧烈，只有汇率变化的幅度十分剧烈时才能适用情势变更，否则更多的情况下适用商业风险。

（4）国家上层建筑变化。包括国家法律变化、经济贸易等政策变化，国家的政治形势、经济形势的变化常常使国家出台新的法律或发布新的政令，这种法律或是政策的变动通常又不会是可以预见的，当其对合同的影响达到一定程度时，可以适用情势变更。

前文所述，情势变更与商业风险存在一些交叉，在工程司法实践中，二者界限也的确有些模糊，但在本质上还是有些差别的。

（1）从可预见性讲，商业风险通常是应当预见到的，而情势变更通常并不能够预见。正如前文所列举的大多数的风险因素，在合同双方达成合意之时，双方就已经知道该风险的存在以及其程度，而使用情势变更的风险确实，双方都无法预见。

（2）在过失存无方面，商业风险由于具有可预见性，故此可以说当事人对此存有过失，或在订立合同时就可以默认，双方对于这种程度的损害后果是自愿承受的；而情势变更由于不具有可预见性，因而不存在过失或是默示接受风险的问题。

（3）从外观上来看，通常商业风险没有达到异常的程度，即使其出现可能在某种程度上是不可控的，但是当事人对于损害结果的发生是先有心理准备，并且其损害范围在一定的范围上是能人为控制的；而情势变更往往是情事的变化特别异常，以至于人们根本无法控制。

（4）从发生原因上看，商业风险的发生大都与经营者个人的素质、经验、市场判断力有关；而情势变更往往是由当事人以外的原因引发的。

（5）从结果来说，商业风险是能够由当事人自行承担的，通常当事人在缔结合同时也已将此种商业风险合理地计算在内并形成相应的合同价格，由一方当事人自行承担并不会发生不公平的后果；情势变更所要处理的问题，则是由于当事人缔约时不可预见的情况，如果仍然坚持契约严守，在结果上对一方当事人显失公平，另一方当事人可能不恰当地获取超常利益，这有悖于诚实信用原则。

基于上述，我们可以得出适用情势变更的条件主要有以下几个方面：

（1）在合同主体之间发生了情势变更的事实。这是一个基本的条件，即发生了上文所述的情形。

（2）情势变更的事实须为当事人所不能预见。如果当事人在订立合同时能够预见到，即表明当事人知道相关事实所产生的风险，并甘愿承担，这违反了情势变更制度设立的初衷。

(3) 情势变更的事实必须不可归责于双方当事人。反之，就将视为当事人自愿承担的风险或是必须自行承担的法律责任。

(4) 情势变更的事实必须发生在合同成立之后，履行结束之前。如果在合同订立前就发生了相关事实，就视为当事人自愿承担相关风险，如果在合同履行结束之后发生，那么这个问题也就毫无意义。

(5) 情势变更的事实发生后，如果继续维持合同效力，则会对当事人显失公平。这是情势变更成立条件的定量要求，是区分情势变更风险与其他风险的标准，在工程司法实践中，准确地认定某一事实是否会造成显失公平从而认定适用情势变更原则，往往是一个富有争议的问题。

那么，如何更好地协调这些争议，平衡合同主体各方的利益，这就成了建设工程施工合同参与各方都要深入思考的问题，笔者在下文中也会做出详细的论述。

2. 工程变更

由于建设工程具有复杂性、长期性以及各个阶段的相对独立性的特征，其在施工过程中也就不可避免地要发生很多的工程变更，而工程变更的灵活性也就使其成为建设工程施工合同风险中的一大因素。

在工程项目实施过程中，按照合同约定的程序，监理人根据工程需要，下达指令对招标文件中的原设计或经监理人批准的施工方案进行的在材料、工艺、功能、功效、尺寸、技术指标、工程数量及施工方法等任一一方面的改变，统称为工程变更。其不同于设计变更，设计变更是指工程施工过程中保证设计和施工质量，完善工程设计，纠正设计错误以及满足现场条件变化而进行的设计修改工作。包括由建设单位、设计单位、监理单位、施工单位及其他单位提出的设计变更。

根据提出变更申请和变更要求的不同部门，一般将工程变更划分为三类：即筹建处变更、施工单位变更、监理单位变更。

第一类：筹建处变更（包含上级部门变更、筹建处变更、设计单位变更）。

上级部门变更：指上级交通行政主管部门提出的政策性变更和由于国家政策变化引起的变更。

筹建处变更：筹建处根据现场实际情况，为提高质量标准、加快进度、节约造价等因素综合考虑而提出的工程变更。

设计单位变更：指设计单位在工程实施中发现工程设计中存在的设计缺陷或需要进行优化设计而提出的工程变更。

第二类：监理人指示的工程变更。监理人根据工程施工的实际需要或建设单位要求实施的工程变更，可以进一步划分为直接指示的工程变更和通过与施工承包单位协商后确定的工程变更两种情况。

（1）监理人或建设单位直接指示的工程变更。监理人直接指示的工程变更属于必需的变更，如按照建设单位的要求提高质量标准、设计错误需要进行的设计修改、协调施工中的交叉干扰等情况。此时不需征求施工承包单位意见，监理人经过建设单位同意后发出变更指示要求施工承包单位完成工程变更工作。

（2）与施工承包单位协商后确定的工程变更。此类情况属于可能发生的变更，与施工承包单位协商后再确定是否实施变更，如增加承包范围外的某项新工作等。此时，工程变更程序如下：

① 监理人首先向施工承包单位发出变更意向书，说明变更的具体内容和建设单位对变更的时间要求等，并附必要的图纸和相关资料。

② 施工承包单位收到监理人的变更意向书后，如果同意实施变更，则向监理人提出书面变更建议。建议书的内容包括提交拟实施变更工作的计划、措施、竣工时间等内容的实施方案以及费用要求。若施工承包单位收到监理人的变更意向书后认为难以实施此项变更，也应立即通知监理人，说明原因并附详细依据，如不具备实施变更项目的施工资质、无相应的施工机具等原因或其他理由。

③ 监理人审查施工承包单位的建议书，施工承包单位根据变更意向书要求提交的变更实施方案可行并经建设单位同意后，发出变更指示。如果施工承包单位不同意变更，监理人与施工承包单位和建设单位协商后确定撤销、改变或不改变原变更意向书。

④ 变更建议应阐明要求变更的依据，并附必要的图纸和说明。监理人收到施工承包单位书面建议后，应与建设单位共同研究，确认需要变更的，应在收到施工承包单位书面建议后的 14 天内作出变更指示。经研究后不同意作为变更的，应由监理人书面答复施工承包单位。

第三类：施工承包单位提出的工程变更。施工承包单位提出的工程变更可能涉及建议变更和要求变更两类。

（1）施工承包单位建议的变更。施工承包单位对建设单位提供的图纸、技术要求等，提出了可能降低合同价格、缩短工期或提高工程经济效益的合理化建议，均应以书面形式提交监理人。合理化建议书的内容应包括建议工作的详细说明、进度计划和效益以及与其他工作的协调等，并附必要的设计文件。

监理人与建设单位协商是否采纳施工承包单位提出的建议。建议被采纳并构成变更的，监理人向施工承包单位发出工程变更指示。

施工承包单位提出的合理化建议使建设单位获得工程造价降低、工期缩短、工程运行效益提高等实际利益，应按专用合同条款中的约定给予奖励。

（2）施工承包单位要求的变更。施工承包单位收到监理人按合同约定发出的图纸和文件，经检查认为其中存在属于变更范围的情形，如提高工程质量标准、增加工作内容、改变工程的位置或尺寸等，可向监理人提出书面变更建议。变更建议应阐明要求变更的依据，并附必要的图纸和说明。

监理人收到施工承包单位的书面建议后，应与建设单位共同研究，确认需要变更的，应在收到施工承包单位书面建议后的 14 天内做出变更指示。经研究后不同意作为变更的，应由监理人书面答复施工承包单位。

根据变更事由的来源不同，可以将工程变更的原因大致归纳为六点：

（1）发包人原因。主要包含两个方面：一是上级行业行政主管部门提出的政策性变更和由于国家政策变化引起的变更，比如 2008 年汶川大地震后，国家对整个建筑行业要求新建的和在建的结构物抗震等级要求提高，在建工程结构物的钢筋配筋率增加、混凝土等级提高、结构物尺寸的变化而引起的工程变更；二是发包方根据现场实际情况，为提高质量标准、加快进度、节约造价等因素综合考虑而提出的工程变更，工程规模、使用功能、工艺流程、质量标准的变化以及工期改变等合同内容的调整，比如发包方根据现场实际情况或地方政府要求新增连接线道路工程，发包方要求比合同工期提前，发包方对装饰装修质量标准要求的提高等。

（2）设计原因。指设计单位在工程实施中发现工程设计中存在的设计漏项、设计缺陷或需要对原设计进行优化设计而提出的工程变更，或因自然因素及其他因素而进行的设计改变等。因设计原因引起工程变更占工程变更的比例比较大，比如设计单位经常在施工过程中补发设计补充文件、设计变更通知等。

（3）承包人原因。指承包人在施工过程中发现的设计与施工现场的地形、地貌、地质结构等情况不一致而提出来的工程变更。因施工质量或安全需要变更施工方法、作业顺序和施工工艺等。承包人原因提出的工程变更在实际工程项目中也占较大比例，比如结构物基底设计标高要求的地基承载力不够需地基进行补强导致的变更，路基的软土处理范围、处理深度不够需增加的变更，由于临时交通需要增加的临时通行道路、便桥等措施工程的变更等。

（4）监理原因。监理工程师根据现场实际情况提出的工程变更和工程项目变更、新增工程变更等，或者是出于工程协调和对工程目标控制有利的考虑，而提出的施工工艺、施工顺序的变更。

（5）合同原因。原定合同部分条款因客观条件变化，需要结合实际修正和补充。如因某些客观原因造成原合同签订的部分条款失效或不能实施，合同双方经协商，需对原合同条款进行修正或签订补充合同等。

（6）环境原因。不可预见自然因素和工程外部环境变化导致工程变更。比如因为地震、雪山融化、洪水引起的地质灾害的处理，造成的工程变更等。

3. 工程索赔与现场签证

工程变更、工程索赔与现场签证是建设工程施工阶段中比较重要又比较相似的三个概念，但是三者还是有很大的差别。

（1）工程索赔

工程索赔通常是指在工程合同履行过程中，合同当事人一方因非自身责任或对方不履行或未能履行合同而受到经济损失或权利损害时，通过一定的合法程序向对方提出经济或时间补偿的要求。

由此我们可以得出索赔的特征有五个方面：

1）索赔是双向的。索赔是在承包人与发包人双方之间发生的，可以由承包人向发包人提出索赔，也可以由发包人向承包人提出反索赔。

2）只有实际发生了经济损失或权利损害，一方才能向对方索赔。

3）索赔是一种未经对方确认的单方行为。换言之，索赔时由一方向另一方主动发起的。

4）索赔不一定以对方存在违约行为为前提条件。索赔的发生一定要有损害结果，但损害结果的产生则不必须是发包人引起的，可以是第三方过错，也可以是不可抗力。

5）索赔的性质属于经济补偿行为，而不是惩罚。

根据相关规定，索赔的范围主要包括：

1）人工费：①增加工作内容，人工费按计日工费计算。②停工损失、效率降低损失，按窝工费计算。

2）机械设备费：①增加工作内容按机械台班费计算。②窝工：自有机械按台班折旧费计算；租赁机械按设备租赁费计算。

3）材料费：实际用量超过计划用量增加的费用、材料价格大幅上涨、非承包方责任造成工程延期的价格上涨。

4）管理费：包括现场管理费、企业管理费。

5）利润：①工程变更、文件有缺陷、技术性错误、业主未能提供现场等。②一般在工程暂停的费用索赔中，不同意索赔利润（业主原因造成的暂停除外）。

6）延迟付款的利息。

7）因上述原因造成的工期延误（工期索赔）。

工程索赔按照不同的角度划分，可以划分为好多种类，目前比较常见的分类方式如下：

1）按照合同依据进行分类及应对方法：①明示索赔。所谓的明示索赔就是合同一方按照合同中明确规定的条款向合同的另一方提出费用索赔或工期索赔的要求。其中明示条款即为合同中明文规定的条款。按照索赔的成因分，明示条款可以分为三类：业主原因造成的索赔、工程师原因造成的索赔以及业主负责人的客观原因造成的索赔。若索赔是由业主或工程师的直接原因造成的，则承包商不但可以获得工期补偿，还可以以获得费用补偿甚至利润补偿。若是由客观原因引起的索赔，承包商一般只能获得工期补偿或者费用补偿。明示索赔一般容易解决，承包商要及时发现及时解决。②默示索赔。一般指合同中没有明确说明，但是可以通过某些明示条款、法律条文以及工程惯例等推断出来，此种情况下提出的索赔与明示索赔具有同等的法律效力，合同双方均可依法提出索赔要求。默示条款只要经过双方协商认可，符合法律要求就可以成为有效的合同条款，合同各方均应服从。相对于明示条款，承包商默示索赔的索赔权论证要复杂得多，故承包商在进行默示索赔时一定要仔细的推敲合同文件，找出其依据，做到有理有据，让业主信服。

2）按索赔目的进行分类及应对方法：①费用索赔。由于工程项目施工一般具有复杂性，难免会出现工程变更、不可抗力等情况，导致承包商赶工或者窝工等现象出现，造成工程成本的增加，这种情况下业主就应该补偿承包商计划成本之外的额外支出，以确保承包商不因此承受经济损失。承包商在进行费用索赔时，一定要选择合理、正确的计算方法，决定着费用索赔的成败。一般的计算方法有实际费用法、总费用法以及修正总费用法等，承包商要根据具体的情况灵活的采取各种方法。②工期索赔。工期索赔一般指由于业主原因或不可预见因素造成的施工速度延缓，承包商为了能够在合同约定的时间内竣工而向业主提出的工期顺延的要求。工期索赔的成功能够使承包商获得时间上的补偿从而避免违约。承包商进行工期索赔时，一定要弄清业主原因所造成的工程延期是否在关键线路上，若在关键线路上，则承包商可以提出工期索赔；若不在关键线路上，还要分析出此工期延误的时间是否超过工程总时差，只有超过工程总时差，才能获得工期补偿。总之，即使由于业主原因引起了某项工程的延误，承包商也不一定会获得工期补偿和费用补偿，有些情况只能获得费用补偿。

3）根据索赔事件性质进行分类及应对方法：①工程变更索赔。主要指由于工程施工过程中业主或监理增加新指令致使工程量发生变化、工程顺序调整或者图纸变更等情况发生而提出的索赔要求。②工程延期索赔。一般包括图纸交付不及时、施工场地移交不合格等造成的施工条件与合同约定的不符的情况或者发生了不可抗力事件而导致的工程期限的延长，一般是由业主原因造成的。③合同被迫终止索赔。合同被迫终止的情况一般包括双方任何一方终止了合同关系或者产生了不可抗力事件而使合同无法继续履行等，此时没有违约的一方可向违约方提出的索赔。④不可预见因素索赔。工程建设施工中会出现许多无法预料到的情况发生，例如出现恶劣天气、自然灾害、意外事件等以及在施工过程中发现古墓、断层、溶洞等不利施工的情况，通常这些情况就是经验丰富的工程专家也无法提前预测出来。

除以上介绍的几种索赔情况，还会有一些其他的形式，例如通货膨胀、汇率变动、货币贬值、物价调整以及法律法规的补充与修订等。

针对上述索赔事件，承包商应该提前做好索赔风险管理工作，通过对索赔风险因素的识别、分析以及评价，对索赔风险因素的大小进行排序，从而可以有针对性地对风险进行预防、控制。

4）根据索赔事件发生原因进行分类及应对方法：①业主责任引起的索赔事件。由于业主原因造成的索赔事件一般包括图纸没按规定的时间交付、现场施工条件与图纸或合同不符、拖欠工程预付款的支付以及违背合同宗旨造成合同终结等。②监理方责任引起的索赔事件。由监理方责任引起的索赔事件有工程签证不及时、提供的有关数据和资料不准确以及指令发布不及时等。③不可抗力事件引起的索赔。施工过程中出现的不可抗力事件一般包括极端恶劣天气的出现、地下障碍物的发现、人类难以抵御的自然灾害事件以及战争、暴乱等动荡政治事件的发生。若是业主或者监理工程师等原因造成的索赔，承包商应该在合同规定的期限及时地提出索赔，并递交相关的资料和证据。对于不可抗力引起的索赔事件，可以采取投保工程险的方式将风险转移给保险公司，将风险进行转移。

5）根据索赔事件处理方式进行分类及应对方法：①单项索赔。一般是处理起来比较简单的索赔事件，通常是在索赔事件发生时或发生后及时（合同约定的时间）提出索赔意向通知书和索赔报告，以确保索赔的实效性。单项索赔的处理程序和计算过程相对较容易，所需要的时间也较短。②总索赔。一般是把施工过程中遇到所有难以解决的单项索赔集合到一起，在工程将竣工时一起向发包人提出索赔，并通过合同双方进行协商谈判来解决所有索赔问题。在施工中出现的干扰事件大多是相互交叉和相互影响的，双方无法分清楚责任的归属，致使索赔证据难以收集、索赔报告不好起草，这时一般会采取总索赔的形式。一般总索赔在时间上比较拖延，在最后工程利息支付、保证金扣留、工程款结算方面很容易出现问题。故承包商应尽量避免总索赔，同时应注意掌握相关的法律、合同知识，聘请相关专家进行专业的培训及管理，来保证自己的合法权益不受侵害。

（2）现场签证

现场签证是指发包人现场代表（或其授权的监理人、工程造价咨询人）与承包人现场代表就施工过程中涉及的责任事件所做的签认证明。由于项目变动时报批需要时间，而现场签证时只需要由施工现场的发包人代表进行审批，这极大地提高了工程的效率。

现场签证的范围主要包括：

1）施工合同范围以外零星工程的确认；

2）在工程施工过程中发生变更后需要现场确认的工程量；

3）非施工单位原因导致的人工、设备窝工及有关损失；

4）符合施工合同规定的非施工单位原因引起的工程量或费用增减；

5）确认修改施工方案引起的工程量或费用增减；

6）工程变更导致的工程施工措施费增减等。

其一般程序为：

1）发包人及时发出合同以外零星项目、非承包人责任事件的书面工作指令，并提供所需的相关资料，承包人收到指令后，及时向发包人提出现场签证要求；

2）承包人收到指令7天内提交现场签证报告，发包人收到现场签证报告48小时内进行核实（否则，视为认可）；

3）现场签证工作如有相应计日工单价，现场签证中需提供人、料、机的消耗量；如现场签证工作无相应计日工单价，现场签证中需提供人、料、机的消耗量及其单价；

4）现场签证未经确认擅自施工的，需征得发包人书面同意，否则发生的费用由承包人承担；

5）工作完成后的7天内，签证价款报送发包人确认后与进度款同期支付；

6）承包人在施工过程中，若发现合同工程内容因场地条件、地质水文、发包人要求等不一致情况均可进行签证。

4. 不可抗力

不可抗力是民法中设立的一项重要的制度，在建设工程施工领域也占据了一定的地位。

民法总则第一百八十条规定："因不可抗力不能履行民事义务的，不承担民事责任。法律另有规定的，依照其规定。不可抗力是指不能预见、不能避免且不能克服的客观情况。"

其特点包含两个方面：

（1）不可预见的偶然性。

不可抗力所指的事件必须是当事人在订立合同时不可预见的事件，它在合同订立后的发生纯属偶然。当然，这种预料之外的偶然事件，并非是当事人完全不能想象的事件，有些偶然事件并非当事人完全不能预见。但是由于它出现的概率极小，而被当事人忽略不计，把它排除在正常情况之外，但结果这种偶然事件真的出现了，这类事件仍然属于不可预见的事件。

在正常情况下，判断其能否预见到某一事件的发生有两个不同的标准：

一是客观标准，即在某种具体情况下，一般理智正常的人能够预见到的，该合同当事人就应当预见到。如果对该种事件的预见需要一定的专门知识，那么只要具有这种专业知识的一般正常水平的人所能预见到的事件则该合同当事人就应当预见，就比如建设工程施工合同，其"不能预见"的标准就应当以一个有经验的建设工程施工项目的承包人的标准来衡量的。

二是主观标准，就是在某种具体情况下，根据行为人的主观条件，如当事人的年龄、发育状况、知识水平、职业状况、受教育程度以及综合能力等因素来判断合同当事人是否应该预见到。

（2）不可控制的客观性。

不可抗力事件必须是该事件的发生是因为当事人不可控制的客观原因所导致的，当事人对事件的发生在主观上既无故意，也无过失，主观上也不能阻止它发生。当事人对于非因为可归责于自己的原因而产生的事件，如果能够通过主观努力克服，就必须努力去做，否则就不足以免除其债务。

对于那些非主观且不能预见、不能克服的自然现象，若阻碍了公民履行合同之中所规定的义务，当对方要求其赔偿损失时，是不能承担责任的，当然由于不可抗力造成的，需要承担举证责任。

不可抗力是指不能预见、不能避免且不能克服的客观情况。一般认为，不可抗力包括以下方面：

（1）自然灾害。

（2）政府行为。比如，某些法律法规或是政策导致合同无法继续履行。但是并非所有的政府行为都构成不可抗力，就像上述的政府行为导致的商业风险。在司法实践中，对于政府行为导致的不可抗力认定的界限比较模糊，学界观点也不尽统一。

（3）社会异常事件。比如战争、暴动、罢工等，这些当事人无法预见不能控制的事件。

不可抗力与情势变更作为阻碍合同正常履行的因素，二者有些相似，但还是存在着很多差别的，高印立先生认为，二者之间存在着竞合关系：

（1）客观表现不同。情势变更主要表现为影响合同履行的社会经济形势的剧变事件，如物价飞涨、货币严重贬值、金融危机和国家政策的转变等事由。由于情势变更的情况较为复杂，须凭借法定的公平裁量权认定；不可抗力表现为人力不可抗拒的自然力，如地震、台风、洪水、海啸、旱灾、战争、罢工等。

（2）造成影响不同。发生情势变更，在一般情况下，合同仍然能履行，只是履行合同会造成明显的不公平后果，即对一方当事人没有意义或造成重大损失；而发生不可抗力事件，既可能造成合同履行困难或不能履行，也可能造成合同的全部义务都无法履行。

（3）适用范围不同。情势变更仅在具有合同关系的双方当事人履行合同过程中，适用免除合同责任。不可抗力为法定免责事由，适用于违约责任和侵权责任。

（4）免责情况不同。在发生情势变更的情况下，并不当然免除该当事人对对方当事人的赔偿或补偿责任。情势变更原则只是赋予了当事人依法请求变更或解除合同关系并免责的权利，而最终是否变更或解除合同并免责，取决于人民法院或仲裁机构的裁量。不可抗力导致合同不能履行，一方当事人当然免于承担违约或侵权责任。即因不可抗力事件导致合同不能履行或无法履行的，当事人有权通知对方当事人解除合同，合同自通知到达对方时解除，并可免予承担履行义务和违约责任。

（5）当事人享有的权利性质不同。情势变更情形下的变更或解除合同，当事人不能自行决定，须申请人民法院或仲裁机构决定。在不可抗力情形下，当事人享有延期履行、部分履行或解除合同的权利为形成权，只要不可抗力发生后，当事人履行了附随义务，即可发生法律上的后果，无须征得对方当事人同意。

第三章

建设工程施工合同法律风险识别与分析

第一节 风险识别概述

1. 风险管理概述

风险管理是为了达到一个组织既定的目标，而对组织所承担的各种风险进行管理的系统过程，其采取的方法应符合公众利益、人身安全、环境保护以及有关的法规的要求。风险管理包括策划、组织、领导、协调和控制等方面的工作。

风险管理过程包括风险识别、风险评估、风险响应和风险控制。

（1）风险识别是指在风险事故发生之前，人们运用各种方法系统的、连续的认识所面临的各种风险以及分析风险事故发生的潜在原因。风险识别过程包含感知风险和分析风险两个环节。感知风险，即了解客观存在的各种风险，是风险识别的基础，只有通过感知风险，才能进一步在此基础上进行分析，寻找导致风险事故发生的条件因素，为拟定风险处理方案，进行风险管理决策服务。分析风险，即分析引起风险事故的各种因素，它是风险识别的关键。

风险识别是风险管理的第一个环节。风险识别与分析可从建设工程项目工作分解结构开始，运用风险识别方法对建设工程的风险事件及其因素进行识别与分析，建立工程项目风险因素清单（图 3-1）。同时还应该符合以下要求：

1）在建设工程项目每个阶段的关键节点都应结合具体的设计工况、施工条件、周围环境、施工队伍、施工机械性能等实际状况对风险因素进行再识别，动态分析建设工程项目的具体风险因素。

2）风险再识别的依据主要是上一阶段的风险识别及风险处理的结果，包括已有风险清单、已有风险监测结果和对已处理风险的跟踪。风险再识别的过程本质上是对建设工程项目新增风险因素的识别过程，也是风险识别的循环过程。

（2）风险评估（其具体方法见表 3-1）包括以下工作：

1）利用已有数据资料和相关专业方法分析各种风险因素发生的概率（图 3-2）；

2）分析各种风险的损失量，包括可能发生的工期损失、费用损失以及对工程的质量、功能和使用效果等方面的影响；

3）根据各种风险发生的概率和损失量，确定各种风险的风险量和风险等级（表 3-2、表 3-3）。

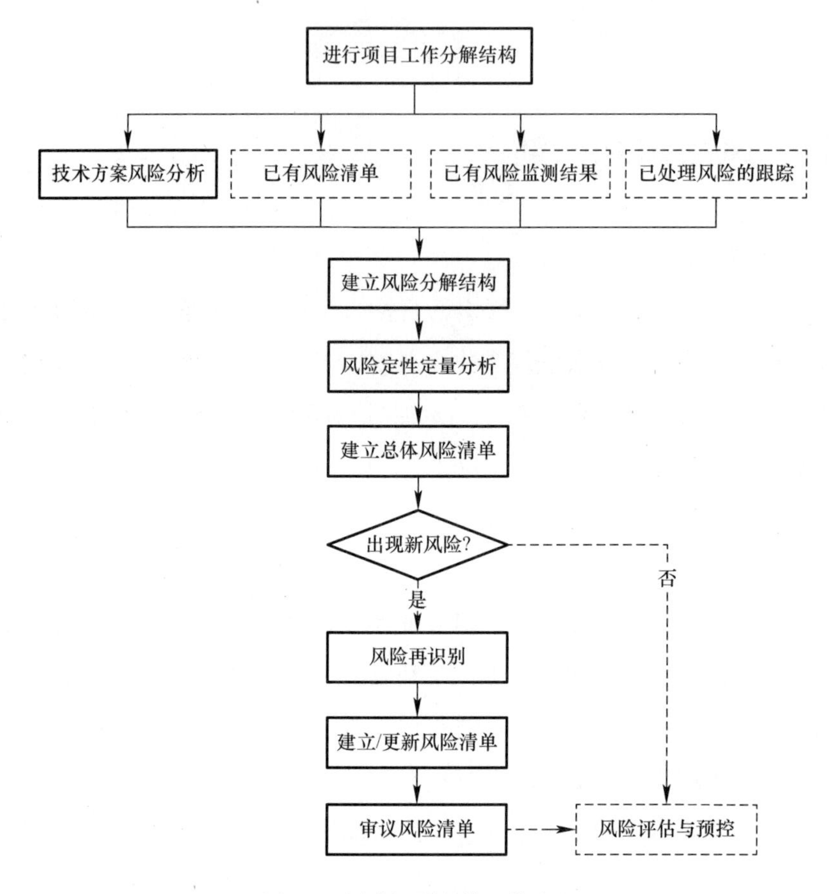

图 3-1　风险识别整体工作流程

风险评估方法　　　　**表 3-1**

名称	方法定义	适用范围
层次分析法	将一个复杂的多目标决策问题作为一个系统，将目标分解为多个目标或准则，进而分解为多指标（或准则、约束）的若干层次，通过定性指标模糊量化方法算出层次单排序（权数）和总排序，以作为目标（多指标）、多方案优化决策的系统方法	应用领域比较广阔，可以分析社会、经济以及科学管理领域中的问题。适用于任何领域的任何环节，但不适用于层次复杂的系统
蒙特卡罗法	又称统计模拟法、随机抽样技术，是一种随机模拟方法，以概率和统计理论方法为基础的一种计算方法，是使用随机数（或更常见的伪随机数）来解决很多计算问题的方法	比较适合在大中型项目中应用。优点是可以解决许多复杂的概率运算问题，以及适合于不允许进行真实试验的场合。对于那些费用高的项目或费时长的试验，具有很好的优越性。 一般只在进行较精细的系统分析时才使用，适用于问题比较复杂，要求精度较高的场合，特别是对少数可行方案进行精选比较时更有效

续表

名称	方法定义	适用范围
可靠度分析法	分析结构在规定的时间内、规定的条件下具备预定功能的安全概率的方法	适用于计算结构的可靠度指标，并可以对已建成的结构进行可靠度校核。该方法适用于对建筑结构设计进行安全风险分析
数值模拟法	采用数值计算软件对结构进行建模模拟，分析结构设计的受力与变形，并对结构进行风险评估	该方法适用于复杂结构的计算，判定结构设计与施工风险信息
模糊综合评价法	根据模糊数学的隶属度理论把定性评价转化为定量评价，即用模糊数学对受到多种因素制约的事物或对象做出一个总体的评价	结果清晰，系统性强，能较好地解决模糊的、难以量化的问题，适合各种非确定性问题的解决，能适用于任何系统的任何环节，适用性较广
神经网络法	一种模仿动物神经网络行为特征，进行分布式并行信息处理的算法数学模型。这种网络依靠系统的复杂程度，通过调整内部大量节点之间相互连接的关系，从而达到处理信息的目的	适用于预测问题，原因和结果的关系模糊的场合或模式识别及包含模糊信息的场合。不一定非要得到最优解，主要是快速求得与之相接近的次优解的场合；组合数量非常多，实际求解几乎不可能的场合；对非线性很高的系统进行控制的场合
敏感性评估法	敏感性分析法是指从众多风险因素中找出对建筑工程安全指标有重要影响的敏感性因素，并分析、测算其对工程项目安全指标的影响程度和敏感性程度，进而判断项目承受风险能力的一种不确定性分析方法	用以分析工程项目安全性指标对各不确定性因素的敏感程度，找出敏感性因素及其最大变动幅度，据此判断项目承担风险的能力。这种分析尚不能确定各种不确定性因素发生一定幅度的概率，因而其分析结论的准确性就会受到一定的影响
故障树法	采用逻辑的方法，形象地进行危险的分析工作，特点是直观、明了，思路清晰，逻辑性强，可以做定性分析，也可以做定量分析	应用比较广，非常适用于重复性较大的系统。常用于直接经验较少的风险识别
事件树法	一种按事故发展的时间顺序由初始事件开始推论可能的后果，从而进行危险源辨识的方法	该方法可以用来分析系统故障、设备失效、工艺异常、人为失误等，应用比较广泛，但不能分析平行产生的后果，不适用于详细分析
项目分解结构-风险分解结构风险评价矩阵法	通过定性分析和定量分析综合考虑风险影响和风险概率两方面的因素，对风险因素对项目的影响进行评估的方法	该方法可根据使用需求对风险等级划分进行修改，其使用不同的分析系统，但要有一定的工程经验和数据资料作依据。应用领域比较广，适用于任何工程的任何环节。但对于层次复杂的系统，要做进一步分析
贝叶斯网络评估法	贝叶斯网络是基于概率推理的数学模型，所谓概率推理就是通过一些变量的信息来获取其他的概率信息的过程，基于概率推理的贝叶斯网络分析法能解决不定性和不完整性问题	它对于解决复杂系统中的不确定性和关联性引起的风险有很大的优势

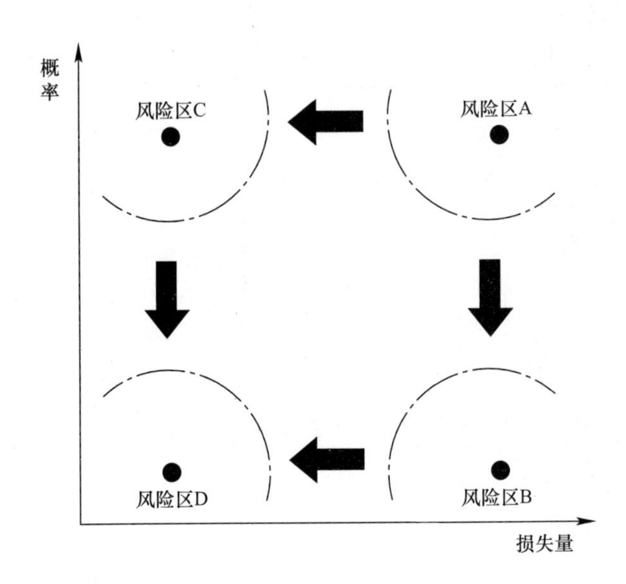

图 3-2　事件风险量的区域

风险事件发生概率描述及其等级　　　　表 3-2

描述	等级	发生概率区间
非常可能	1 级	0.1≤P≤1
可能	2 级	0.01≤P<0.1
偶尔	3 级	0.001≤P<0.01
不太可能	4 级	0≤P<0.001

风险等级矩阵表　　　　表 3-3

风险等级		损失等级			
		1	2	3	4
概率等级	1	Ⅰ级	Ⅰ级	Ⅱ级	Ⅱ级
	2	Ⅰ级	Ⅱ级	Ⅱ级	Ⅲ级
	3	Ⅱ级	Ⅱ级	Ⅲ级	Ⅲ级
	4	Ⅱ级	Ⅲ级	Ⅲ级	Ⅳ级

（3）风险响应是指针对项目风险而采取的相应对策。

常用的风险对策包括风险规避、减轻、自留、转移及其组合策略等。对难以控制的风险向保险公司投保是一种风险转移的措施。

风险对策应形成风险管理计划，包括：

1）风险管理目标；

2）风险管理范围；

3）可使用的风险管理方法、工具以及数据来源；

4）风险分类和风险排序要求；

5）风险管理的职责和权限；

6）风险跟踪的要求；

7）相应的资源预算。

（4）风险控制是在施工进展过程中，收集和分析与风险相关的各种信息，预测可能发生的风险，对其进行监控并提出预警的过程。

2. 风险识别常用方法

风险识别常用的方法主要有主观识别法和客观识别法两大类，主观识别方法包括德尔菲法、头脑风暴法、情景分析法等；客观识别方法主要有财务报表法、核对表法、流程图法等。

（1）德尔斐法：最初是由兰德咨询提出来的，应用其识别风险主要过程如下：首先确定本项目领域内的相关专家，与之建立联系，并通过邮件或信件的方式向这些专家发放问题；然后回收各个专家的意见，将所有专家的意见整理汇总，以不记名的形式反馈给各位专家，并征询意见。这一过程一般需要重复三至六轮，不断统一专家意见。最后，根据征询的专家意见，确定风险清单。该方法操作简单，具有一定的可信度，获得了学术界和企业界广泛认可，目前已经在多个领域得到了广泛应用。但这种方法主要依据参与咨询的专家主观判断进行风险识别，因此，对专家的个人经验和主观能力要求较高，且风险识别的结果主观性较强。

（2）头脑风暴法：一般是项目相关领域的专家召开集体会议，与会专家可以在会议中无所顾忌的表达自身观点，各种观点不仅可以互为补充，而且可以促发灵感。并且在思维相互碰撞的过程中，提出本项目存在的问题。通过这种思维的碰撞，能够更多的得到关于项目的未来的信息，以得到较为精确地预测结果。该方法是20世纪30年代由奥斯本创造，20世纪70年代，部分学者将此方法介绍入中国，并且得到了较多的应用。

（3）情景分析法：最初由皮瑞·沃克提出，该方法特别适合用于持续时间长的项目，它可以综合考虑社会经济等多种因素的影响。该方法主要是根据项目未来的进展趋势，在系统的分析项目大系统内外有关问题的基础上，考虑多个可能发生的情景，用来在决策人员采取某种措施或行动之前提示其可能引起的不良结果，同时可以预测部分主要因素对项目发展的影响，让人们更清晰地知道某一些施工技术的发展会对项目造成什么风险。它是一种风险预测和识别的系统技术，适用于有较多不确定性因素的项目。情景分析法勾画出所有关键风险因素可能发生的多个未来情形，并据此设想可能产生的结果，以制定出有针对性的防范措施。该方法已经在实业界得到了较广泛的应用，并取得了良好的效果，同时由此衍生出了空隙填补法等具体方法。但是由于其使用过程不尽方便，因此在我国采用的不多。

（4）财务报表法：这种方法的预测主要是基于任何项目和企业的活动都或多或少的与财务有关系。因此，风险识别人员通过系统的分析项目公司的负债表、经营报表等各种财务记录及表格，从中发现项目存在的财务问题，已期识别出项目或企业面临的各种风险。这种识别方法能够将项目的各种财务报表与未来的财务预测、项目预算及支出联系起来，具有直观、清晰的优点，自发明以来，就得到了较为广泛的应用。

（5）核对表法：该方法主要是依据项目目前所处的环境、项目参与者的能力与不足、项目主要产生的产品及项目运行所需的各种技术、项目参与者过往遇到过的风险点，将本项目的实施范围、项目三大目标、各种合同、参与者情况、本项目开展可以使用的资源、过往遇到的风险点及其原因等以表格的形式列出来，在此基础上，由风险识别人员根据列出的表格联想出本项目所包含的潜在的风险因素。该方法所识别的风险因素数目不多，但是相对其他风险识别方法，却可以发现意想不到的风险，因此，本方法可以起到查缺补漏的作用。

（6）流程图法：相比较而言，流程图法是众多方法当中最具有实践应用意义且识别出的风险因素最能为实际项目提供指导的方法。应用流程图法，首先需要构建项目的流程图，也可以应用工作分解结构表示，即将项目开展所需要进行的详细步骤和环节全都展示出来，风险识别人员根据本项目开展所需要进行的工作，逐步分析每一项工作、每一个流程，结构化的识别其中存在的风险因素。这种方法的优点是可以将识别出的风险一一对应于项目开展的各个环节。

在风险识别的过程中，以上这些方法可以灵活采用，但其具体流程大致按照以下程序（图 3-3）。

3. 风险识别一般特征

（1）存在较多的主观因素

如前所述，目前学术界和实践领域存在多种风险识别方法，但是归根结底，无论哪一种风险识别方法，都是由人来实施的。由于每个人的经历、知识储备、个人素质各异，导致人具有主观能动性，不同的人对事物的认知不同。因此，虽然说风险因素是客观的，但是由人主导的识别风险的过程却是充满了主观性。

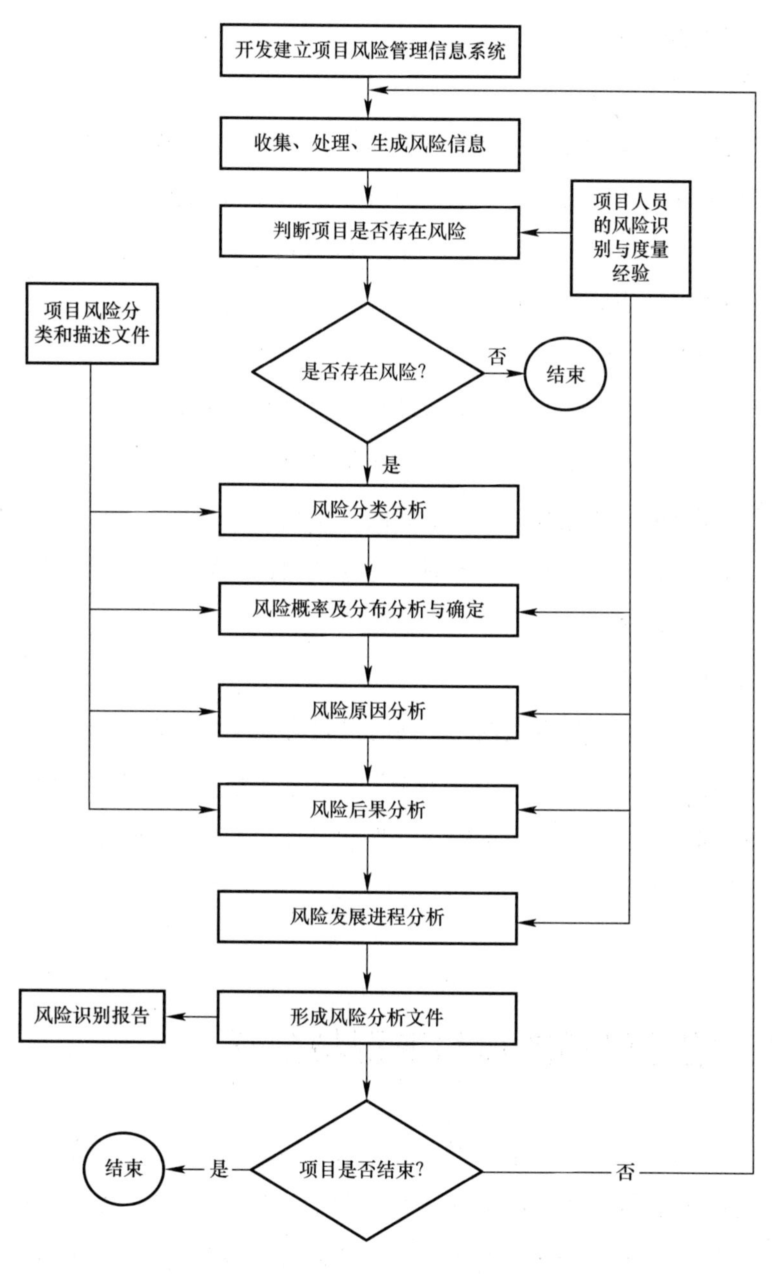

图 3-3 风险识别流程图

(2) 风险识别较为复杂

工程项目最大的特点之一就是一次性，其建设地点不同、所处环境不同、参与方不同、建设周期长短不一，且工程项目参与者多、投资大，因此，风险管理经验具有不可复制性，每一个项目所面临的都是独一无二的风险。因此，要在这种复杂的情况下，全面、高效的识别风险因素并不容易，这要求风险管理者能够掌握到较多的与项目有关的资料。

(3) 风险识别要全面可靠

工程项目的建设涉及设计单位、业主单位、承包商、监理方等多个参与者，且要经过可行性研究、初步设计、施工图设计、招标投标、施工等环节，如果将风险识别着眼于某一个环节或某一个单位，将会在项目管理过程中陷入被动，顾此失彼。因此，风险识别应该着眼整个项目全局，全面细致地识别出项目所蕴含的风险。

(4) 基于全寿命周期的理念

通常情况下，工程建设项目都会持续较长的时间，风险识别工作通常会在项目开始之前进行，然而，不变是相对的，变化是绝对的，世间万物都处于不断变化和发展之中的，随着项目的进行，新情况、新风险会不断涌现。因此，工程建设过程中，在加强防范已识别出的风险的同时，还要持续性的识别新风险，应将风险管理的理念贯穿项目全寿命周期。

(5) 存在一定的误差

如前所述，风险识别具有主观性，同时又较为复杂，因此，实际工作中进行的风险识别往往存在与实际情况不匹配的情况，并对项目参与者造成损失。因此，工程项目的风险识别本身就具有一定的风险性，错误的风险识别使得决策者采取了错误的行动，造成较大的损失。

第二节　招标阶段的风险识别与分析

招标投标，是在市场经济条件下进行大宗货物的买卖、工程建设项目有发包与承包，以及服务项目的采购与提供时，所采用的一种交易方式。在这种交易方式下，通常是由项目采购（包括货物的购买、工程的发包和服务的采购）的采购方作为招标方，通过发布招标公告或者向一定数量的特定供应商、承包商发出招标邀请等方式发出招标采购的信息，提出所需采购项目的性质及其数量、质量、技术要求，交货期、竣工期或提供服务的时间，以及其他供应商、承包商的资格要求等招标采购条件，表明将选择最能够满足采购要求的供应商、承包商与之签订采购合同的意向，由各方提供采购所需货物、工程或服务的报价及其他响应招标要求的条件，参加投标竞争。经招标方对各投标者的报价及其他的条件进行审查比较后，从中择优选定中标者，并与其签订采购合同。

招标投标也被简称为招投标。招标和投标是一种商品交易的行为，是交易过程的两个方面。招标投标是一种国际惯例，是商品经济高度发展的产物，是应用技术、经济的方法和市场经济的竞争机制的作用，有组织开展的一种择优成交的方式。这种方式是在货物、工程和服务的采购行为中，招标人通过事先公布的采购和要求，吸引众多的投标人按照同等条件进行平等竞争，按照规定程序并组织技术、经济和法律等方面的专家对众多的投标人进行综合评审，从中择优选定项目的中标人的行为过程。其实质是以较低的价格获得最优的货物、工程和服务。在本节中，我们对招标过程展开论述。

1. 招标概述

"投标"的对象。指当事人中的一方（招标人）提出自己的条件，征求他方（投标方）承买或承卖。故招标可能是为买而招标，也可能是为卖而招标（如土地招标）。在政府采购中，招标是一种采购方式。

招标是为某项工程建设或大宗商品的买卖，邀请愿意承包或交易的商家出价以从中选择承包者或交易者的行为。

招标是在一定范围内公开货物、工程或服务采购的条件和要求，邀请众多投标人参加投标，并按照规定程序从中选择交易对象的一种市场交易行为。

建设工程施工招标程序是指在工程施工招标活动中，按照一定的时间、空间顺序运作的次序、步骤、方式。一般要经过招标准备阶段、招标阶段和决标成交阶段。建设工程施工公开招标的程序一共有 17 个环节（图 3-4）。谨慎理性地对各个环节进行分析是识别该阶段法律风险的有效手段。

2. 建设工程项目报建

建设工程项目报建是指工程项目建设单位或个人，在工程项目确立后的一定期限内向建设行政主管部门（建设工程招标投标管理机构）申报工程项目，办理项目登记手续。凡是未经过报建的建设工程施工项目均不得开展。

建设工程的报建阶段的法律风险识别可以从以下三部分着手：

（1）建设工程项目的报建范围。报建范围是国家依靠审批程序对建设工程项目进行有效管理的界限，属于依法必须招标的工程项目必须按照规定如实申报。如果申报的信息在真实性、完整度等方面出现一定程度的纰漏，那么就会对整个项目产生根本性的风险。

图 3-4 招标工作流程图

（2）建设工程项目报建的内容。建设工程项目报建的内容均为一项建设工程的关键要素，对于公权力对建设项目的管理起到决定性的作用，报建内容的偏差一定会给项目带来不利的影响。

（3）办理工程报建时应交验的文件资料。这些资料主要包括立项批准文件或年度投资计划、固定资产投资许可证、建设工程规划许可证还有资金证明等一些与建设工程项目相关的其他材料，同上述两部分一样，这些材料的完整度和真实性同样也会给建设工程项目带来风险。

3. 审查建设项目和建设单位资质

在建设工程报建之后，政府建设主管部门就要根据报建的相关材料对建设项目以及建设单位资质进行审查。审查的条件法律做了明确规定，而这些条件也是风险的一大来源。

(1) 对于建设项目的审查，国家规定：

1) 概算已经批准；

2) 建设用地已经正式列入国家、部门或地方的年度固定资产投资计划；

3) 建设用地的征用工作已经完成；

4) 有能够满足施工需要的施工图和技术资料；

5) 建设资金和主要建筑材料、设备的来源已经落实；

6) 已经建设项目所在地规划部门批准，施工现场的“三通一平”已经完成或一并列入施工招标范围。

(2) 国家规定，法人、依法成立的其他组织进行工程项目建设前，应委托具有相应资质的招标代理机构代理招标，招标单位和代理机构签订委托代理协议，并报有关机构备案。如果招标单位具备以下条件，则可以自行组织招标：

1) 有与招标工程相适应的经济、技术管理人员；

2) 有组织招标编制招标文件的能力；

3) 有审查投标单位资质的能力；

4) 有组织开标、评标、定标的能力。

4. 招标申请

招标申请是招标单位向主管部门提交招标申请书的过程。招标申请书是招标单位向政府主管机关提交的要求开始组织招标、办理招标事宜的一种文书。待招标申请书批准，招标单位就可进行资格预审文件和招标文件的编制工作。

招标申请书包括的内容主要有：工程名称、建设地点、招标工程建设规模、结构类型、招标范围、招标方式、要求施工企业等级、施工前期准备情况（土地征用、拆迁情况、勘察设计情况、施工现场条件等）、招标机构组织情况等。

5. 资格预审文件、招标文件编制与送审

资格预审文件是招标单位依据招标项目自身要求，单方面阐明自己对资格审查的条件和具体要求的文书形式。招标文件是招标单位依据招标项目的需要和特点，单方面阐述招标的具体要求和条件的意思表示，是招标单位确定、修改和解释有关招标事项的文书形式。

(1) 资格预审文件与招标文件编制风险

为了加强招标工作管理，规范招标文件的编制工作，2017 年 9 月 4 日，国家发

展改革委同交通运输部等九部委，以发改法规〔2017〕1606号的形式，共同发布了新修订和完善的《标准设备采购招标文件》《标准材料采购招标文件》《标准勘察招标文件》《标准设计招标文件》《标准监理招标文件》（以下简称《标准文件》），并自2018年1月1日起实施。

根据《〈标准施工招标资格预审文件〉和〈标准施工招标文件〉暂行规定》的规定，采取资格预审的，资格预审文件与招标文件一般不合二为一。

如果采取资格预审，则通常的做法是将资格预审文件与招标文件合二为一。但是，资格预审文件与招标文件合二为一时，会出现没有通过资格预审的潜在投标人也能够获得招标文件的信息情况，而通常来说，没有通过资格预审的潜在投标人，是不一定能够获得招标文件的。因此，从审慎、合理、提高效率等的角度出发，资格预审文件与招标文件要分开制作，除非是采取资格后审的方式。

（2）招标文件描述表达不准的风险

招标投标实质上是一种买卖的交易，这种买卖完全遵循公平、公正、公开的原则，必须按照法律法规规定的程序和要求进行。招标文件应该将招标人对所需产品名称、规格、数量、技术参数、质量等级要求、工期、保修服务要求和时间等各方面的要求和条件完全准确表述在招标文件中，这些要求和条件是投标人做出回应的主要依据。招标文件中没有规定的标准和方法不得作为评标的依据。这一规定，招标文件若表述不准确，则投标人也许无所适从或胡乱应付。

（3）招标文件中合同条款拟定不完善引起的风险

招标文件是招标人和投标人签订合同的基础，招标文件中完整、严谨的合同条款应尽量完善，并且应具有一定的预见性和前瞻性，应考虑社会环境的变化。招标人或采购人应在合同中约定好各自的权利和义务，明确各自的风险以及应对纠纷的处理方式。

6. 工程标底或招标控制价的编制

工程标底是指由招标单位自行编制或是委托具有相应资格和能力的代理机构代理编制，并依据规定经过审定的招标工程的预期价格。招标控制价，也称拦标价、最高报价值、预算控制价、最高限价等，是指招标人根据国家或省级、行业有关部门颁发的有关计价依据和办法，按照设计施工图计算的，对招标工程所限定的最高工程造价。

在我国现行的体制下，建设工程招投标的过程中要弱化工程标底的作用。在国有资金投资的项目招标时，不设标底，以招标控制价来作为招标时的参考价格。这样使得评审投标报价时更加客观、公正、合理，同时也有效地避免了哄抬报价的行为的发生。

7. 刊登资格预审通告、招标通告

在完成之前的准备工作之后，招标单位就要将自己招标的需求向社会公布，采用公开招标的项目，需要发布招标公告，以吸引潜在的投标单位投标。

招标公告需要载明招标单位的名称和地址，招标项目的性质、数量、实施地点和时间以及获取招标文件的办法等事宜。在我国的法律理论中，招标公告应属于要约邀请，虽然双方当事人不需要受到其约束，但是意思表示发生严重偏差的要约邀请仍是法律风险的来源之一。

8. 资格审查

资格审查是招标人对潜在的投标人的各方面的能力、条件的全方面考察，以初步确定其具有承包工程的能力。资格审查所要审查的内容主要有：

（1）潜在投标人独立订立施工承包合同的权利；

（2）潜在投标人是否具有履行施工承包合同的能力；

（3）潜在投标人没有处于被责令停业，取消投标资格，被接管、冻结财产以及破产的状态；

（4）潜在投标人在最近三年没有骗取中标和严重违约以及出现重大工程质量问题的情况；

（5）法律法规规定的其他内容。

在资格审查过程中，对预审查对象各个条件的认定是十分关键的，这关系到各方的切身的利益，如果审查过于严苛，使得本能够参与投标的单位丧失资格，这就会产生纠纷，如果审查失当，使得没有资格的单位获得了资格，又会产生公权力介入的风险和其他投标人的纠纷甚至会影响后期建设项目的质量。

（1）资格预审审查标准与方法的法律风险

根据招标投标法实施条例第十九条第一款的规定："资格预审应当按照资格预审文件载明的标准和方法进行。"因此，招标人或招标代理机构在编制资格预审文件时，对资格预审审查的标准和方法，必须考虑得详细、明确、具体、可操作。具体可以参照《标准文件》第三章详细列出的资格审查办法前附表、审查方法、审查标准、审查程序和审查结果等。

另外，还需注意招标投标法实施条例第十九条的规定："资格预审结束后，招标人应当及时向资格预审申请人发出资格预审结果通知书。未通过资格预审的申请人不具有投标资格。通过资格预审的申请人少于 3 个的，应当重新招标。”

（2）在资格预审文件或招标文件异议期的法律风险

根据《招标投标法实施条例》第二十二条的规定：“潜在投标人或者其他利害关系人对资格预审文件有异议的，应当在提交资格预审申请文件截止时间 2 日前提出；对招标文件有异议的，应当在投标截止时间 10 日前提出。招标人应当自收到异议之日起 3 日内作出答复；作出答复前，应当暂停招标投标活动。”

9. 发放招标文件

资格预审结束，招标人确定投标人后，招标人应将招标文件、设计施工图以及有关的技术资料一并发放给投标人，不进行资格预审的，发放给有意向参加投标的单位，因此，在这一阶段，法律风险发生的可能性应在文件的内容上，毕竟这些文件都是后期纠纷解决的法定依据。

这一阶段的法律风险常常表现为发售期风险。根据《招标投标法实施条例》第十六条的规定：“招标人应当按照资格预审公告、招标公告或者投标邀请书规定的时间、地点发售资格预审文件或者招标文件。资格预审文件或者招标文件的发售期不得少于 5 日。”但是，在招标实务中，招标人或招标代理机构往往为了提前结束招标投标工作，而忽略法定的招标文件或资格预审文件发售期，从而使得发售期少于五日。

10. 勘查现场

在发放招标文件之后的规定时间内，招标人应组织投标人进行实地的现场踏勘，向投标人介绍以下情况：

（1）施工现场是否达到招标文件的阐述条件；

（2）施工现场的地理位置和地形、地貌；

（3）施工现场的地质、土质、地下水位、水文等情况；

（4）施工现场的气候条件；

（5）现场环境，如交通、网络、饮水、用电、通信等；

（6）工程在施工现场中的位置和布置；

（7）临时用地、临时设施搭建等。

对于在勘查现场不清楚的问题，投标人应在投标预备会以前以书面的形式向招标单位提出。

11. 投标预备会

投标预备会的作用是招标单位就招标文件中或是现场踏勘过程中产生的疑问向

投标单位进行集中的阐释，因此，投标预备会也叫答疑会、标前会议。

根据规定，投标预备会由招标单位组织，会后由招标单位整理会议记录和解答内容，报招标管理机构核准同意，尽快以书面形式将问题和解释以书面形式同时发放给各投标人。

在答疑会上，招标人是否能够充分恰当的对各投标人的问题进行解答，关系到后期投标单位投标文件的编制甚至是施工阶段的工程质量，所以，招标单位在投标预备会上的表现应是法律风险可能存在的点。

12. 投标文件的编制与递交

投标文件是招标单位判断投标单位是否愿意参加投标的依据，所以在这个环节招标单位一定要十分的慎重，以免对投标单位以及招投标的工作造成影响。

根据规定，在规定时间内，招标人收到投标文件后，应当签收保存，不得启封。在开标之前的过程中，任何泄密的行为都有可能造成招投标工作的失败，都有可能造成民事纠纷甚至其他法律风险。

这一阶段的风险一般表现为提交期限的风险。根据《招标投标法》第二十四条的规定："招标人应当确定投标人编制投标文件所需要的合理时间；但是，依法必须进行招标的项目，自招标文件开始发出之日起至投标人提交投标文件截止之日止，最短不得少于二十日。"

13. 开标

开标是指将各投标人递交的投标文件启封揭晓。开标应当在招标文件中确定的时间地点进行，由招标人主持，并邀请所有投标人参加。

开标时，由投标单位或其选定的代表或是招标单位委托的公证机构检查投标文件的密封情况并予以证明或公证，确认无误，由工作人员当场拆封，宣读投标人名称、投标价格和其他主要内容。

14. 评标

在开标会结束后，要在招投标管理机构的监督下进行评标，评标由招标单位组织，由招标单位依法组建的评标委员会负责。

15. 中标

评标之后，根据法律规定，确定中标单位，其应当符合以下条件之一：

(1) 能够最大限度地满足招标文件中规定的各项综合评价标准；

(2) 能够满足招标文件的实质性要求，并且经评审的投标价格最低（投标价格低于成本价的除外)。

评标委员会认为所有的标书都不符合要求时，可否决所有的标书，按照规定招标单位应当依法重新招标。

对于开标、评标、中标这三个阶段，作为整个招标投标活动的最核心的环节，国家通过一系列的法律法规做出了详细的规定，规定了每一个步骤的具体程序，程序的合法性也可以作为法律风险的来源之一。

16. 合同签订

在顺利完成了前述各环节的工作后，发包人与准承包人在招标阶段就到了最后一个环节——签订合同。这里的“合同”当然意指本著所论述的“建设工程施工合同”，故在该环节会存在较为复杂繁多的法律风险，其中，有以下几个方面在“司法解释（二)”中做了变动或明确。

(1)“黑白合同”风险

招标人和中标人另行签订的建设工程施工合同约定的工程范围、建设工期、工程质量、工程价款等实质性内容，与中标合同不一致，一方当事人请求按照中标合同确定权利义务的，人民法院应予支持。

招标人和中标人在中标合同之外就明显高于市场价格购买承建房产、无偿建设住房配套设施、让利、向建设单位捐赠财物等另行签订合同，变相降低工程价款，一方当事人以该合同背离中标合同实质性内容为由请求确认无效的，人民法院应予支持。

由此可见，另签合同，也就是我们常说的“黑白合同”是法律风险的来源之一。

(2) 合同无效风险

建设工程施工合同无效，一方当事人请求对方赔偿损失的，应当就对方过错、损失大小、过错与损失之间的因果关系承担举证责任。

损失大小无法确定，一方当事人请求参照合同约定的质量标准、建设工期、工程价款支付时间等内容确定损失大小的，人民法院可以结合双方过错程度、过错与损失之间的因果关系等因素作出裁判。

当合同无效，必然会在合同履行的过程中引起纠纷，那么，如前面章节所述的影响合同效力的因素均应作为法律风险的来源。

(3) 不必招标项目的“黑白合同”风险

发包人将依法不属于必须招标的建设工程进行招标后，与承包人另行订立的建设工程施工合同背离中标合同的实质性内容，当事人请求以中标合同作为结算建设工程价款依据的，人民法院应予支持，但发包人与承包人因客观情况发生了在招标投标时难以预见的变化而另行订立建设工程施工合同的除外。

在本质上来说，这种情况也应该属于“黑白合同”问题。

（4）招标期间各文件效力层级风险

当事人签订的建设工程施工合同与招标文件、投标文件、中标通知书载明的工程范围、建设工期、工程质量、工程价款不一致，一方当事人请求将招标文件、投标文件、中标通知书作为结算工程价款的依据的，人民法院应予支持。

这一条解决的其实是各个具有法律效力的文件之间的效力层级问题，那么，考虑到每份文件效力层级不同，在起草、签署这些文件的时候，文件内容应该作为法律风险识别工作的一个应该考虑的方面。

（5）合同价格风险

在施工合同中，有关价格或工期的变动，要特别注意。此外，在招标实务中，低价中标与抢标的现象屡见不鲜，这严重扰乱了正常的市场秩序，给招标投标各方带来了本不该出现的法律风险。

17. 总结

根据前文所述，我们可以看出，对于招标阶段的法律风险的分析，本著选择了流程图法，这主要是因为法律对招标程序已经做出了清晰的规定，使用流程图法进行风险识别分析会更加条理，同时这样分析也更加全面不容易漏项。

不难看出，在建设工程施工招标的前四项流程中，所产生的法律风险主要是公权力处罚的风险。这是因为作为国民经济以及生活的重要组成部分的建设工程对于社会各个方面影响较大，国家必须对其进行一定程度的管控，这就使得公权力必须介入建设工程招标阶段，介入的主要表现形式就是行政审批，项目前期策划是否与当地规划以及经济活动相适应就作为了审批的重点，企业能否按照法定程序进行招标活动，能否按照法定内容如实进行审批，就是公权力风险的来源。

后期，项目审批结束，开始进入正式的招标环节，此时，招标活动的另一方的民事主体也就开始介入，所以，在此之后虽然也存在着公权力风险，但是各方平等的民事法律风险的出现概率会更高。能否严格秉承平等自愿、诚实信用的原则从事之后的工作就成了风险产生的地方。

第三节　投标阶段的风险识别与分析

1. 投标概述

投标是相应招标、参与竞争的一种法律行为。我国《招标投标法》对投标工作做了明确规定，投标人应当具备承担招标项目的能力，应当具备国家有关规定及招标人明文提出的投标资格条件，遵守时间规定，按照招标文件规定的程序和做法公平竞争，不得行贿，不得弄虚作假，不能凭借关系、渠道搞不正当竞争，不得以低于成本价的报价竞争。施工企业有权根据自己的经营状况决定参与或拒绝投标竞争。

投标的程序大致可以分为四个阶段、九大环节（图 3-5）。

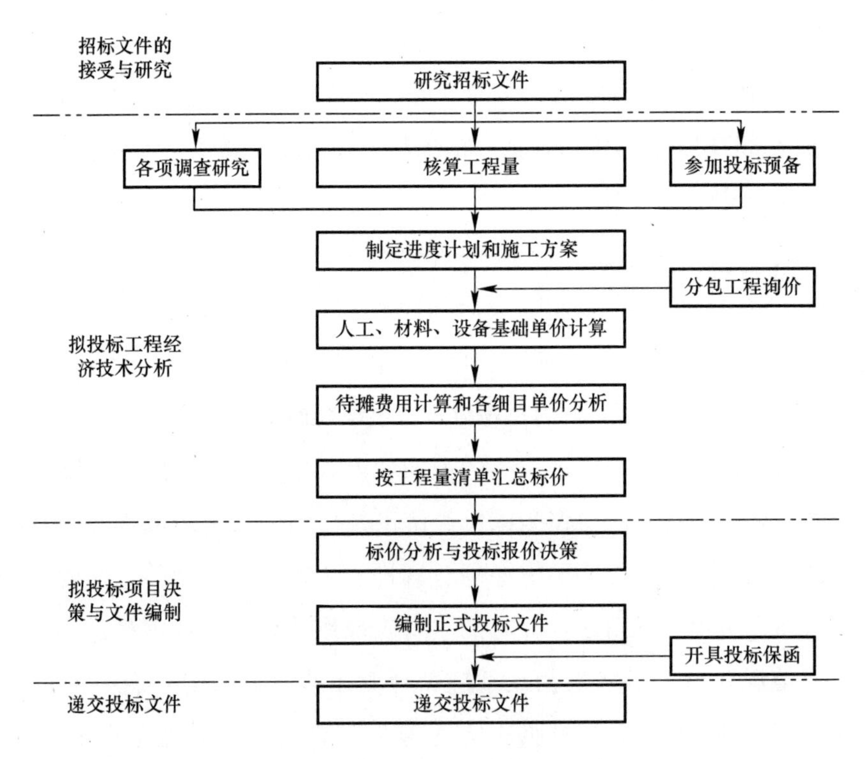

图 3-5　建设工程施工投标流程图

2. 招标文件接受与研究

（1）招标代理风险

由于招标代理泄露招标机密、与其他潜在投标人围标、设定差别条款、串通评委、未能及时进行招标答疑等原因，影响项目招投标的公平性，可能导致项目流标或无法中标等。具体而言，可从以下几个方面考虑。

1）招标代理机构业务招标流程管理风险。招标流程具有很强的规范性，当招标代理机构对最新招标流程或最新招标政策及法规缺乏相应的了解，仍按招标代理原流程管理进行招标操作，就会在招标操作中出现严重的疏漏或错误，导致招标代理工作的失败或遭投诉。

2）招标代理机构在招标过程中违反招标规定及相应的程序，如招标代理机构在招标中缩短招标公告时间、擅自修改已审定和公开发售的招标文件，造成投标人工作上的困难，直至招标代理工作的失败。

3）在招标代理中的招标文件含不合理的条款，或在招标文件中以不合理的条件限制和排斥投标人，或在招标文件中设定妨碍投标人之间竞争的条件，或招标文件中提高投标人的门槛等问题，导致招标代理工作违反相应的规定而导致招标工作失败。

4）在招标代理招标工作中违法透露有关招投标的情况或泄露招标标底，导致招标工作违法而导致招标失败。

5）在招标工作中招标人在确定中标人前，与投标人就投标方案、投标价格等实质性内容进行谈判，导致招标工作违反相应的规定而导致招标工作失败。

6）招标代理机构因违反招标工作中评标原则其评标结果受到投标人质疑而发生投诉现象，或在招标工作中招标人违法确定中标人，导致招标工作无效。

7）在招标代理招标中，拟定的招标文件应明确投标人，必须保证投标文件中的资料全部真实可靠，招标人对拟定的招标文件进行进一步的审查。经过准确的查证，在招标工作中由于投标人隐瞒自身真实情况或者使用不正当的手段而中标，将导致招标中标无效。

8）招标代理招标中，当一个项目出现多个部门同时监管，由于各招标主管部门管理程序和管理方法不同而招标代理机构未能与各个主管部门进行及时的沟通，导致招标工作因违反某招标主管部门的相关程序或者规定而受到处罚或重新招标。

9）在招标代理招标中，招标代理机构违反我国招标行业的法律法规或者相关的行业规定，导致招标工作失败或者无效。

（2）招标图纸风险

招标人提供的招标图纸不完善、设计深度不够，或选用新技术不成熟等原因，可能导致投标报价或技术方案不合理，或可能导致无法中标、中标后需调整合同价等。

（3）测量、勘察风险

招标人委托的测量、勘察单位出现设计失误，测量、勘察过程不规范，缺乏真实性等原因，造成测量数据、勘察报告出错，可能导致投标报价或技术方案不合理或中标后引起索赔等。

1）由于所采用的标准规范不适当而导致的风险

当前，我国工程建设标准化工作蓬勃发展，各行业、各地区纷纷制定各自的规范标准，且多数已形成具有本行业或地区特色的标准系列，与工程勘察有关的各种技术标准种类繁多，据不完全统计，各种国家标准、行业标准、地方标准等已多达2000多种。由于工程勘察具有较强的地域性和行业特点，各行业、各地区标准之间都存在一定的差异性，有的差异还较大，甚至不同国标之间的规定也不一致，给规范的实际应用带来较大的不便。实际工作中，往往会出现各种规范标准的误用或引用不当、不全等问题。

2）违反国家强制性技术条文而导致的风险

当前，国家对工程建设标准采用强制性条文的方式代替技术法规，这些条文分散在各种规范、标准中，有的也不尽合理。稍不留意，就有可能违反了强制性条文的某些规定。

3）施工设备、仪器、人员自身的安全风险

① 野外施工时钻塔等不慎触碰高空高压线导致触电伤亡事故；

② 空旷场地或高地作业时、山谷及河滩地施工时，遭遇暴雨、雷电、山洪暴发等突发性灾害导致的设备、仪器损毁以及人身伤亡事故等；

③ 坡地施工时，遭遇滑坡、崩塌、泥石流等灾害导致的设备、仪器损毁以及人身伤亡事故等；

④ 特殊地质条件下施工时，出现钻机陷落、倾倒、难以处理的埋钻、卡钻事故以及地下水突涌等导致设备、仪器损毁以及人身伤亡事故等；

⑤ 水上施工时，遭遇风暴、钻探平台倾覆等导致设备、仪器损毁以及人身伤亡事故等；

⑥ 其他原因导致的设备、仪器损毁以及人身伤亡事故等。

4）勘察施工过程中由于对各种地下管线、市政设施及周边建筑物、构筑物等调查不清、估计不足导致

① 钻穿地下水管，引起停水；

② 钻断地下光缆，导致通信等中断；

③ 钻穿地下煤气管道，并引起爆炸、起火等；

④ 钻断地下电缆，导致大面积停电和触电事故；

⑤ 钻穿地下输油管道、输气管道等；

⑥ 损害其他地下建构筑物等。

5）劳务质量风险

① 钻探、物探、测试、取样等操作不规范，质量不合格或成果错误；

② 现场编录粗糙，遗漏关键软弱夹层或误判等；

③ 地下水位观测不规范，水位测量不准确，性质不明；

④ 漏取关键性岩、土、水样等；

⑤ 计量不准确，误用未经计量检定或检定过期的测量工具等。

6）技术质量风险

① 勘察方案不合理，勘察工作量不足。如勘探点间距过大，遗漏或未查清暗河、古河道、防空洞、地下洞穴以及局部填土等；勘探深度不足，没有查明软弱下卧层、深部洞穴等；勘探方法手段单一，对地质情况未查清等；

② 对影响场地稳定性的采空区、滑坡、泥石流等不良地质作用重视不够，没有勘察清楚；

③ 对当地的工程建设经验没有做全面调查或掌握不充分；

④ 对试验、测试、物探成果的解译不准确；

⑤ 对地下水的赋存条件、地下水位及其变化幅度等相关水文地质条件没有查明；

⑥ 对地下水或岩土对建筑材料的腐蚀性评价不准确；

⑦ 对当地岩土的工程特性认识不足；

⑧ 对当地的区域地质环境了解不够，对场区的地质构造和地震效应分析评价不准确；

⑨ 未充分考虑工程建设对场地和周围环境的影响以及场地和周围环境对工程建设的安全性的影响；

⑩ 未充分考虑场地的地质条件、岩土性质等随时间的变化情况；

⑪ 对场地的工程地质条件等研究不充分，所提供的岩土工程参数不准确，评价及结论不正确；

⑫ 所提供的勘察资料不全，缺少诸如地下水设防水位、抗浮水位等。

（4）招标文件风险

由于招标文件存在内容疏漏、描述错误等原因，导致投标时容易出现歧义等，可能造成项目流标或无法中标等。

1）招标文件内容不合法、不合理

① 限制、排斥外地企业投标。明确要求外地企业必须具有高于本地企业的资格条件或具有在当地的经历和业绩，或根据地方限制竞争的政策文件限制外地企业的进入和竞争等。

② 招标文件未公开载明投标资格审查标准，对投标人资格设置不合理条件或量身定做招标规则。如指定产品、设备的品牌、型号、原产地、供应商，为投标人指定设备型号、分包队伍，要求投标人必须具备较高的资质等级，增加不必要的资格准入条件，提出过高的业绩要求，拔高市场准入门槛，或与投标人串通提出某些特殊要求，阻碍市场有序平等竞争。

③ 设置不合理的技术条款。如将某投标人独有的或者比较有优势的技术因素确定为招标文件的重要技术参数或者将其所占技术条款的权重提高，使该投标人在竞争中获得较大优势。

2）招标文件内容不规范、不明确

① 招标条件脱离招标项目实际。如不考虑正常的生产、建设周期而提出不合理的工期要求，缩短法律限定的投标文件编制时间，设置苛刻的付款方式，提出根本难以满足的特殊服务要求和技术参数，规定“一边倒”的违约责任等，易引发争议，也为履行合同留下隐患。

② 评标办法和评标标准不公开。招标文件没有明确规定评标标准和评标办法，而是事后制定或者规定的内容不合理，或者只规定采用经评审的最低投标价法或采用综合评标法但不具体，为暗箱操作留下余地，如重技术评标标准轻商务评标标准甚至取消商务评标标准，评标标准和方法含有倾向性内容，妨碍公平竞争。

③ 招标文件忽视对合同条件的规定。只是原则性地列出主要条款或者合同内容不符合项目需要，导致在后续与中标人签约时增加谈判难度或者无法通过谈判更改既定合同条款内容，引发合同法律风险。

④ 招标文件功能描述不明确，技术指标、质量要求、验收标准不明确，将影响投标人的正常报价和投标策略，最终影响招标项目顺利实施。

(5) 招标控制价、招标工程量清单风险

由于招标人提供的招标工程量清单缺项、漏项，或控制价编制不合理等原因，可能导致报价不合理，或中标后需调整合同价等。

1) 来自招标控制价的风险

2008年颁布的《建设工程工程量清单计价规范》GB 50500—2008中设立了工程量清单招标控制价的条款。规范要求：国有资金投资的建设工程招标，招标人必须编制招标控制价。招标控制价是国家控制工程造价的具体体现，其编制依据是《清单计价规范》、各种计价定额和计价办法、市场价格、工程造价管理机构发布的工程造价信息等。在工程建设项目采用招投标发包的过程中，招标控制价由招标人根据国家或省、市级行业建设主管部门发布的有关计价规定，按设计施工图纸经计算后确定。

① 招标控制价偏低带来的风险

招标控制价编制的主体是招标人或招标人委托的工程造价咨询中介机构，由于角色角度不同，往往在其编制招标控制价的过程中，很少考虑风险因素，导致招标控制价偏低，而《招投标法实施条例》又明确规定：投标人投标报价高于招标控制价的作为废标处理。如果招标控制价偏低，投标人的投标报价只会更低，否则，就不能中标失去市场份额。这就给投标人的投标报价增加了潜在的风险。

② 招标控制价公布时间滞后带来的风险

由于2008年的《建设工程工程量清单计价规范》GB 50500—2008未明确规定招标控制价公布时间，各个地方招标控制价的公布时间不统一，有的地方提前7天，有的地方提前5天，有的地方提前3天，更有的招标人在开标的同时公布招标控制价。投标人在进行投标报价时，为了不超过招标控制价获得中标机会，不得不人为压低投标报价。给投标人的投标报价增加了风险。

现行的2013年《建设工程工程量清单计价规范》GB 50500—2013已明确规定招标控制价应在发放招标文件的同时公布。但是，在实际招投标的操作过程中，仍有许多招标人不按时公布招标控制价。

2) 来自工程量清单的风险

在使用工程量清单招投标活动过程中，工程量清单是由招标人或其委托的工程造价咨询公司进行编制，随招标文件一起发售给投标人的。它是投标人投标报价的最基础依据，如果工程量清单不准确，必然给投标人的投标报价带来风险。

① 清单工程量偏差带来的风险

一般情况下，在招标人或其委托的工程造价咨询公司编制招标工程量清单时，施工图设计单位还未进行设计交底。编制人员对施工图纸的识、读难免存在偏差。再加上编制人员的素质、水平参差不齐，施工经验缺乏，导致计算出的清单工程量不准确，给投标人的投标报价带来一定的风险。特别是在一般的工程建设项目中，承发包双方往往采用的是总价合同。而规范规定：采用总价合同，除工程变更外，其工程量不予调整。

② 工程量清单错、漏项带来的风险

在建设工程招投标活动中，工程量清单由业主方或其委托的工程造价咨询机构编制，由于每个编制人考虑的施工方法不完全一致，致使工程量清单出现错项、漏项，尤其是措施项目清单，而投标方的这部分投标报价往往是以总价填报的，如果实际施工中，发生与投标文件中不一致的措施项目，造成费用增加，很难得到索赔。

③ 清单项目特征不详细或与图纸不符造成的风险

每一项清单的综合单价是由人工费、材料费、机械费、管理费、利润、风险因素等组成的，由于项目特征不详造成投标报价中只计算主料、忽略了辅料，只计算面层、未计算基层，或者使用材料的材质、规格与图纸标明的不符，以低价的材料代替高价材料、以普通装饰材料代替高档装饰材料等。由此而造成的清单综合单价报价偏低，给投标方带来一定的风险。

3）投标人投标文件中缺、漏项的风险

招标文件中给出的工程量清单往往缺少措施项目清单，或是给定的措施项目清单不完整，因为措施项目清单为非实体项目，许多内容需要投标人根据各自的施工组织设计自行编制。如果投标人在编制投标报价时单纯按照招标文件给定的措施项目清单进行报价，而将实际施工中应有的措施项目未考虑进去，就会造成一定的投标报价风险，而这一部分费用往往是很难得到索赔的。

4）材料价格、机械使用费上涨的风险

根据我国工程建设的特点，价格上涨的风险属于投标人有限承担的风险，如施工合同中未给定风险承担范围，一般情况只有在材料价格上涨超过 5%以上，机械使用费超过 10%时，才允许调整，也就是说在材料价格上涨未超过 5%，机械使用费未超过 10%时，是不予调整的。另一方面，投标人在编制投标文件之前，如果投标方对施工现场的实际情况、周边环境状况、材料的来源地、运输费用等未进行充分调研，对材料、机械进场价格估算不足，必然给投标报价带来一定风险。

（6）合同范本风险

由于招标人提供的合同范本存在合同条款不明确、存在歧义、不平等条款等，可能造成中标后合同签订受阻、合同实施时过于被动、容易被反索赔等。

3. 拟投标工程经济技术分析

该阶段是整个投标过程中工作量最大的一个阶段，包括核算工作量、制定进度计划和施工方案、人工材料设备基础单价计算、待摊费用计算和各细目单价分析、按工程量清单汇总标价这五个环节。

（1）计量技术风险

1）人的风险

在投标报价中，造价人员的素质和能力至关重要。但是在实际的造价工作中存在不少问题，很多造价人员是在实际工作中成长起来的，他们受传统的报价体制约束，观念陈旧；另外一部分则是初出校门便从事报价工作，缺少工程实践经验；加之施工企业缺少对他们进行持续培训，这就使得很多人的知识结构不全面而且落后，编制投标报价的水平也不高。

① 对清单项目的理解有误

与传统的施工图预算相比，工程量清单中的项目名称对应的项目特征和工作内容表述更具体，内容的针对性和综合性也更强。如果承包商报价时不仔细阅读工程量清单计量规则，“重计”或“漏计”清单项目中的某些应发生的费用，往往会使综合单价偏高或偏低，进而对投标单位造成不必要的损失。

② 清单项目划分太粗

与国际招标相比，我国招投标工作中工程量清单的编制显得较粗，项目划分较综合，包含内容也不具体，与同类项目可比性小，不便于快速报价及将来的索赔和结算。这既有图纸设计深度不够的原因，也有清单编制不详的问题。

2）工程量清单的风险

在清单及报价编制时出现的各种问题容易给承包商带来风险，这些问题及风险主要表现在以下几个方面：

① 与实际工程量不符

《清单计价规范》规定：“由于工程量清单的工程数量有误或设计变更引起工程量增减，属合同约定幅度以内的，应执行原有的综合单价”。当工程量清单中工程量与实际工程量存在差距，又在合同约定的范围内，而承包商没有认真审查，这必然会造成报价失准，施工企业应得利润也有可能因此减少。

② 工程量清单缺项

对于工程量清单的缺项问题，《清单计价规范》规定："工程量清单漏项或设计变更引起新的工程量清单项目，其相应的综合单价由承包人提出，经发包人确认后作为结算的依据"。

③ 项目与计量规则不配套

一般有两种情况：一是招标单位除了提供工程量清单外，还提供相应的计量规则和技术规范，如果清单与计量规则不吻合，就会给报价人员的理解带来偏差。二是招标单位在招标文件中只提供简单描述，不提供计量规则和技术规范，对应清单的工程量还得由报价人员根据施工图纸、凭经验进行分解、计算、复核，不同单位的投标报价也就各不相同。

3）企业风险

① 缺乏企业定额

《清单计价规范》中的报价是以投标企业自身施工定额为基础的，而我国很多施工企业没有自己的施工定额，这给企业报价造成很大的不便。没有企业定额，企业在投标报价时存在盲目性，项目需要的人工、材料、机械消耗量很难预测，项目成本很难把握，出现风险也就在所难免。

② 不了解业主倾向的风险

业主的倾向包括：对某一承包商的好感；对工期、质量、安全、价格、信誉等的偏重程度；对施工企业是否一视同仁；是否办事公正。如果投标人不了解业主的倾向，没有进行针对性投标，就会错失良机，加大投标报价的风险。

③ 不了解对手情况的风险

一般项目的参投单位少则三五家，多至十几家。只有在充分了解竞争对手的情况下，才能报出合理的、有竞争力的报价，提高中标率。

（2）施工技术水平风险

由于投标人缺乏承建类似项目的经验，或者投标人自身施工技术水平难以满足项目要求等原因，可能导致无法中标或中标后难以确保施工质量等。

4. 拟投标项目决策与文件编制

（1）经济稳定性风险

由于国家预算、财政收支等不稳定导致不能满足项目立项投资额，可能影响项目正常招投标等程序，甚至导致项目取消等。

（2）气候、地质条件件风险

由于项目所在地气候条件、施工环境、地质条件等原因影响，如不在投标时予以考虑，可能会导致投标报价不合理等。

（3）资金能力风险

由于项目造价高，对投标人资金能力要求也相应较高。如投标人资金能力较弱，则在中标后如未能及时回款可能导致企业经营出现问题等。

（4）技术人员储备风险

由于项目需要投入大量的技术人员，如投标人缺乏技术人员储备，或技术人员水平难以满足招标人要求等，可能导致无法中标或中标后难以顺利开展工作等。

（5）投标技术水平风险

由于投标人员对投标程序不熟、投标策略不当、编制投标文件时出现关键错误等原因，可能导致废标或无法中标等。

（6）商务标编制风险

由于投标人对招标文件研究不够透彻、脱离市场、成本预测不准等原因，导致投标报价过高或过低，可能导致废标或无法中标等。

（7）技术标编制风险

由于项目的建设规模大、复杂性、工期紧等特点，所对应的施工组织设计的技术要求较高，如投标人所编制的技术标无法满足则可能无法中标等。

（8）投标竞争风险

由于招标程序不透明、招标信息不真实或缺少投标人、投标人围标、串标等，导致项目流标、低价中标等；可能存在较多的潜在投标人竞争，难以中标等。

（9）联合体投标风险

联合体投标是指两个以上法人或者其他组织可以组成一个联合体，以一个投标人的身份共同投标。实践中，大型复杂项目，对资金和技术要求比较高，单靠一个投标人的力量不能顺利完成的，可以联合几家企业集中各自的优势以一个投标人的身份参加投标。联合体内部成员是相对松散的独立单位，法律或者招标文件对投标人资格条件有要求的，联合体各方均应具备规定的相应的资格条件，而不能相互替代。

根据我国《招标投标法》规定：两个以上法人或者其他组织可以组成一个联合

体，以一个投标人的身份共同投标。

联合体各方均应当具备承担招标项目的相应能力；国家有关规定或者招标文件对投标人资格条件有规定的，联合体各方均应当具备规定的相应资格条件。由同一专业的单位组成的联合体，按照资质等级较低的单位确定资质等级。

联合体各方应当签订共同投标协议，明确约定各方拟承担的工作和责任，并将共同投标协议连同投标文件一并提交招标人。联合体中标的，联合体各方应当共同与招标人签订合同，就中标项目向招标人承担连带责任。

招标人不得强制投标人组成联合体共同投标，不得限制投标人之间的竞争。

结合工程实际，我们可以总结出联合体投标时的主要法律风险：

（1）投标报价的风险

应该说，投标报价属于工程承包最前端、最容易产生风险的一个关口，一旦由于技术水平限制或工作失误而导致投标发生错、漏，补救起来是相当困难的。而联合体由于是两个以上单位共同报价，除了任意一方可能在报价中产生的错、漏以外，还可能由于分工盲区上的忽略而产生报价上的遗漏。

（2）签订工程承包合同的风险

首先，与投标报价相同，联合体各成员对工程承包合同中设置权利、义务的关注点是不同的，而不同的关注点之间无法避免因沟通不到位而出现的真空地带。比如，以外币为支付单位时汇率变化的约定；还比如发包人要求工程整体创优，但这需要联合体成员共同具备某几项条件或共同实施某几项行为。其次，由于对相对方履约能力的误判而认同了发包人提出的某项合同条件。比如，合同工期只约定了一个总的工期，而联合体一方由于错误地认为对方可以在某一个节点工期内完成自己的工作，从而确认总的工期没有问题。最后，由于联合体成员中的一方与发包人之间的关系过于亲密或者获得了发包人的更多信任，导致联合体其他方的权益无法在合同中得以完整地保护或得到不公正的待遇。

（3）工程履约的风险

一是管理与组织的风险。我们知道，联合体并不是法律意义上的具备完全民事权利能力和行为能力的组织，联合体项目部中各成员单位派出的代表完全受制于派出单位；联合体缺少统一而完整的规章制度，更缺乏统一的组织文化，原本优势互补的初衷很可能会因为制度不同、文化差异以及各自企业利益、个人利益谋算的动机而被吞噬殆尽。二是履约控制上的风险。作为联合体，任一成员单位的任一合同义务未能按照工程承包合同约定履行，都意味着联合体对发包人的违约。而由于联合体各成员单位在行为能力上的差异和各自履约的相对独立性，以及联合体项目部在计划、组织、领导、激励等方面的先天不足，极易造成履约失控，其中尤以工期、质量履约为最。

（4）对外债务的风险

联合体一般情况下都会设立自己的组织机构、刻制印章和开设账户。联合体所设立组织机构的常见形式的为联合体项目部，通过由各成员单位共同派员组成。联合体项目部对外代表着联合体全体成员共同的意思表示，其行为后果由联合体全体成员承担。这就意味着一切以联合体项目部名义所发生的债务都将会由联合体各成员连带承担偿付义务。

（5）签订联合体协议的风险

签订联合体协议是联合体成立的标志，它是联合体运行管理的章程和制度。签订联合体协议是联合体各成员在确定工程意向后所做的第一件事，因此，在签订联合体协议时，上述风险并不会发生。但正因为如此，联合体协议预见性就显得非常重要，即要在签订联合体协议时，能够充分预见上述各种可能发生的风险，从而在通过协议确定管理模式时以及通过协议细化成员单位各自权利、义务时，加以有效规避或者明确责任。而如果没有很好地做到这一点，其本身就是一项最大的风险。

5. 递交投标文件

在一切准备工作就绪、投标所需文件完成后，投保单位就要向招标人递交投标文件，这是投标人相应招标文件的必经程序。根据规定，投标文件所包含的内容主要有：

① 综合说明；

② 按照工程量清单计算的标价；

③ 施工方案和选用的主要施工机械；

④ 保证工程质量、进度、施工安全的主要技术措施；

⑤ 计划开工、竣工日期，工程总进度；

⑥ 对合同主要条件的确认。

在递交投标文件的过程中，风险无非是投标人是否严格响应招标公告按照公告以及相应的补充通知所确定的时间地点提交规定的文件，如果工作人员工作疏忽，那么就很有可能使投标单位丧失投标资格。

6. 总结

从上述可以看出，对于投标阶段的风险识别分析笔者采用流程图法并结合核对表法，其原因在于：一是，类似于招标阶段，投标阶段具有明确的工作流程，按照流程图分析使得整个分析过程更加清晰，二是，对于参与投标的企业，都是常年承接工程，对于投标活动经验比较充足，所以核对表法可以有效地避免本企业之前所遇到的风险。

对于流程图法与核对表法的运用，笔者也有一些个人的观点，总结起来是八个字“清单粗列，精细分析”，我们都知道，建设工程投标活动涉及法律关系特别复杂、烦冗，因此，清单粗列能够有效地避免在法律风险分析时覆盖面不足，而正如前述，建设工程投标工作烦冗，如不精细考虑，则很有可能出现漏项的问题。

在投标工作的第一阶段，即招标文件的接受与研究阶段，我们可以看出，风险主要来自于投标人对于招标文件的理解层面；在第二阶段，即拟投标工程的经济技术分析阶段，是风险管理的重点，这一阶段涉及人为因素较多，且所涉及人为因素较之于决策阶段可控性较强，因此，这一阶段是风险管理的关键；在第三阶段，即拟投标项目决策与文件编制阶段，该阶段是在第二阶段大量的技术工作基础上所进行的顶层设计，受主观影响较大，故而在这一阶段，风险分析较为概括；第四阶段由于工作较为简单，且关键工作已完成，所以风险分析也较为简单。

第四节　施工阶段的风险识别与分析

1. 施工阶段概述

建设工程施工是人们利用各种建筑材料、机械设备按照特定的设计蓝图在一定的空间、时间内进行的为建造各式各样的建筑产品而进行的生产活动。它包括从施工准备、破土动工到工程竣工验收的全部生产过程。这个过程中将要进行施工准备、施工组织设计与管理、土方工程、爆破工程、基础工程、钢筋工程、模板工程、脚手架工程、混凝土工程、预应力混凝土工程、砌体工程、钢结构工程、木结构工程、结构安装工程等工作。

这一阶段是整个建设工程项目的最关键的环节，是将人们思维活动变为现实的纽带，各类资源高度密集，因此，在这个环节法律风险的管理显得尤为重要。

概括而言，我们可以将这一阶段的风险分为宏观、中观和微观三个层面进行分析。

2. 工程环境层面的法律风险

（1）政治稳定性风险

由于国内政治形势的不稳定，导致项目的不确定性，可能影响项目进展、甚至导致项目中止或结束等。

自从2010年“阿拉伯之春”运动爆发，中东“火药桶”再一次被引燃，2011年叙利亚爆发的内战至今还未结束，在这期间，叙利亚国内的基础设施遭到了大范围毁灭性的破坏，如果一家企业在战争前夕承接并建设了一个工程项目，那么这个公司的项目很有可能就会遭到巨大损失。可见政治稳定对于一个地区的商业行为是多么重要，政治稳定因素作为一个重要的法律风险来源是任何一个企业都要在决策阶段慎重考虑的。

（2）宏观经济风险

国家宏观经济环境、材料能源价格、建筑市场的需求都是来自于宏观层面的风险。作为对单一建筑业务依存度较高的建筑施工企业，以上因素的变化都对企业带来影响。如水泥产能过剩后，水泥建筑市场大幅萎缩，造成以水泥厂建设业务为主的建筑公司收入大幅减少。

2015年，我国实行供给侧结构性改革政策，着力优化我国产业结构，2017年两会期间，工信和信息化部部长苗圩表示当年上半年彻底取缔“地条钢”产能，与此同时，水泥行业“去产能”也在进行，钢材、水泥的市场供应量减小，因此，在2017年四五月份，水泥与钢材这两个建筑业的主要材料的价格便大幅上涨，以至于整个建筑行业都受到影响。

（3）政府官员腐败风险

由于个别地方政府官员意志薄弱等原因而产生腐败，如以权谋私、索贿等问题。可能导致项目成本增加，影响项目进展等。

随着党的十八大以来的反腐风暴的展开，国内腐败气焰得到了有力的震慑，目前，政府官员腐败风险较之以往，得到了很大的改善。

（4）政府缺乏信用风险

由于政府官员换届后，新上任政府官员拒绝履行上届政府官员承诺，或者由于项目进展需要，个别政府官员随意许诺费用补偿或其他要求，而最终结果无法兑现。

可能影响相关费用支付，甚至导致项目中止或结束等。

（5）政治、公共利益风险

项目某方面不合理等原因导致公众利益得不到保护或受损，可能导致工期延误、项目中止或终止等情况，进而产生法律风险。

（6）政府决策失误、决策过程冗长风险

由于地方政府相关部门决策流程不规范、缺乏相关专业知识等原因导致政府做出错误决策，官僚作风、过分强调流程、害怕担责等原因导致一些政府部门决策过程冗长，可能导致项目停滞，增加项目成本等。

（7）法律、强制性规范变更风险

由于相关法律条款或强制性规范的变更，导致项目合同条款与其有冲突。可能导致项目成本增加、利益减少或需要修改合同条款等，消耗项目资源用于重新谈判等。

（8）气候、地质条件风险

由于项目所在地气候条件、施工环境、地质条件等原因，可能导致项目成本增加、工期延误等。

我国是季风区，每年的旱涝灾害频繁，各地的气候条件也不甚稳定，如果在夏季发生洪涝灾害，则很有可能错过施工黄金期，使得工程延误，甚至损害工程半成品质量。

（9）不可抗力风险

由于发生合同双方无法预期或者抵抗的风险因素，如地震、超强台风等，可能导致项目成本增加、工期延误、人员伤亡等。

2008年，在我国汶川发生了震惊世界的“5·12大地震”，几乎整个震区都被夷为平地，其正在建设的工程项目也基本未能幸免，这种情况，给建设工程的参与各方都造成了极大地损失。

3. 企业管理层面的法律风险

（1）公司战略风险

由于公司战略定位、竞争策略脱离实际、战略决策不当等，导致公司战略失败，影响公司利益。可能影响项目进展等。总结起来大致有以下几个方面。

1）在对单一建筑施工业务的依存度过高，大部分建筑施工企业的主力业务是工业与民建等业务，行业抗波动的能力较弱。

2）多元化投资风险。在国内很多大中型建筑企业中，很多施工企业已经从单一的建筑施工领域向设计、开发、运营等领域渗透。有些企业还跨越建筑行业，向房地产、商业、制造业等行业发展。但都往往收效不大，而且必须以投入为代价，以熟悉各领域的经营为保证，而可能与之同来的资金链崩断、新业务的巨额亏损都是引发整个企业垮塌的肇因。

3）市场拓展战略也可能是建筑施工企业面临的另一项战略性风险。为了开拓新市场，在投标过程中建筑施工企业可能采用低标价中标策略，不管工程投资多少、规模大小、施工难易等因素，压低报价或随意给出优惠条件，最终可能以成本价格或微利中标，甚至不惜低于成本价承包工程，把获利的希望寄托在变更索赔上或其他方面。这种市场战略带来的风险往往具有决定性危害，成为其他风险源的根本动因。

（2）公司经营风险

由于公司经营管理不善或其他内部原因，可能导致公司无法运营，最终可能导致项目中止或终止、引起各类索赔等。

1）合同风险。工程合同包括总承包合同、分包合同和劳务合同等，是工程进度控制、质量管理、计量支付的依据，其中存在很多难以预料或不完全确定的风险因素。由于合同条款审查把关不严，可能会签订不利于建筑施工企业履约的合同，或成本、资金方面的原因对建筑施工企业产生的不利影响，都会导致履约风险。

2）质量与安全风险。质量与安全是建筑施工企业永恒的生命线，一旦发生质量与安全事故，不仅给伤者及其家庭带来不幸，也给企业带来直接或间接的经济损失。同时，企业还要承担相应的行政责任，轻则罚款、通报批评，重则停止市场活动，资质降级甚至吊销资质证书，直接关系到企业的生死存亡。

3）公司制度风险。公司缺乏各项管理规章制度、管理规章制度不完善、各项机制不健全等原因造成公司管理混乱，可能影响项目进展等。

4）人力资源风险。公司人力资源管理不善等原因，导致人才流失，造成项目缺乏管理人员、技术人员等，可能影响项目进展等。

5）公司内部组织管理风险。公司内部管理者目标不一致、多头管理等原因，导致公司内部管理混乱，可能影响项目进展等。

（3）财务风险

财务风险是指企业的资金在运动过程中产生的风险，包括投资结构风险、融资风险、资金回收风险、资金分配风险、资金使用风险、外汇风险等。

1）成本风险。一些建筑施工企业由于经营不善，造成工程项目亏损，占用企业资金过多，会给企业正常生产经营造成了很大的资金压力。

2）资金风险。近些年来，在建筑市场“僧多粥少”的供求关系下，建设方拖欠工程款，甚至垫资款的问题比较突出，能否及时回收相关款项成了一个不确定因素。

3）外汇风险。随着我国建筑施工企业“走出去”步伐的加快，许多建筑公司走出国门，在劳务、工程和贸易方面积极参与其他国家的建筑市场，涉及的外币业务也是逐渐增加，外汇风险也就成了一项重要风险。

4. 工程项目层面的法律风险

（1）设计风险

由于设计图纸不完善、设计深度不够，或选用新技术不成熟等原因，容易在中标后发生争议、索赔等，可能影响项目进展等。

（2）测量、勘察风险

测量、勘察设计失误、测量、勘察过程不规范、缺乏真实性等原因，造成测量、勘察报告出错，都可能影响项目正常施工、进度滞后等。

（3）技术风险

项目的建设规模大、复杂性、工期紧等特点，所对应的施工组织设计的技术要求较高，对技术人员水平要求较高等，如无法满足可能影响施工质量、进度等。

1）技术数据不详实，与实际情况存在较大出入

或因为建设单位提供的数据缺失或错误，或因为施工单位的数据出现问题或技术数据出现问题而给整个工程项目带来根本性的风险。

2）设计变更多

由于建设工程较为复杂，工程形势也不会是一成不变，因此，在建设工程施工的过程中，设计变更的出现是在所难免，其可能是由于设计工作缺陷、工程环境变化、施工单位的技术水平所造成，而过多的设计变更必然会影响工程项目的经济效益进而产生法律风险。

3）施工技术应用水平不高，施工流程组织不利

为了合理的分配资源，使各种资源在施工活动中发挥最大效益，在施工时，施工单位应该采取合理的工程组织形式，如果施工单位限于自身的技术水平没能最大程度的发挥资源效益，使得施工组织不利，这就会造成经济损失。

4）索赔不力

现行的招标投标制度下，“低价中标，索赔盈利”已成为越来越多的施工企业的策略，如果企业在施工过程中的索赔工作做不到位，那么就很有可能失去很多可以盈利的机会，从而造成法律风险。

5）工程资料未能及时验评、签证

及时验评、签证工程资料是建设单位给付施工单位工程价款的凭证，在实际的工程中，或是工程法律实务中，凭证是否得以采信关系着各方的切身利益。

（4）质量不合格风险

人为或新材料、新工艺缺乏可靠性等原因而造成质量问题，可能造成项目停工整改、被监管单位处罚等。

（5）意外风险

人为或其他影响因素而导致各类意外事件（包括安全事故）的发生，可能造成人员伤亡、财产损失、影响项目进度等。

（6）工期风险

工期延误是影响工程投资目标的主要原因，也是导致承发包纠纷的重要原因之一。据统计，大部分建设工程都存在工期延误的问题，因此全面认识到工期延误的风险点，找出引起工期延误的主要因素至关重要。

工期延误的原因主要有三种：承包人自身原因、业主自身原因以及客观原因引起的工期延误。业主自身原因及客观原因造成工期延误，施工方可向业主主张索赔，若不按合同约定期限及时向业主发出索赔通知并提供证明索赔金额的证据材料，会导致业主结算时对索赔费用不予认可的风险。因施工企业自身原因导致工期延误，施工企业应在施工过程中对业主的索赔及时做出回复，并据实保留相关证据，否则会导致业主结算时因此项索赔对施工企业进行巨额扣款的风险。

（7）造价风险

合同工程量清单缺项、漏项、价格波动等原因，可能导致项目成本增加、资金缺口等。

（8）合同风险

签订的施工总承包、分包等各类合同的合同条款不明确、存在歧义、不平等条款等，可能造成合同实施时过于被动、容易被反索赔等。

（9）代建单位风险

代建实力较弱、缺乏信誉、管理不到位等原因，可能影响项目进展等。

（10）联合体风险

联合体合作伙伴实力不足、合作出现矛盾等因素，可能影响项目进展等。

（11）分包风险

分包单位实力不足、管理不到位等原因，可能造成相关的专业工程质量、工期等方面出现问题，影响项目整体进展等。

（12）项目其他利益相关者风险

公共工程所涉及的利益相关者众多，各利益相关者的目标各不相同可能影响项目进展等。

（13）沟通协调风险

项目环境或组织架构复杂性，可能造成沟通障碍、协调难度大等问题，影响项目进展等。

（14）项目垫资风险

项目无法及时收取预付款、进度款或付款比例相对低等原因，使得该项目存在垫资施工，可能导致项目无法正常施工，造成停工等。

（15）中途解约风险

由于业主资金不到位、中途退场、承发包双方发生纠纷，业主强行清场、承包人擅自撤场等原因，造成工程未完工时双方中途解约。在实务中如果第三方进行后续施工，会涉及已完工程分界面等问题。这类案件的争议焦点通常包括中途解约的原因责任，以及原承包人已完施工界面及工程量的争议等。

5. 总结

施工阶段是整个建设工程项目的核心，是投入资源最密集的阶段，因此，施工阶段的风险控制应该作为建设工程施工合同法律风险管理的重点。

在此处法律风险识别分析中，笔者采用核对表法，结合施工阶段前述特点，建议在工程实践中采用德尔菲法、头脑风暴法与核对表法的综合使用，以更合理全面的对本阶段的法律风险进行分析识别。

对于前述的法律风险，笔者将他们分为三个层次，宏观、中观与微观。宏观层面主要是国家政策、法律变动，经济形势变动以及其他个人无法轻易左右的风险；中观层面主要分析行业以及各个企业的风险，企业战略、企业财务等因素对于工程项目都会产生一定程度风险；微观层面就是具体到一个特定的工程项目，着眼点基本都在具体的技术层面，其对工程的影响虽没有前两个层面的风险大，但是针对性、与工程的相关性是其他风险所不能比肩的。

第五节 竣工验收阶段的风险识别与分析

1. 竣工验收阶段概述

竣工验收指建设工程项目竣工后，由建设单位会同设计、施工、设备供应单位及工程质量监督等部门，对该项目是否符合规划设计要求以及建筑施工和设备安装质量进行全面检验后，取得竣工合格资料、数据和凭证的过程。

竣工验收，是全面考核建设工作，检查是否符合设计要求和工程质量的重要环节，对促进建设项目（工程）及时投产，发挥投资效果，总结建设经验有重要作用。

工程竣工验收指建设工程项目竣工后开发建设单位会同设计、施工、设备供应单位及工程质量监督部门，对该项目是否符合规划设计要求以及建筑施工和设备安装质量进行全面检验，取得竣工合格资料、数据和凭证。应该指出的是，竣工验收是建立在分阶段验收的基础之上，前面已经完成验收的工程项目一般在房屋竣工验收时就不再重新验收。

根据国家规定，建设单位在收到施工单位提交的工程竣工报告，并具备以下条件后，方可组织勘察、设计、施工、监理等单位有关人员进行竣工验收：

（1）完成了工程设计和合同约定的各项内容。

（2）施工单位对竣工工程质量进行了检查，确认工程质量符合有关法律、法规和工程建设强制性标准，符合设计文件及合同要求，并提出工程竣工报告。该报告应经总监理工程师（针对委托监理的项目）、项目经理和施工单位有关负责人审核签字。

（3）有完整的技术档案和施工管理资料。

（4）建设行政主管部门及委托的工程质量监督机构等有关部门责令整改的问题全部整改完毕。

（5）对于委托监理的工程项目，具有完整的监理资料，监理单位提出工程质量评估报告，该报告应经总监理工程师和监理单位有关负责人审核签字。未委托监理的工程项目，工程质量评估报告由建设单位完成。

（6）勘察、设计单位对勘察、设计文件及施工过程中由设计单位签署的设计变更通知书进行检查，并提出质量检查报告。该报告应经该项目勘察、设计负责人和各自单位有关负责人审核签字。

（7）有规划、消防、环保等部门出具的验收认可文件。

（8）有建设单位与施工单位签署的工程质量保修书。

按照规定，竣工验收也有着特定的程序。

（1）申请报告

当工程具备验收条件时，承包人即可向监理人报送竣工申请报告。

（2）验收

监理人收到承包人按要求提交的竣工验收申请报告后，应审查申请报告的各项内容，并按不同情况进行处理。

（3）单位工程验收

发包人根据合同进度计划安排，在全部工程竣工前需要使用已经竣工的单位工程时，或承包人提出经发包人同意时，可进行单位工程验收。验收合格后，由监理人向承包人出具经发包人签认的单位工程验收证书。

（4）施工期运行

是指合同工程尚未全部竣工，其中某项或几项单位工程或工程设备安装已竣工，根据专用合同条款约定。需要投入施工期运行的，经发包人约定验收合格，证明能确保安全后，才能在施工期投入运行。

（5）试运行

（6）竣工清场

除合同另有约定外，工程接收证书颁发后，承包人应按要求对施工现场进行整理。直至监理人检验合格为止，竣工清场费用由承包人承担。

2. 各类竣工验收阶段的风险

（1）设备试车风险

设备安装出错、技术人员操作不当等，造成设备试车时发生损坏或发生安全事故等，影响项目正常运转。

（2）竣工验收资料风险

施工过程资料管理不善、质量整改不到位，造成无法竣工验收，影响项目运营、影响竣工结算等。

（3）项目保修风险

由于保修工作不到位，可能影响项目正常运营，或造成被罚款等。

（4）工程未验收风险

工程不具备验收条件、业主拖延或不组织验收，或者因为承包人原因造成工程未验收，在此情况下，发包人很容易提出质量索赔。工程未经验收，发包人投入使用后，往往又以工程存在质量为由，拖延结算不予支付工程价款。

（5）拒收及拖延结算风险

工程竣工交付后，发包人常常以各种理由拒收结算报告或是拖延结算，使得工程结算工作迟迟难以完成，从而以结算作为借口拖延支付工程尾款，对施工单位极为不利。

（6）行政审计风险

根据现行法律规定，政府投资项目需要接受审计监督。近年来越来越多的政府投资工程施工合同约定以审计结论作为最终工程结算价款的依据，而很多项目的审计行为并不规范，有的审计结论明显不合理，施工单位无法接受，由此导致政府投资工程的审计纠纷及工程结算纠纷问题非常突出。

（7）优先受偿权

有关优先受偿权问题，是“司法解释（二）”中的重点内容，笔者在第二章已做了充分论述，此处不再赘述。

（8）缺陷责任期与质量保证金

同（7），此处不再赘述。

3. 总结

竣工验收是建设项目的最后一个环节，在这一阶段，法律风险多为施工单位证据保存提供相关的，这些“证据”是建设项目结算的凭证，如果凭证出现问题，势必会给双方带来巨大的法律风险。

第四章

建设工程施工合同法律风险控制及防范

第一节　建设工程施工合同法律风险控制及防范概述

1. 风险管理概述

风险管理是建设工程项目控制过程的一个重要组成部分（图 4-1）。持续风险管理在项目进展过程中是十分重要的，它为可能发生的风险制定计划，也确保了已识别的风险能为管理者所控制，从而不致发生风险失控致使项目流产的情况。贯穿风险管理过程有三条基本路径（图 4-2）。每条路径都旨在结束或是转移现行风险，从而控制风险对于整个项目的影响。

对于施工企业，风险管理在工程项目中是项目经理的直接责任，对于其他的组织，风险管理的直接责任人必然是项目的负责人。但是，要对风险做到有效的管理也必须得到项目组成员、发起人与项目利益相关者的支持（表 1）。

由图 2 我们知道，风险管理过程由三个平行路径构成，而通过这三个路径则可以很好地对风险点的触发进行连续的观测，确保在项目前期以及执行过程中，风险管理计划能够得以很好的实行。同时，需要指出的是，这一过程同样也适用于风险的识别。风险管理的具体过程如下。

（1）监测已识别的风险

项目负责人在这一过程中要对每一个已识别的风险进行跟踪，从而确认其是否被触发或者风险应对措施是否失效。

1）启动风险管理策略。如果风险已发生，这时就应执行好风险应对策略。对于可预见性相对较大的风险，在前期计划制定时应当将风险应对的策略以及预算包括在内。

2）启动风险应急计划。如果前期实施的风险应对计划失效，这时就要启动应急计划，所以，这就对各组织提出了要求，即在项目策划、设计阶段应该准备好详细的应急计划。

（2）监测假设情景正确性

项目负责人应持续检查风险管理计划中假设的各种风险发生情景的动向，如果有情景正确性发生的动向，则说明该风险发生的可能性极大程度增加，也就说明此事需要有针对性地制定详细的风险应对策略。

（3）识别新风险

项目的开展是一个过程，各种情况瞬息万变，所以，项目的各参与方在项目进行过程中应当持续地对项目进行监控，对于偶发事件及时进行响应。

（4）执行风险管理计划

（5）执行变更管理程序

已制定的风险管理计划应迅速直接执行，而在工程实践中，很少的风险会完全符合预期设计，所以，对于项目设计阶段预测偏差甚至是没有预测到的项目及时进入风险变更管理阶段，对风险进行针对性的处理。

2. 法律风险控制手段

风险管理常用的方法有风险坐标图法、风险因子管理法、风险事件树法、红旗标志法、定性分析法、定量分析法等。

（1）风险坐标图法

所谓风险坐标图法（图 4-1），即使用坐标图的形式表示风险发生的可能性高低与风险发生后对目标的影响程度，确定不同的风险并将特定风险区域置于相应区域，企业在整体把握风险基础上，确定优先管理顺序和不同管理策略，从而达到管理风险的方法。

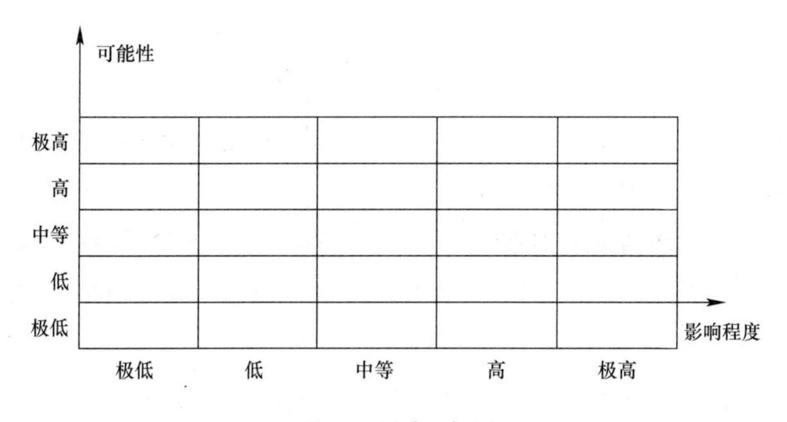

图 4-1　风险坐标图

风险坐标图法的优点在于能够对企业多项风险进行直观比较，针对不同的风险采取回避、转移、减轻、接受等不同管理策略。具体而言，对那些发生概率高且影响程度大的风险应采取回避策略，且重点防范和控制；对那些发生概率高但影响程度小的风险应当采取减轻策略；对那些发生概率低但影响程度大的风险应当采取转移策略；对那些发生概率低且影响程度小的风险应当采取接受策略。

（2）风险因子管理法

风险因子管理法，也称风险要素管理法，是指在对可能导致企业风险发生的因素进行评价分析的基础上，通过降低风险因素的水平或者减少风险因素发生的概率或者改变其分布或者调整企业对风险因素的敏感性等改变引起企业风险的环境，从而实现风险发生频率的降低、风险损失程度减小风险管理方法。

与建设工程施工合同相关的法律风险很多，采用风险因子管理法，首先，需要对项目所有风险进行描述，调查风险源，归纳、提取相应的风险因子；要对项目风险管理中的风险因子进行逐一标志，并统计风险因子出现的次数，绘制项目风险因子分布图，清晰地表示各个风险因子的潜在影响；再次，对项目风险因子进行调查，测量并确定各风险因子的权重系数，绘制风险因子影响曲线；最后，根据项目风险因子分布图与影响曲线图，识别风险转化条件，确定风险转化条件是否具备，制定并落实风险管理方案。

风险因子管理法的关键，在于客观、准确估计各风险因子的权重。其常用方法有两个，一个是描述法，即以“高、中、低”等标准描述各个因素风险程度，不过该方法过于粗略，不能对风险因素进行有效的分析；第二个是打分法，即将各个风险因素的具体情况与标准水平进行比较，然后根据差异情况用绝对分值来表述该风险要素的风险程度，这个方法相对来讲就比较详细、具体、客观。

在风险因子管理过程中，尤其要注意对关键风险指标的管理。一项风险事件的发生可能是由多种因素造成的，但其主要原因或是关键成因往往只有几种。因此，对这些关键成因进行管理显得十分重要，即关键风险指标管理法。其具体步骤如下：

首先，对于企业风险的成因进行分析，从中找出关键成因；继而，将关键成因量化，确定导致风险发生或者极有可能发生时该成因的具体数值，并以此确定关键风险指标；最后，根据关键风险指标建立风险预警系统，跟踪观测关键成因的数值变化，采取相应的风险控制措施。当然，使用关键风险指标管理法的前提是能够准确分析风险的关键成因，并将其量化、统计和跟踪监测。

（3）风险事件树法

风险事件树法，是指以树状图的方式分析风险事件间因果关系的方法。具体而言，指以某种标准或是逻辑结构对项目风险进行分解，然后再以图解的形式形象直观地表现出来进行的法律风险管理方法。由于分解后的风险图形呈现树枝状，大的风险是主干，分解的越细树枝越多，因而被称为风险事件树法。

风险事件树法在风险管理领域被广泛使用，且效果较为明显。风险事件树法可以将每一风险的原因层层分解，将项目所面临的或潜在的风险分解成许多细小的风险，并与项目各个环节、岗位结合，因而比较简单、明确、实用，也是各个企业中常用的风险管理方法。

（4）红旗标志法

红旗标志法，也称舞弊风险因素法，指根据企业以往风险统计的基础，找出风险发生概率较高的环节，标注“红旗”符号，督促项目组予以重点防范和控制的法律风险管理方法。

红旗标志法的基础在于对企业以往风险统计和分析，据此归纳整理防范风险管理的经验，并通过某种符号展示出来，警示他人注意风险发生的可能性。由于该方法受“红旗”制作者专业知识、经验积累、工作的深度和广度等因素的制约，所以，该方法具有一定的局限性。

（5）定性分析法

法律风险的定性分析，即分析法律风险的属性、类别。具体而言，要具体分析法律风险是属于刑事法律风险、行政法律风险或是民事法律风险，是属于违规风险、违约风险、侵权风险抑或是怠于行使权力风险（表 4-1）。

法律风险定性分析实例 **表 4-1**

风险类型	外部监管执行力度	内部控制的完善与执行	我方人员相关法律素质	对方风险综合状况	工作频次
违规	↑	↓	↓	N	↑
违约	N	↓	↓	N/↓	↑
侵权	N	↓	↓	N/↓	↑
怠于行使权力	N	↓	↓	N	↑
行为不当	N	↓	↓	N	↑

（6）定量分析法

定量分析法，是通过一定的计算方法，量化法律风险发生的可能性、损失度以及企业法律风险水平。

对于风险的定量分析法，在实践中通常采用风险矩阵法、最大风险值法和最小风险值法。而风险矩阵法的应用更为广泛。（如表 3）

经过分析，0.5 分以下为低度风险；0.6～2.5 分为中度风险；2.6 分以上为高度风险。其应对策略是：低度风险实行一般风险管理；中度风险实行重点风险管理；

高度风险实行特别风险管理。

不过，目前来看，定量分析法的应用在企业财务风险分析上的应用比较成熟。而对于法律风险的分析，较多的做法是只进行定性分析，这也是由法律风险的定量标准不明的特性决定的。

第二节　工程环境法律风险控制及防范

1. 政治稳定性风险

政治风险指由于东道国政局的变化，导致投资环境的变化，从而给国外投资者的投资活动造成损失的可能性。

（1）投资前的政治风险防范

投资前的政治风险防范措施有：签订特许协定，办理投资保险与担保项目，与东道国政府进行谈判。

1）特许协定是指跨国公司与投资所在国政府签订的有关投资的协定。典型的特许协定包括以下几个方面的内容：

① 资金汇出的形式如股息、管理合同费、使用费和专利费；

② 转移价格的制订；

③ 向第三国出口；

④ 要求设立社会与经济管理费；

⑤ 付费方式：税率的制订以及税前利润与财产的评估方法；

⑥ 参与所在国资本市场，尤其是长期借款；

⑦ 当地参股的条款；

⑧ 产品在所在国销售的价格管理；

⑨ 原料与零部件来源的限制；

⑩ 雇员国籍的限制。

2）办理投资保险与担保项目通过投资或担保项目，将政治风险转移给其他机构。海外投资保险承保的政治风险包括国有化风险、战争风险与转移风险三类。一般做法是：投资者保险机构提出保险申请，保险机构经调查认可后接受申请并与之签订保险单。投资者有义务不断报告其投资的变更状况、损失发生状况，且每年定期支付费用。当风险发生并给投资者造成经济损失后，保险机构按合同支付保险赔偿金。

3）与东道国政府进行谈判的投资者，在投资前要与东道国政府谈判，并达成协议，以尽量减少政治风险发生的可能。在这类协议中必须明确：

第一，子公司可以自由地将股息、红利、专利权费、管理费用与贷款本金利息汇回母公司。

第二，划拨价格的定价方法，以免日后双方在划拨价格问题上产生争议。

第三，公司缴纳所得税与财产参照的法律与法规。

第四，发生争议时采用的仲裁法和仲裁地点。

（2）投资后的政治风险防范

尽管投资前，投资方可通过与引资方的协商，避免对对外投资受政治风险的影响，投资环境却可能改变，某些环境因素不体现在协定中。这时，在境外投资的公司就必须采取与此相适应的经营战略与策略来适应不断变动的国际投资环境。

1）生产与经营战略是投资者通过生产与经营方面的安排，使得东道国政府实施征用、国有化或没收政策后，无法维持原公司的正常运转，从而避免被征用的政治风险。

2）在生产上，控制三点：

第一，控制原材料与零配件的供应。

第二，控制专利与技术诀窍。

第三，控制商标。

3）融资战略。这种战略是投资者通过对公司融资渠道的有效管理，达到降低政治风险的目的。其中，一种方式是积极争取在东道国金融市场上融资。尽管在东道国金融市场上融资成本较高，并有可能受到东道国政府紧缩银根而使筹资成本提高，但这样做可有效地防范政治风险。因为，如果东道国政府对该公司实行歧视性政策或经营上的限制，必然会影响东道国本身金融机构的利益，因而在采取征用措施时，东道国必须慎之又慎。

4）财务策略。常见的财务策略有：

第一，持有较低的权益资本与较高的债务资本，在此情况下，一旦当地资产被没收，或当地货币不可兑换，在该国的公司损失可部分地被当地债务的减少所抵消。

第二，子公司选择适合当地标准的资本结构。这可以满足所在国的要求，从而避免所在国的政治干预。

第三，现金转移渠道。在境外投资的公司可以利用各种各样的现金转移渠道，将资金从高政治风险国家转移到低政治风险国家。

5）组织策略。在境外投资的公司，可采取以下组织策略以降低政治风险。

一是进行合资。即在境外投资的公司与所在国企业或个人创办合资企业。

二是发放许可证。即由公司对所在国企业发放许可证，允许其生产与经营本公司产品。

三是签订管理合约。与发放许可证相似，管理合约既可为公司对境外投资带来利润，又不必在国外大量投资，从而可将政治风险降至尽可能低的水平。

四是雇用当地居民。即雇用当地居民作为本公司职员。

（3）没收或国有化后的索赔策略

尽管没收或国有化后的索赔策略是一种被动的策略，但这种策略可以使得中国公司在境外投资所遭受的损失降至尽可能低的水平。一般来讲，索赔策略的实施，可分为两个步骤：

1）运用行之有效的战术，进行合理谈判。

2）从法律上采取补救措施。中国公司在境外投资可在以下几方面寻求法律保护：

① 所在国；

② 母国；

③ 国际投资争端仲裁中心。

2. 宏观经济风险

（1）密切注意宏观经济环境以及贷款利率的波动如果贷款利率增加那么企业应当减少贷款从别的渠道获取资金。密切关注 GDP 增长率如果增长率处于高值要在充分了解市场情况的前提下合理进行生产。并且要充分认识宏观经济环境与财务管理之间的关系。

（2）成立相应的应对财务危机机制为保证企业生产经营的安全，避免因财务而带来的不安全因素，就应该在对自身的财务管理过程中严密注意宏观经济环境。最重要的是建立企业自身的财务危机应对体系。根据市场情况和自身的财务情况及时发现财务中所存在的问题并采取一定的措施避免财务出现危机。

（3）注意企业的关键性指标就是要特别注意企业生产经营时的关键指标，这样就可以使企业在预防财务危机的过程中能够准确把握侧重点，尽可能地降低由关键指标所带来的财务风险。同时，企业要有良好的信用，利用资金为企业在市场竞争中取得优势。

（4）在国际经济与体制相互融合的大背景下，企业要充分掌握国际金融趋势。

国际金融对企业来说是很重要的，特别对外贸企业来说至关重要，这里面比较重要的一点就是要密切关注国际“银根变化”。“银根变化”指的是银根的松紧程度主要内容有存款准备金、贷款利率和居民存款利率包括存款准备金率，这些都会根据国家的宏观调控而进行一定的改动。

3. 政府信用风险

党的十八大以后，政府信用问题得到了很大的改善，尤其在2014年“秦岭违建别墅”时间后，前述“新官不理旧账”的问题得到了有效的解决，政府信用相关的法律风险也就小得多。

对于企业来说，依法经营、依法维权是应对政府信用风险的唯一途径。随着我国法治化进程的推进，法无授权不可为的原则永远适用于公权力的运行，所以，应对政府信用法律风险，只要企业运用好法律就一定可以解决。

4. 政治、公共利益风险

人们大多数都认可的是，企业的一切活动都是围绕盈利进行，但是，追其根源，所有企业的目的都在于为社会贡献积极有力的力量、推动社会进步，所以，对于公共利益相关的法律风险，从本质上来讲，与其将归入工程环境相关的法律风险，还不如将其视为企业战略决策相关的法律风险。

如前所述，既然企业的活动是要推动社会进步，对于危害公共利益的工程项目，必然要在决策阶段令其及时结束。

其实，在实际工程中，上文中的危害公共利益的项目极为少见，而正常工程项目中危害公共利益的行为却屡见不鲜，对于这类行为，我们在工程开展前，应充分的对预案进行论证，及时识别风险，对于已经出发的风险应及时止损，必要时，企业应树立起社会责任意识，损失项目利益维护公共利益。

5. 行政效率风险

“时间就是金钱”是现代企业奉行的一大准则，而像建设工程施工项目这种涉及利益各方如此之多、资源集中如此之密集、行政审批如此之严格的商业行为，时间在更多的时候象征的不仅仅是金钱而是法律责任。

对于企业自身的效率应属于企业管理范畴，而行政效率，这一企业几乎不可控的效率风险应该如何应对？笔者有三个建议：

（1）做好前期调研

在项目开始以前，对所在地政府做好充分调研，例如，在中东、南美的一些国家中，整体的文化氛围就相对安逸，其公民、政府的效率与中国相差甚远，在项目策划时，对于这些问题应该做好充分的预案，安排好工期以及资源投入。

（2）做好政府公关

对于承接本地工程项目的外来企业，本地政府的熟悉程度必然不足，对于相关工作的开展必然会有一定的磨合期，因此，在项目开展的前期，企业应当做好政府的公关工作，加速两者之间的磨合，提高政府对于本企业工作的响应效率。

（3）做好各个工作阶段的组织计划

对于全流程的工作，建议企业引入工程项目中广泛使用的网络计划，对于与公权力相关的事务尽量安排在非关键线路，这样可以有效地降低政府行政效率相关的法律风险。

6. 法律、政策变更风险

法律、政策的变更在很大程度上是每一个企业都无法左右的，毕竟，通过人大代表影响法律的制定，通过主政者影响政策、法规的制定对于绝大多数的企业来说都是不大可能的，对于公共利益来说，大多也都是不恰当的。

因此，法律、政策变更对于企业、工程项目产生的风险，企业应该及时关注相关信息，并且注意重视顾问咨询机构的作用，及时向专业机构、专业人士进行战略咨询，对于变化，企业要及时适应，调整战略，顺势而为。

7. 自然环境风险

无论是工程地质、水文地质的影响、还是气候因素的影响，大多事先可以预测，并且通过事先采取措施可以有效地防止对工期的不利影响、减少损失。因此，贯彻预测及预防为主的方针应作为防范此类工期风险的主要指导思想，并进行具体落实。

对于工程地质和水文地质影响，审阅工程项目勘察报告是工程承包单位了解工程地质和水文地质情况的主要途径。工程承包单位要重视对勘察报告的研读、分析，掌握工程所在地的地质特点、预测可能出现的不利因素、制定有针对性的技术措施。工程施工单位必须重视自然环境因素的影响，提前做好调查研究，做好应对的技术措施，做好应急预案，施工才能有序地进行，当遇到问题也会临危不乱。

对于不良气候的影响，不良气候对任何工程都时有发生，对施工进度的影响很大。人们基本上无法影响和改变天气，但现在气象部门可以提供不同周期的天气预报，而且预报相对准确，这就使施工单位可以提前做好应对不良天气对工期的影响。

在实施性计划中更应充分考虑气候的因素。在进行某些对气候比较敏感的工序前，应确认是否具备施作业的条件，如确定浇筑混凝土时，应查阅天气预报，避免在浇筑过程中突降大雨；使用各类起重机械作业要关注大风的影响，在风力超过作业的安全规定时，必须暂停施工，不得强行作业。

总之，不良天气经常发生，是人们无法改变的，根据天气变化的特点，准确掌握天气的预测、预报，安排好预案和防范措施。

8. 不可抗力风险

不可抗力是工程项目开展过程中一个有经验的工程师无法预测的情况，所以，不可抗力的法律风险基本无法提前规避，所以，应该在项目开展之前明确不可抗力情形发生时的应对策略。对此，2017 版的示范文本做出了详细的规定。

不可抗力发生后，发包人和承包人应收集证明不可抗力发生及不可抗力造成损失的证据，并及时认真统计所造成的损失。合同当事人对是否属于不可抗力或其损失的意见不一致的，由监理人按《示范文本 2017》第 4.4 款（商定或确定）的约定处理。发生争议时，按第 20 条（争议解决）的约定处理。

合同一方当事人遇到不可抗力事件，使其履行合同义务受到阻碍时，应立即通知合同另一方当事人和监理人书面说明不可抗力和受阻碍的详细情况，并提供必要的证明。

不可抗力持续发生的，合同一方当事人应及时向合同另一方当事人和监理人提交中间报告，说明不可抗力和履行合同受阻的情况，并于不可抗力事件结束后 28 天内提交最终报告及有关资料。

不可抗力引起的后果及造成的损失由合同当事人按照法律规定及合同约定各自承担。不可抗力发生前已完成的工程应当按照合同约定进行计量支付。

不可抗力导致的人员伤亡、财产损失、费用增加和（或）工期延误等后果，由合同当事人按以下原则承担：

（1）永久工程、已运至施工现场的材料和工程设备的损坏，以及因工程损坏造成的第三人人员伤亡和财产损失由发包人承担；

（2）承包人施工设备的损坏由承包人承担；

（3）发包人和承包人承担各自人员伤亡和财产的损失；

（4）因不可抗力影响承包人履行合同约定的义务，已经引起或将引起工期延误的，应当顺延工期，由此导致承包人停工的费用损失由发包人和承包人合理分担，停工期间必须支付的工人工资由发包人承担；

（5）因不可抗力引起或将引起工期延误，发包人要求赶工的，由此增加的赶工费用由发包人承担；

（6）承包人在停工期间按照发包人要求照管、清理和修复工程的费用由发包人承担。

不可抗力发生后，合同当事人均应采取措施尽量避免和减少损失的扩大，任何一方当事人没有采取有效措施导致损失扩大的，应对扩大的损失承担责任。

因合同一方迟延履行合同义务，在迟延履行期间遭遇不可抗力的，不免除其违约责任。

因不可抗力导致合同无法履行连续超过84天或累计超过140天的，发包人和承包人均有权解除合同。合同解除后，由双方当事人按照《建设工程施工合同（示范文本）》GF-2017-0201第4.4款（商定或确定）商定或确定发包人应支付的款项，该款项包括：

（1）合同解除前承包人已完成工作的价款；

（2）承包人为工程订购的并已交付给承包人，或承包人有责任接受交付的材料、工程设备和其他物品的价款；

（3）发包人要求承包人退货或解除订货合同而产生的费用，或因不能退货或解除合同而产生的损失；

（4）承包人撤离施工现场以及遣散承包人人员的费用；

（5）按照合同约定在合同解除前应支付给承包人的其他款项；

（6）扣减承包人按照合同约定应向发包人支付的款项；

（7）双方商定或确定的其他款项。

除专用合同条款另有约定外，合同解除后，发包人应在商定或确定上述款项后28天内完成上述款项的支付。

第三节　企业层面法律风险控制及防范

1. 企业战略法律风险

管理策略选择风险规避、风险控制和风险承担。企业相关部门对所在地情况要充分调研并进行全面分析，成立风险评估小组，建立风险评估体系，提出风险评估等级和预警措施，动态监测市场形势。

（1）管理策略选择风险控制

对拟投资项目从法律可行性、技术可行性和经济可行性方面进行深入研究；对投资项目进行经济性分析与评价，全面调查拟投资对象、投资项目背景情况，进行投资风险分析，从项目选择方面规避投资风险。

（2）资金管理策略选择风险控制

对资金实行预算管理，做到事前计划、事中控制、事后分析和考核，提高资金使用的科学性和计划性；加强资金支付的审批和管理；在不影响单位信誉的情况下，充分利用开票、信用证等金融工具延迟支付；合理计划资金方案，及时归还企业债务。

（3）市场管理策略选择风险规避和风险控制

企业要主动跟踪研究国家和省的产业政策，及时调整营销方向；积极开展高端营销，实施高端切入、规划先行等举措，实施品牌营销战略，提升品牌价值影响力。开展多元化营销战略，发掘自身竞争优势，全面了解竞争对手的优劣，按业务领域建立竞争对手数据库，及时更新和分析，制定相应竞争策略。

（4）战略管理策略选择风险承担

企业战略必须符合国家规定，最好是国家鼓励的产业；企业战略要做好长远规划和滚动规划，对年度目标进行合理分解；企业开展新业务前必须组织专家进行研究，提出专项分析后才能进行决策。

2. 企业经营法律风险

（1）合同签订时应注意的事项

在建设工程施工项目相关的企业经营中，其建设工程施工合同法律风险直接指向的问题就是合同签订以及履行阶段各方的风险问题了，对于合同的相关问题，我国合同法以及相关法律中已做出了明确规定。

1）明确合同双方的签约资格

订立合同（此处的“合同”仅指我国合同法所调整的合同）是典型的民事法律行为，故而在双方签订合同之前需要明确各自的民事行为能力。

对于本籍当事人，我国民法总则中对于民事行为能力做出了明确规定，即从事相应的民事法律行为的当事人需要满足相应的年龄要求（18周岁，或以自己劳动收入作为主要生活来源的16周岁的未成年人）与精神要求（能够辨认、控制自己的行为）。

对于外籍当事人，应具体分析其是否在其母国具有完全民事行为能力，虽然我国法律规定，对于在所在国未达到民事行为能力而在我国达到民事行为能力的当事人在我国从事民事法律行为时，视为其具有相应的民事行为能力，但为防止其在合同签订之后主张其在母国不具有民事行为能力而拒绝履行合同，我们最好将这一风险及时进行识别处理。

对于法人，其是否具有完全民事行为，我国法律亦做出了详细规定，为防止所签合同视为无效，在合同订立前，一定要在工商登记查询系统中确认该法人是否具有完全民事行为能力。

对于无权代理与表见代理问题，本著将在下文中具体论述。

2）合同形式

我国法律规定，当事人订立合同，有书面形式、口头形式和其他形式，而建设工程由于其标的额大、履行期长等特点，在我国《合同法》第二百七十条中被明确规定“建设工程合同应当采用书面形式。”所以，在签订建设工程施工合同时应当采用《建设工程施工合同示范文本（2017）》最大程度的控制风险的发生。

3）合同的签订

合同的订立有两个阶段：要约与承诺。

要约，是指希望和他人订立合同的意思表示，这种意思表示须具体明确且表明一旦对方接受则要约人要受到该意思表示的约束。在建设工程施工合同法律事务中，要约即为投标人的投标。这就表明，投标人在投标文件内容编纂时一定要慎重，一旦投标文件发出，就产生了法律效力，待招标人做出承诺后，投标人即受其约束。

不过，合同法对于要约失效的情形也做出了相应规定：

有下列情形之一的，要约失效：

① 拒绝要约的通知到达要约人；

② 要约人依法撤销要约；

③ 承诺期限届满，受要约人未做出承诺；

④ 受要约人对要约的内容做出实质性变更。

承诺，是指受要约人同意要约的意思表示。除根据交易习惯或者要约表明可以通过行为做出承诺的以外，承诺应当以通知的形式做出。同时，与要约一样，承诺采取到达生效主义。

4）合同内容

对于民商事行为，我国法律主要采取意思自治原则，对行为各方，公权力保证自己的介入最小化，所以，对于合同条款，各方当事人应当慎之又慎。笔者建议在签订合同时各方应当充分发挥法律咨询的作用，请专业律师对合同条款进行细致审核，以保证法律风险的最小化。

5）缔约过失与保密义务

在商事实践中，往往会出现这种情况，一方当事人出于其他目的，假借订立合同与另一方当事人进行磋商，而最后的结果当然是合同没有签订，这一过程通常会为另一方善意的当事人带来损失，那么，对于这种情况，企业应该怎么应对从而减小风险呢?

我国《合同法》专门设立了缔约过失责任制度，所谓缔约过失责任，是指合同一方当事人在订立合同的过程中违反诚实信用原则，恶意与对方进行磋商，或隐瞒与合同订立有关的重要事实、虚构情形等，给对方带来损失时，应当承担的责任。合同法第四十二条规定：

当事人在订立合同过程中有下列情形之一，给对方造成损失的，应当承担损害赔偿责任：

① 假借订立合同，恶意进行磋商；

② 故意隐瞒与订立合同有关的重要事实或者提供虚假情况；

③ 有其他违背诚实信用原则的行为。

合同的订立，商业行为、民事行为的进行是以诚实信用原则为基础的。在合同订立的过程中，为了工作的顺利进行，双方难免会涉及对方的商业秘密或者其他秘密，而这些秘密往往对一个企业有着重要作用，一旦泄露，会给企业带来难以估量的损失。

我国法律对商业秘密一贯采取保护措施，所以，涉及商业秘密泄露的法律风险，在我国合同法第四十三条做出了明确规定：

当事人在订立合同过程中知悉的商业秘密，无论合同是否成立，不得泄露或者不正当地使用。泄露或者不正当地使用该商业秘密给对方造成损失的，应当承担损害赔偿责任。

（2）企业借贷与担保

现代企业中，为了自身的良性发展，借贷与担保成为企业经营的日常活动，而债权往往是风险比较大的一项权利，借贷、担保也是风险相对比较大的活动，如何降低甚至是化解相关的法律风险成为建设企业以至于所有企业的一个重要问题。

1）企业借贷

如前所述，企业借贷在现今的商业活动中十分常见，而在这一过程中，企业为了稳妥，常常选择银行借贷，不过，银行对于国家金融秩序的稳定至关重要，因此国家通常会对银行借贷做出严格规定。一般会要求企业提供担保，此外，在借贷之后，企业应该及时偿还贷款，以防利息增长、负担增加甚至信用受损。我国《商业银行法》第三十六条规定：

商业银行贷款，借款人应当提供担保。商业银行应当对保证人的偿还能力，抵押物、质物的权属和价值以及实现抵押权、质权的可行性进行严格审查。经商业银行审查、评估，确认借款人资信良好，确能偿还贷款的，可以不提供担保。

银行贷款存在借贷要求高、办理周期长等弊端，在企业急需资金，或是条件不符的情况下，部分企业会选择向个人借款。根据我国法律，企业、个人之间的借贷属于民间借贷。根据2018年8月《最高人民法院关于审理民间借贷案件适用法律若干问题的规定》（以下简称《民间借贷规定》）第十二条的规定：法人或者其他组织在本单位内部通过借款形式向职工筹集资金，用于本单位生产、经营，且不存在合同法第五十二条、本规定第十四条规定的情形，当事人主张民间借贷合同有效的，人民法院应予支持。不过，国家虽认可企业、个人间的借贷行为，但是明令禁止以民间借贷名义从事的非法集资行为。《民间借贷规定》中规定，借贷双方约定的利率未超过年利率24%，出借人请求借款人按照约定的利率支付利息的，人民法院应予支持。借贷双方约定的利率超过年利率36%，超过部分的利息约定无效。借款人请求出借人返还已支付的超过年利率36%部分的利息的，人民法院应予支持。借贷双方对逾期利率有约定的，从其约定，但以不超过年利率24%为限。故企业在向民间借贷的过程中应该把握好借贷范围、借贷数目的度，以免触及刑事法律风险。

对于企业间的借贷，2015年之前我国法律普遍采取否定态度，但随着2015年《民间借贷规定》的颁布，这种借贷行为，也得到了法律的认可。

但是《民间借贷规定》对于企业间借贷行为同样也设置了严格的限制：

具有下列情形之一，人民法院应当认定民间借贷合同无效：

① 套取金融机构信贷资金又高利转贷给借款人，且借款人事先知道或者应当知道的；

② 以向其他企业借贷或者向本单位职工集资取得的资金又转贷给借款人牟利，且借款人事先知道或者应当知道的；

③ 出借人事先知道或者应当知道借款人借款用于违法犯罪活动仍然提供借款的；

④ 违背社会公序良俗的；

⑤ 其他违反法律、行政法规效力性强制性规定的。

与此同时，根据合同法有关规定被视为无效合同的，同样也适用于这类情况。

借贷行为发生后，针对借款的偿还，根据合同的相对性的原理，企业间的借贷只在两企业间发生法律效力，但是，在某些情况下，企业与其法人或者股东的人格混同，这时，债权人也可以向其法定代表人或者股东主张债权。

根据我国法律规定，企业法人代表或负责人以企业名义与出借人签订的民间借贷合同，出借人、企业或者股东能够证明所借款项用于企业法定代表人或者负责人个人使用，请求将企业法定代表人或者负责人列为共同被告或者第三人的，人民法院应予支持。

同时，为保护债权人利益，企业法定代表人或负责人以个人名义与出借人签定民间借贷合同，所借款项用于企业生产经营，出借人请求企业与个人共同承担责任的，人民法院应予支持。

2）企业担保

在企业的借贷过程中，不可避免地会向债权人提供担保，或是接受债务人的担保，在我国，担保分为人保与物保，人保即保证，物保就是提供给他人一定范围的物权担保。

根据我国《担保法》规定，保证是指保证人和债权人约定，当债务人不履行债务时，保证人按照约定履行债务或者承担责任的行为。分为一般保证和连带保证。

根据《担保法》规定，当事人在保证合同中约定，债务人不能履行债务时，由保证人承担保证责任的，为一般保证。

一般保证的保证人在主合同纠纷未经审判或者仲裁，并就债务人财产依法强制执行仍不能履行债务前，对债权人可以拒绝承担保证责任（一般保证人的先诉抗辩权）。

有下列情形之一的，保证人不得行使前款规定的权利：

① 债务人住所变更，致使债权人要求其履行债务发生重大困难的；

② 人民法院受理债务人破产案件，中止执行程序的；

③ 保证人以书面形式放弃前款规定的权利。

由此我们可以看出，一般保证是一种对保证人来讲风险较小的方式，但是，需要注意的是，一般保证的设立需要明确的约定，若双方未约定保证方式或者保证方式约定不明，则被视为连带保证。

另外，《担保法》中还规定，一般保证的保证期间由当事人自由约定，没有约定或者约定不明时视为六个月。

相较于一般保证，连带保证人所要承担的责任更重，连带保证人没有前述先诉抗辩权，这也就意味着，如果债务人没有按期履行债务，连带保证人就应当无条件的履行自己保证范围内的保证义务。

根据我国法律规定，在没有约定保证方式或者约定不明的情况下，按照连带保证处理。一般保证人与连带保证人在履行义务时享有主债务人享有的一切抗辩权。同时，担保法还对保证期间做了规定："连带责任保证的保证人与债权人未约定保证期间的，债权人有权自主债务履行期届满之日起六个月内要求保证人承担保证责任。在合同约定的保证期间和前款规定的保证期间，债权人未要求保证人承担保证责任的，保证人免除保证责任。"

在各种担保方式中，应用比较多的就是抵押，抵押是指债务人或者第三人不转移对房屋、土地使用权或者交通工具等财产的占有，将该财产作为债权的担保。债务人不履行债务时，债权人有权依照本法规定以该财产折价或者以拍卖、变卖该财产的价款优先受偿。由此我们看出，抵押权不转移抵押物的所有权，而债权人所享有的也仅仅是抵押物的优先受偿权。另外，抵押物的所有人并不限于债权人，也可以是其他人。

对于抵押权的范围、登记程序以及实现方式我国担保法做出了明确规定。其中，需要注意的有以下两个方面：

① 法律规定可以抵押的财产，按照法律规定抵押，法律规定不允许抵押的财产一律不得抵押，否则，不产生法律效力；

② 对于不动产抵押的抵押物的担保物权，我国采用登记设立主义，对于动产等价值量较小的财产上的抵押物权我国采用登记对抗主义，因此，除当事人以外的其他人一般很难得知其所有物上是否设立抵押权，这就容易造成一个抵押物上存在多个抵押权，进而对第三人权益造成损害，所以，在设立抵押权时，债权人一定要慎重地确定债务人所提供的抵押物的物权是否完整。

质押也是我国法律中设立的一项担保制度，所谓质押是指债务人或者第三人将其动产移交债权人占有，将该动产作为债权的担保。债务人不履行债务时，债权人有权依照本法规定以该动产折价或者以拍卖、变卖该动产的价款优先受偿。由此可见，质押仅可以在动产或是某项财产性权利上设立，而其担保物权的公示方式也是占有公示，换言之，设立质押的质物必须在债权人的占有之下，质权才能生效。

需要指出的是，我国法律明确禁止流质条款，即禁止约定债务人如不按期履行债务，其所质押物或者权利自动归债权人所有。

对于权利质权，国家的规定更为严格，尤其是股权与知识产权质权，为了防止因质押造成的管理混乱，法律规定股权债权与知识产权债权的设立采取登记生效主义，而证券质权则与动产质权一样，采取交付设立主义。另外，对于这两种质权，法律还做了更加详细的规定，详见法条。

最后，我国《公司法》对于担保行为之于公司内部的影响，专门做了规定：

公司向其他企业投资或者为他人提供担保，依照公司章程的规定，由董事会或者股东会、股东大会决议；公司章程对投资或者担保的总额及单项投资或者担保的数额有限额规定的，不得超过规定的限额。公司为公司股东或者实际控制人提供担保的，必须经股东会或者股东大会决议。前款规定的股东或者受前款规定的实际控制人支配的股东，不得参加前款规定事项的表决。该项表决由出席会议的其他股东所持表决权的过半数通过。

（3）企业投融资法律风险

1）企业投资中的法律风险

为了财产保值增值或是企业长远战略或是其他原因，现代企业经营中永远都绕不开投资问题，建设工程就是一种主要的投资方式。

对于建设工程投资的法律风险，一般是建设单位在决策阶段的风险，本著中将做详细论述。

而企业投资更多的是以股份的形式对另一家企业进行所有，在这一过程中，决策者需要考虑的问题大致有三个方面：

① 挑选合适的投资伙伴。对于投资伙伴的合适有两个衡量尺度，一个是另一方能否为自己带来最大化的利益，第二个是另一方是否有相应的资格，其中第二条是原则性的尺度；

② 注意选择合法的出资方式，公司法以及相关的规范中对此已做出了详细的规定；

③ 兼并、收购时应当充分考量对方的债务，因为，在公司被合并后，其相应的债权债务关系也会发生相应的转移、混同，企业要防止自己的收购行为为企业带来“债务黑洞”。

2）企业融资中的法律风险

建设工程施工合同的履行期长、标的额大，这就使得大多数的企业在建设工程施工合同履行的实际进程中，不可避免地要进行融资，如前所述，银行融资与民间借贷是企业常常使用的融资手段。国家为了稳定金融秩序，对于各种形式的融资行为通常都做了严格的法律规定，因此，企业就有可能陷入违法甚至是犯罪的泥潭。

对于银行融资，企业应该严格按照诚实信用原则的要求，合理合法融资，不要想着钻法律漏洞甚至抱有侥幸心理，违规操作。

对于民间借贷，一定把好“质量”关，对于融资对象、融资范围、融资额度都要慎重选择，积极咨询专业人士，严格回避非法集资等犯罪行为，以免触发刑事法律风险。

3. 企业财务法律风险

（1）与成本费用相关的法律风险

1）控制成本

成本对于企业的重要意义不言而喻，企业要想提高自身竞争力，获取更大利润就必须着力控制成本。像一些企业，通过虚报成本的方式来逃避税收是十分不明智的行为，对于企业的内部成本控制，我们可以通过三个层面来把握：决策层、管理层以及业务层。

要建立结构完整的成本控制体系，促使企业走上低成本发展的良性道路。究其本质，企业所有的成本均是由行为产生，企业成本中最主要的部分就是行为成本，控制好行为成本也就为企业减轻了相当程度的负担。

按照国内一些学者的相关理论，行为成本分为组织行为成本和个体行为成本。组织行为成本直接与决策相关，决策的质量就决定着组织行为成本的高低。而对于个体行为成本的控制，可以从两个方面着手：一是，加强鼓励引导，可以通过将费用划分至各个部门、个人，同时，针对不同项目划定不同费用定额来实现；二是，企业文化，加强企业文化建设，在企业中形成良好的工作风气。

2）合理避税

税收是企业成本控制中的一个重要的对象。但是，非法的逃税行为是企业万万不可取的行为，违反税收管理法规，逃避应纳税款的行为会给企业带来违法甚至是犯罪的风险。

在法律的框架下，企业应主动聘请专业的律师以及会计师，采用合法的手段进行合理避税。同时，按照相关法律，灵活的采取特定的措施也可以有效地进行避税。例如，按照我国增值税暂行条例以及增值税暂行条例实施细则的相关规定，企业在签订合同时，付款日期最好确定在每月的 1 日。因为在 1 日收到货款，款项计入当期收入而非上期收入，能够起到延期纳税的效果。税金的分期缴纳可以缓解企业的税收压力，防止企业资金流断裂产生的相关风险。

（2）与收入业务相关的法律风险

1）应收账款回收策略

① 建立客户档案，对债权做到细致登记；

② 定期向欠款方寄发应收账款对账单；

③ 定期催账、对账；

④ 对债权及时设立有效的担保；

⑤ 进行债权重组，对于无法及时归还的应收账款，与债务人约定分期偿还并将账款重组为“长期应收款”；

⑥ 转让债权；

⑦ 仲裁与诉讼，对于恶意欠款、长期欠款的债务人，企业应及时提起诉讼或是仲裁，对于上市公司，建议最好通过仲裁的程序主张权利，以免公开诉讼对公司股价造成影响。

2）防范收入流失的方法

收入流失的原因大多为经手人的中饱私囊，所以，建立严格的责任制度，确保每一项工作都可以追责到人，可以很有效地解决此类风险。

（3）因违规使用现金而造成资金流断裂产生的法律风险

对于现金的使用我国现金管理暂行条例以及现金管理暂行条例实施细则都做出了详细的规定。为了更好地避免相关的法律风险，笔者建议：

① 稳健理财，切忌盲目扩大规模；

② 合理规划企业发展路线，释放固化资金；

③ 加强资金管理，提高使用效率；

④ 适当减少分红，优化资本结构；

⑤ 基于资金充分补偿原则选择会计政策。

（4）因违规开具发票而产生的法律风险

发票是指一切单位和个人在购销商品、提供或接受服务以及从事其他经营活动中所开具和收取的业务凭证，是会计核算的原始依据，也是审计机关、税务机关执法检查的重要依据。我国对于发票的使用一直有着严格的规定，在法律中，一般体现在发票管理办法、刑法以及相关的司法解释上。

对于由不合理使用发票而产生的法律风险，笔者建议：

1）企业洁身自好、严格守法，企业应当端正态度从源头抓起，对于发票的使用进行严格管理；

2）定期向员工培训法律知识，提高员工法治意识；

3）慎重选择商业伙伴，严防商业贿赂，在企业的采购流程上，应当增强各级审核力度，防止“回扣”换发票的现象发生。

（5）与会计账簿管理相关的法律风险

在建设工程施工的过程中，资金流量进程长、额度大，这就使得会计工作对于项目的意义十分重大，我国对于会计制度作了明确规定，其主要见于会计法与刑法中。为了更好地规避会计工作中的法律风险，笔者建议：

1）建立完善的企业财会制度，力求真实反映企业财务状况；

2）定期为员工培训法律知识，提高员工法律意识；

3）企业年检时，聘请专业的会计事务所出具审计报告，及时掌握企业相关法律风险。

第四节 建设工程施工合同全过程程序法律风险控制及防范

1. 前期工作不规范

（1）应当严格遵循先勘察、后设计、再施工的顺序组织工程。根据我国建设工程质量管理条例规定“从事建设工程活动，必须严格执行基本建设程序，坚持先勘察、后设计、再施工的原则。县级以上人民政府及其有关部门不得超越权限审批建设项目或者擅自简化基本建设程序。”

其实，遵循这一原则不仅是为了防止违反这一条行政法规而产生的行政法律风险，更重要的是，这个顺序是对整个工程质量与安全最基本的保障，试想，一个边勘测、边设计、边施工的“三边工程”如何对所开展的工程项目进行完整的结构合理性、施工安全性的论证？工程质量与工程安全无法保证，其民事法律风险甚至是刑事法律风险就当然会随之产生。

从另一方面来讲，项目开展不能按照特定顺序，对于合同各方的权利义务的分配又怎么能做到最大化的合理呢？在项目开展之前未能对合同各方的权利义务进行明确分配，这也就使得民事法律风险产生的概率急剧上升。

（2）严格按照国家以及当地的有关规定对建设项目进行及时报备审批，以防触发行政法律风险以及其他风险，按照相关规定，在施工阶段，建设项目主要需要审批项目如下：（具体审批项目如图 4-2 所示）

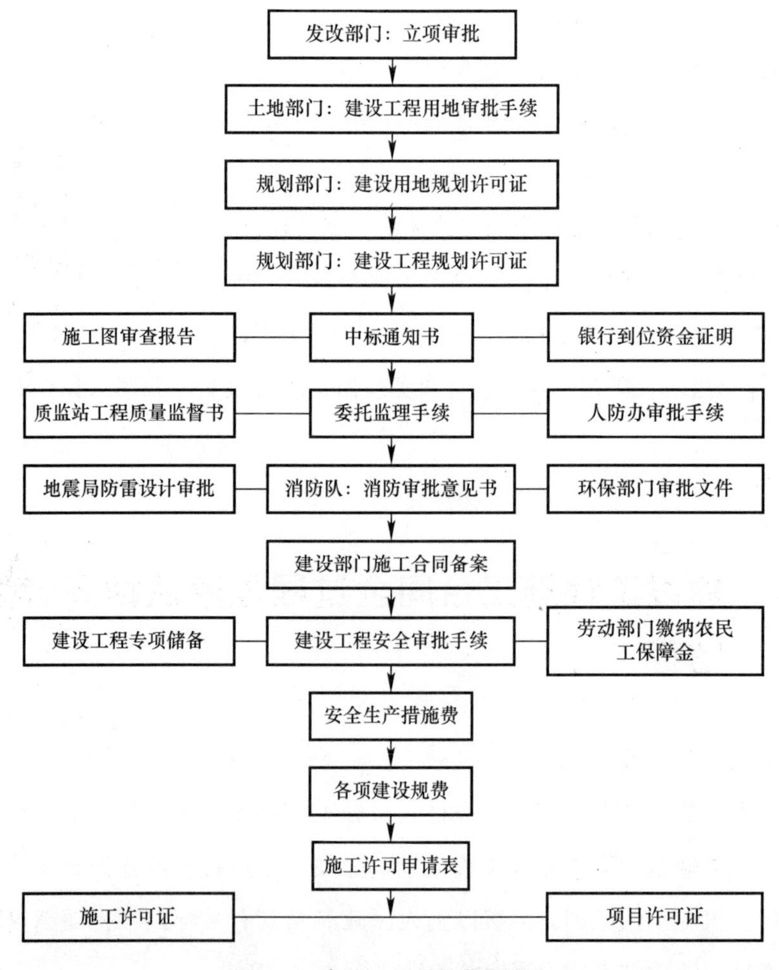

图 4-2　建设工程项目审批流程

1）国土部门——土地证

2）建设部门——立项审批

3）建设部门——项目初步设计审批

4）环境影响评价——环保部门

5）安全评价——安监部门

6）用地规划许可证、用地红线图——规划部门

7）总平及方案审批——规划部门

8）地质勘查——勘察机构

9）施工图审查（包括抗震、节能审查）——审图中心

10）地质灾害评估——国土部门

11）防雷审批——气象部门

12）消防审批——消防部门

13）人防审批——人防部门

14）建设工程规划许可证、建筑红线图——规划部门

15）质监、安监部门备案——质监站、安监站

16）施工许可证——建设部门

（3）按照规定需要招标的项目依照法定程序招标。法定需要招标的项目通常是以国有资金投资为主以及与公共利益密切相关的建设工程。这些项目由于直接危及公共利益，因此要规范建设程序，以防滋生腐败或是影响工程质量。

我国《招标投标法》第三条规定：在中华人民共和国境内进行下列工程建设项目包括项目的勘察、设计、施工、监理以及与工程建设有关的重要设备、材料等的采购，必须进行招标：

① 大型基础设施、公用事业等关系社会公共利益、公众安全的项目；

② 全部或者部分使用国有资金投资或者国家融资的项目；

③ 使用国际组织或者外国政府贷款、援助资金的项目。

前款所列项目的具体范围和规模标准，由国务院发展计划部门会同国务院有关部门制订，报国务院批准。

法律或者国务院对必须进行招标的其他项目的范围有规定的，依照其规定。

同时，由于某些工程项目的特殊性要求其不方便公开招标，在《工程建设项目施工招标投标办法》中还规定了两种特殊情形：

依法必须进行公开招标的项目，有下列情形之一的，可以邀请招标：

① 项目技术复杂或有特殊要求，或者受自然地域环境限制，只有少量潜在投标人可供选择；

② 涉及国家安全、国家秘密或者抢险救灾，适宜招标但不宜公开招标；

③ 采用公开招标方式的费用占项目合同金额的比例过大。有前款第二项所列情形，属于本办法第十条规定的项目，由项目审批、核准部门在审批、核准项目时做出认定；

其他项目由招标人申请有关行政监督部门做出认定。

全部使用国有资金投资或者国有资金投资占控股或者主导地位的并需要审批的工程建设项目的邀请招标，应当经项目审批部门批准，但项目审批部门只审批立项的，由有关行政监督部门批准。

依法必须进行施工招标的工程建设项目有下列情形之一的，可以不进行施工招标：

① 涉及国家安全、国家秘密、抢险救灾或者属于利用扶贫资金实行以工代赈需要使用农民工等特殊情况，不适宜进行招标；

② 施工主要技术采用不可替代的专利或者专有技术；

③ 已通过招标方式选定的特许经营项目投资人依法能够自行建设；

④ 采购人依法能够自行建设；

⑤ 在建工程追加的附属小型工程或者主体加层工程，原中标人仍具备承包能力，并且其他人承担将影响施工或者功能配套要求；

⑥ 国家规定的其他情形。

对于招标程序，我国法律也进行了明确规定，本书前文同时也做出了相应的论述，此处不再赘述。

(4) 在工程发包的过程中要严格资格审查。国家对于施工承包方有着明确的规定。施工企业的资质是其所建工程质量的保证，一个不具有相应资质的施工企业一般是没有相应的建设能力的。

根据《工程建设项目施工招标投标办法》第二十条规定：

资格审查应主要审查潜在投标人或者投标人是否符合下列条件：

① 具有独立订立合同的权利；

② 具有履行合同的能力，包括专业、技术资格和能力，资金、设备和其他物质

设施状况，管理能力，经验、信誉和相应的从业人员；

③ 没有处于被责令停业，投标资格被取消，财产被接管、冻结，破产状态；

④ 在最近三年内没有骗取中标和严重违约及重大工程质量问题；

⑤ 国家规定的其他资格条件。

2. 文件递交期风险

前文所述，国家对于建设工程施工过程有着严格的管理措施与程序规定，其中，各种文件在提交时严格按照各项流程，而对于这些文件的提交期，不同的文件在不同的法律中有着不同的规定，在工程实务中，一定要对每一份文件的细致规定做到精准的把握，以免因记忆偏差造成的法律问题。

3. 工程变更与索赔

工程变更在建设工程中是十分常见的，但是工程的各个要素的变动同时也一定会对之前的法律关系造成一定程度上的影响，针对这些风险，笔者建议：

（1）把握和灵活利用合同条款，是成功实现变更增加收入的前提条件。

（2）良好的工程质量和令人满意的施工进度将为成功索赔创造良好的外部环境。在提出索赔要求的同时，承包商应尽最大努力取得良好的形象进度，确保工程的质量。

（3）索赔历时时间长，期间会遭遇很多困难和障碍，承包商应坚持自己的观点，不屈不挠，据理力争。

（4）要以合同条款为依据，要知道，即使取得了咨询、业主的信任，没有合同为依据，是很难索赔成功的。所以承包商的合同管理人员应认真研究合同条款，发现索赔机会，并在合同规定的时间内提出索赔要求。

（5）承包商要培养有工程经验、熟悉合同条款，又有语言能力，能与咨询、业主直接交流和谈判的合同管理人员，这将增大承包商成功索赔的机会。

（6）承包商的项目经理应始终关注项目的合同管理工作，并对合同管理工作给予必要的支持。

（7）承包商为获取项目做出的承诺不能违反合同的规定。

索赔一直是建设工程施工活动的重点，现代绝大多数的施工企业的经营策略都是“低价中标，索赔盈利”，因此，索赔常常成为建设工程司法实务中的重点。对此，在2017版的示范文本中已经做出了明确规定，为避免索赔阶段的法律风险，笔者建议：

（1）把握好索赔各个工作环节的时间点，在索赔事项发生28天内，承包人向监理人提交索赔意向通知书，并在提交后28天内向监理人正式递交索赔报告；监理人收到索赔报告14天内审查完成并向发包人报告，之后28天内，监理人向承包人发包人签认的索赔处理结果。

（2）针对（1）中提出的时间问题，承包人应该在项目部中建立完善的索赔日程管理，防止遗漏索赔项目。

4. 情势变更

情势变更原则作为我国法律中均衡各方利益，弥补意思自治原则的一项制度，在建设工程施工合同的价格调整中可以发挥很大作用，因此，我们应该加强对于这项制度的运用，以降低已经触发的风险因素。

我们知道，受2008年的国际金融危机的影响，我国建筑市场各成本的价格在很长一段时间内都受到了很大影响，各地也因此颁布了许多价格调整文件，从各地的文件来看，对于价格调整以及情势变更原则的应用呈现以下形式：

（1）以上海市为代表的尊重当事人的约定与意思自治，但建议发承包双方采用规定办法进行价格调整；

（2）以山东省为代表的规定，按照合同已经约定的风险系数进行调整，未约定或约定不明的，要求按照文件规定的调整办法调整；

（3）以湖南省为代表的规定，有约定从约定，无约定或约定不明的，包括价格包干和约定承包人承担所有风险在内的工程均应当按文件进行调整。

我们可以看出，尽管各地规定有所差异，但是，大致还都遵循意思自治原则与情势变更原则的融合，对于如何在工程中灵活应用这项制度，笔者建议：

（1）固定价格合同下情势变更原则的适用

通常认为，固定价格合同下不应该适用情势变更原则，认为情势变更原则的适用会打破意思自治原则指导下的固定价格合同，但是，这种观点只是对意思自治原则的机械性的运用。并且从民法基本理论来看，价格的异常变动，对于其中一方肯定是不公平的，这严重违反了民法的公平原则，所以，笔者认为，固定价格合同下情势变更原则依然可以运用。

根据《山东省高级人民法院关于印发全省民事审判工作会议纪要的通知》的规定，在固定价格合同下情势变更原则的适用方式为：

建设工程施工合同约定工程价款实行固定价格结算，在合同履行中，发生建筑材料价格或者人工费用过快上涨，当事人能否请求适用情势变更原则变更合同价款或者解除合同。如果建筑材料价格或者人工费用的上涨没有超出固定价格合同约定的风险范围，当事人请求适用情势变更原则调整合同价款的，不予支持；如果建筑材料价格或者人工费用的上涨超出了固定价格合同约定的风险范围，发生异常变动的情形，如继续履行固定价格合同将导致当事人双方权利义务严重失衡或者显失公平的，则属于发生了当事人双方签约时无法预见的客观情况，当事人请求适用情势变更原则调整合同价款或者解除合同的，可以依照最高人民法院《关于适用〈中华人民共和国合同法〉若干问题的解释（二）》第26条和最高人民法院《关于当前形势下审理民商事合同纠纷案件若干问题的指导意见》的相关规定，予以支持。

（2）可调价合同下情势变更原则的适用

在2017版的《示范文本》中还规定了价格调整公式：

因人工、材料和设备等价格波动影响合同价格时，根据专用合同条款中约定的数据，按以下公式计算差额并调整合同价格：

$$\Delta P=P_0\left[A+\left(B_1\times\frac{F_{t1}}{F_{01}}+B_2\times\frac{F_{t2}}{F_{02}}+B_3\times\frac{F_{t3}}{F_{03}}+\cdots+B_n\times\frac{F_{tn}}{F_{0n}}\right)-1\right]$$

公式中：

ΔP——需调整的价格差额；

P_0——约定的付款证书中承包人应得到的已完成工程量的金额。此项金额应不包括价格调整、不计质量保证金的扣留和支付、预付款的支付和扣回。约定的变更及其他金额已按现行价格计价的，也不计在内；

A——定值权重（即不调部分的权重）；

B_1；B_2；B_3……B_n——各可调因子的变值权重（即可调部分的权重），为各可调因子在签约合同价中所占的比例；

F_{t1}；F_{t2}；F_{t3}……F_{tn}——各可调因子的现行价格指数，指约定的付款证书相关周期最后一天的前42天的各可调因子的价格指数；

F_{01}；F_{02}；F_{03}……F_{0n}——各可调因子的基本价格指数，指基准日期的各可调因子的价格指数。

以上价格调整公式中的各可调因子、定值和变值权重，以及基本价格指数及其来源在投标函附录价格指数和权重表中约定，非招标订立的合同，由合同当事人在专用合同条款中约定。价格指数应首先采用工程造价管理机构发布的价格指数，无前述价格指数时，可采用工程造价管理机构发布的价格代替。

① 暂时确定调整差额

在计算调整差额时无现行价格指数的，合同当事人同意暂用前次价格指数计算。实际价格指数有调整的，合同当事人进行相应调整。

② 权重的调整

因变更导致合同约定的权重不合理时，按照第 4.4 款〔商定或确定〕执行。

③ 因承包人原因工期延误后的价格调整

因承包人原因未按期竣工的，对合同约定的竣工日期后继续施工的工程，在使用价格调整公式时，应采用计划竣工日期与实际竣工日期的两个价格指数中较低的一个作为现行价格指数。

在《建设工程施工合同（示范文本）》（GF-1999-0201）中对于可调价合同的定义以及可调整范围曾经有过规定：

可调价格合同中合同价款的调整因素包括：

1）法律、行政法规和国家有关政策变化影响合同价款；

2）工程造价管理部门公布的价格调整；

3）一周内非承包人原因停水、停电、停气造成停工累计超过 8 小时；

4）双方约定的其他因素。

但是，在 2017 版的示范文本中，可调价合同的定义已经消失，取而代之的是价格调整部分中规定的对市场价格波动引起的调整、法律变化引起的调整，可谓细致。

（3）成本加酬金合同下情势变更原则的适用

成本加酬金合同下的价款本来就是由成本与酬金两部分组成，因此，对于物价的波动，一般与承包人并无关系，所谓这种情况下的情势变更原则的适用，其“情势”无非也就是施工条件的变化对于酬金或是工期的影响。

5. 造价鉴定相关风险

在工程司法实践中，不乏存在建设工程施工合同双方在就工程造价存在争议的同时又都没有确实的证据或是其他可以证明工程造价的文件，对于这种情况，法官也无法对双方的权利义务关系作出合理的判断，这时就需要工程司法鉴定对工程进行造价鉴定，而在现实中，工程造价鉴定的应用过程又存在着诸多的问题一直没有得到明确，这些问题也就是建设工程施工合同中法律风险的一大来源。

（1）诉讼前对建设工程价款结算达成协议的效力

司法解释（二）第十二条规定：“当事人在诉讼前已经对建设工程价款结算达成

协议，诉讼中一方当事人申请对工程造价进行鉴定的，人民法院不予准许。”

1）建设工程价款结算的内涵与外延以及相关程序规定：一般而言，建设工程价款结算在实践中常常分为工程预付款结算、工程进度款结算、工程竣工价款结算三类，具体到本条规定，工程价款结算主要是指工程进度款结算与工程竣工价款结算。至于具体价款的结算、支付以及其他的相关规定在财政部与前建设部颁布的《建设工程价款结算暂行办法》中已做了明确规定。

2）对于鉴定程序启动条件、程序启动方式、申请鉴定时间限制、不允许鉴定的情形、鉴定人的确定、重新鉴定问题、不准许的鉴定申请等问题按照民事诉讼法中的相关规定予以明确。

3）本条适用不以建设工程施工合同的效力为前提。建设工程施工合同与建设工程价款结算协议是两份既相互关联而又相互独立的协议，而建设工程价款结算协议是否有效仅与民法总则规定的民事法律行为的有效要件有关，与建设工程施工合同并无关系。

4）本条适用不以建设工程竣工或质量合格为前提。如前所述，建设工程价款结算协议的成立与其他条件并无关系，而该协议的签订是以双方的意思自治为前提的，因此，协议的有效存在是适用本条的前提而不是建设工程的竣工或质量合格与否。

5）建设工程价款结算协议无效或被撤销后，是否可以申请造价鉴定，依情况而定。当当事人主张协议撤销时，法定撤销权也已消灭，则结算协议仍然有效，造价鉴定的申请也就不能通过；反之，当当事人主张撤销协议的申请通过时，则造价鉴定的申请可以通过。

（2）诉讼前委托造价咨询的效力

司法解释（二）第十三条规定：“当事人在诉讼前共同委托有关机构、人员对建设工程造价出具咨询意见，诉讼中一方当事人不认可该咨询意见申请鉴定的，人民法院应予准许，但双方当事人明确表示受该咨询意见约束的除外。”

1）不具有工程造价咨询资质的企业与工程造价领域内特定权威专家学者的鉴定结果无效。这两个主体在实际中可能具有相当的能力，但是，他们都不是我国现行法律法规所认可的专业咨询机构，因此，其鉴定当然无效。

2）资产评估不具有工程造价鉴定活动属性，不可作为鉴定结果。

3）当事人不认可对方当事人的咨询意见而申请司法鉴定，不需要举证证明该咨询意见存在瑕疵，仅需做出不接受的意思表示即可。

(3) 一审未申请鉴定的处理

司法解释（二）第十四条规定：“当事人对工程造价、质量、修复费用等专门性问题有争议，人民法院认为需要鉴定的，应当向负有举证责任的当事人释明。当事人经释明未申请鉴定，虽申请鉴定但未支付鉴定费用或者拒不提供相关材料的，应当承担举证不能的法律后果。一审诉讼中负有举证责任的当事人未申请鉴定，虽申请鉴定但未支付鉴定费用或者拒不提供相关材料，二审诉讼中申请鉴定，人民法院认为确有必要的，应当依照民事诉讼法第一百七十条第一款第三项的规定处理。”

1）人民法院需要向当事人释明的情况：当事人对专门性的问题存有争议；对专门问题，人民法院认为需要鉴定，但当事人未提出申请；对负有举证责任的当事人。

2）经法院释明，当事人未完成举证应承担举证不能的法律后果。

3）一审中未完成举证，二审程序又申请鉴定，人民法院不能一律不准许，认为确有必要的，应予准许。准许后的做法大致有两种：一是，二审法院直接委托鉴定，但只能是在双方当事人都自愿放弃审级利益的情况下才可以；二是，二审法院发回一审法院重审。

4）当事人对工程价款约定了固定价的情况下，是否能申请鉴定需视情况灵活处理。

5）在一审二审中均未申请鉴定，而在审判监督程序中提出申请的，法院不予准许。

(4) 委托鉴定内容的确定

司法解释（二）第十五条规定：“人民法院准许当事人的鉴定申请后，应当根据当事人申请及查明案件事实的需要，确定委托鉴定的事项、范围、鉴定期限等，并组织双方当事人对争议的鉴定材料进行质证。”

1）工程造价司法鉴定的评判标准：一是，有已完工程造价或者结算造价的书面证据，且双方代表均已签字确认；二是，合同约定逾期完不成结算审核，或是逾期不对审核结果提出异议的，视为认可审核意见的，有证据证明已经发生了约定的情形；三是，合同约定以审计结论作为结算结果，审计结论已经出具，且审计结论不违反法律规定或合同约定的；四是，当事人约定按照固定价结算工程价款的。

2）工程质量司法鉴定评判标准：一是，工程竣工验收合格后，承包人起诉要求支付工程价款，发包人对工程质量提出异议并要求鉴定；二是，工程虽未竣工，但已由建筑质量监督检验部门出具质量合格的评定文件的；三是，工程竣工验收合格后，发包人起诉要求承包人修复质量缺陷或者要求承担修复费用的。

（5）对鉴定意见和鉴定材料的质证

司法解释（二）第十六条规定："人民法院应当组织当事人对鉴定意见进行质证。鉴定人将当事人有争议且未经质证的材料作为鉴定依据的，人民法院应当组织当事人就该部分材料进行质证。经质证认为不能作为鉴定依据的，根据该材料做出的鉴定意见不得作为认定案件事实的依据。"

1）当事人对鉴定意见应该进行充分质证，质证的过程有助于当事人充分地行使自己的权利，从而更好地保护自己的利益，建设工程施工合同双方当事人应当在必要时充分行使这一权利。

2）鉴定人根据未经质证的材料作出鉴定意见，当事人如有异议应向法院提出，如果表示认可该结果，则表明当事人放弃提出异议的权利。另外，需要指出的是，在上述情况下，一审中双方当事人未提出异议，法院也未发现问题，二审时，一方当事人又提出异议的，二审法院应当进行审查并且做出适当处理。

6. 优先受偿权制度

优先受偿权制度是我国为保护建筑工人等弱势群体的合法收入而设立的一项制度，在司法解释（二）中，有大量篇幅对于优先受偿权做了明确规定，与其相关的法律风险也得到了进一步的明确。而我们对这些条款也应该做到正确的理解，这样才能尽量降低优先受偿权制度相关的法律风险，从而使这一制度发挥最大化的效用。

（1）优先受偿权的权利主体

司法解释（二）第十七条规定："与发包人订立建设工程施工合同的承包人，根据合同法第二百八十六条规定请求其承建工程的价款就工程折价或者拍卖的价款优先受偿的，人民法院应予支持。"

1）建设工程价款优先受偿权制度不适用于建设工程的勘察、设计、监理合同关系。

2）建设工程价款优先受偿权制度有条件的适用于装饰装修合同关系，具体条件参见司法解释（二）的第十八条。另外，需要指出的是，消防工程的承包人应当特别注意，它与装饰装修工程一样，在适用优先受偿权时有一定的限制，具体体现在两个方面：一是只有发包人直接向专业技术承包人发包消防工程的承包人才依法享有工程价款优先受偿权；二是消防工程的承包人只能就其承包的消防工程给整个工程增值的范围内行使优先权。

3）实际施工人不享有建设工程价款优先受偿权。司法解释（一）中曾经规定："实际施工人以转包人、违法分包人为被告起诉的，人民法院应当依法受理。实际施工人以发包人为被告主张权利的，人民法院可以追加转包人或者违法分包人为本案当事人。发包人只在欠付工程价款范围内对实际施工人承担责任。"但是，这并不意味着实际施工人可以直接向发包人主张工程价款优先受偿权。

（2）装饰装修工程承包人优先受偿权的行使

司法解释（二）第十八条规定："装饰装修工程的承包人，请求装饰装修工程价款就该装饰装修工程折价或者拍卖的价款优先受偿的，人民法院应予支持，但装饰装修工程的发包人不是该建筑物的所有权人的除外。"

1）装饰装修工程价款的优先受偿权仅限于因装饰装修而使该建筑物增加的价值范围之内。就该增值部分，既不同于装饰装修工程施工合同所约定的工程价款，更不同于整个建筑物的价值。众所周知，建筑物因装饰装修工程而增加的价值往往会大于装饰装修工程的工程价款数额。在整个建筑物折价或拍卖后的价款中，如何确定因装饰装修工程而增加的部分是一个复杂的问题，通常的做法是，有约定按照约定（当然，现实中这种约定几乎没有出现过），没有约定的情况可以通过技术鉴定确定。

2）装饰装修工程的发包人必须是该建筑物的所有人，或者虽然不是所有人，但发包人属于有权处分该建筑物的人。

3）家庭居室装饰装修的承包人不享有本条所规定的优先受偿权，司法解释认为家庭居室的装饰装修工程属于合同法中规定的承揽合同范围，并且我国现行的建筑法的观点一致认为，家居的装饰装修工程不属于建筑法的调整范围，因此，本条司法解释，对于这一类的情形并无效力。

（3）承包人优先受偿权的行使条件

司法解释（二）第十九条规定："建设工程质量合格，承包人请求其承建工程的价款就工程折价或者拍卖的价款优先受偿的，人民法院应予支持。"

1）对于工程价款，司法解释坚持工程质量优于合同效力的原则，注重对于承包人民事权益的保护。

2）建设工程质量的认定。司法解释一曾规定："建设工程施工合同无效，但建设工程经竣工验收合格，承包人请求参照合同约定支付工程价款的，应予支持。"对于竣工验收合格的情形，规定有两种：一是，建设工程竣工验收合格；二是，建设工程虽竣工验收不合格但经过承包人修复后，再验收合格。对于司法实践中，质量合格的认定有着许多争议，但最高人民法院的权威观点认为："建设工程质量合格，是对已竣工或者未竣工的工程，经相关部门组织竣工验收、相关机构进行工程质量检测后做出符合国家建筑工程质量标准结论的事实。"而对于未经竣工验收的工程，在司法实务中，通常的做法是进行建设工程质量司法鉴定以及司法推定。

3）工程价款优先受偿权的优先效力。优先受偿的优先效力是指，特定的债权人的债权优先于其他债权人甚至是其他物权人的权利。在发包人存在具有存在担保的债权与不存在担保的普通债权的情况下，承包人的工程价款优先于这两种债权得以建筑物的加之优先受偿。

4）建设工程不宜折价、拍卖的情况：违章建筑、工程质量不合格且难以修复的建筑、法律法规规定的其他情形的建筑（如以公益为目的的事业单位、与国家安全公共利益直接相关的建筑等）。

5）合同无效，工程质量合格但未达到当事人订立合同时对工程质量的特殊约定标准的，承包人同样享有工程价款优先受偿权。

6）合同无效的情况下，理解承包人工程价款优先受偿权中的工程价款范围：因承包人的资质、未遵守特定的程序等参照有效合同处理的无效合同范畴时，发包人对承包人的投入所支付的款项。

（4）未竣工工程承包人优先受偿权的行使条件

司法解释（二）第二十条规定："未竣工的建设工程质量合格，承包人请求其承建工程的价款就其承建工程部分折价或者拍卖的价款优先受偿的，人民法院应予支持。"

1）建设工程施工合同解除的后果：对于发包人，可以要求承包人承担相应的民事责任，同理，对于已经投入了大量的劳动力、材料等资源，将投入已经物化为一定程度的建设工程的承包人而言，其有权向发包人主张建设工程价款。

2）未竣工的建设工程，在工程质量合格的情况下，承包人享有优先受偿权。

3）已完工工程的质量认定：如前所述，一般情况下，采取建设工程质量司法鉴定或司法推定的方式处理。对于发包人擅自使用的已完工工程的质量鉴定，通常具有较大争议。司法解释（一）第十三条对这一问题曾作出规定："建设工程未经竣工验收，发包人擅自使用后，又以使用部分质量不符合约定为由主张权利的，不予支持；但是承包人应当在建设工程的合理使用寿命内对地基基础工程和主体结构质量承担民事责任。"因此，在这一情况下出现质量问题，一般是由发包人自行承担。

4）未完工工程的质量鉴定：对于工程未由第三人续建的情况，可结合当事人提供的证据、工程的状态综合认定。对于承包人未完工工程已由第三人续建的情况，最高人民法院的意见认为，在工程交由第三人续建之前，应首先对续建前承包人施工的工程情况予以确认，否则，导致质量责任无法确定的话，则可推定续建前承包人施工的工程质量合格。

5）未竣工工程价款优先受偿的范围中承包人建设工程范围的确定：如果在停工后，工程续建之前，双方对已施工工程量进行了确认，则以确认的工程量为准，司法解释（一）曾规定："当事人对工程量有争议的，按照施工过程中形成的签证等书面文件确认。承包人能够证明发包人同意其施工，但未能提供签证文件证明工程量发生的，可以按照当事人提供的其他证据确认实际发生的工程量"。如果当事人未能提供签证文件证明工程量，可按照当事人提供的其他证据确认工程量，确有必要，可以通过建设工程司法鉴定或者其他方式确定。

6）未竣工工程价款优先受偿的范围中承包人建设工程价款的确定：对于材料费、人工费等其他价款的确定在实际工程中并没有太多的争议，而对于利润的确定却有着许多不同的看法。根据最高人民法院的权威观点，未完工程的预期可得利润属于违约造成的损失范畴，不能就建设工程的折价或拍卖优先受偿。

7）因承包人过错造成建设工程未竣工的，不能影响其建设工程优先授权的效力。其原因有三种：一是，从原文中只是以建设工程的质量合格与否确定优先受偿权的效力，与承包人过错无关；二是，优先受偿权制度设立的目的是解决工人工资拖欠问题，保障工人合法权益，与承包人无关；三是，当承包人过错致使工程未竣工时，发包人应追究承包人的法律责任以保障自身利益。

（5）建设工程价款优先受偿权的范围

司法解释（二）第二十一条规定："承包人建设工程价款优先受偿的范围依照国务院有关行政主管部门关于建设工程价款范围的规定确定。承包人就逾期支付建设工程价款的利息、违约金、损害赔偿金等主张优先受偿的，人民法院不予支持。"

1）建设工程价款优先受偿权的范围包括全部工程价款。不过，需要指出的是，本条规定中并没有罗列这些价款的具体构成项目，而是直接依据国务院有关部门关于建设工程价款的组成部分的规定，若以后，国务院相关规定发生了变动，则本条所涉及的价款范围也应随之变化。

2）逾期支付工程价款的利息违约金、损害赔偿金等不属于建设工程价款优先受偿的范围。

3）发包人从建设工程价款中预扣的工程质量保证金，可就建设工程折价或者拍卖的价款优先受偿。因为，工程质量保证金本质上是工程价款的一部分，其设立的目的就是保证工程质量，而优先受偿的工程价款的范围就是全部的工程价款且其前提是工程质量合格，因此，工程质量保证金需要在优先受偿的范围中。

4）实现建设工程价款优先受偿权的费用不能就建设工程折价或者拍卖的价款优先受偿。这是由于这项费用的形成是在实现优先权的过程中，不属于工程价款的范围，且优先受偿权的设立就已经很大程度地保护了承包人的利益，为了均衡双方权益，也不宜将优先受偿的范围扩大。

（6）优先受偿权的行使期限

司法解释（二）第二十二条规定："承包人行使建设工程价款优先受偿权的期限为六个月，自发包人应当给付建设工程价款之日起算。"

1）建设工程价款优先受偿权的行使期限为六个月，且为除斥期间，其不受当事人的约定加以改变。

2）建设工程价款优先受偿权的成立时间以其优先权行为也就是建造行为合法依约结束之时为准。其原因大概出于以下几点：一是，按照规定，权利的范围应当具体明确，当建造行为完成之时，其范围能得以明确；二是，建造行为依约合法完成，优先权成立，此时，建筑物真正具有不动产属性，成为法律上的物；第三，建造行为完成之时，建设工程施工合同价款的主债务的数额就已确定，而主债权又与优先权同时成立；第四，未经竣工验收的工程不可以办理房屋所有权的首次登记，不能发生房屋所有权变动。

3）行使建设工程价款优先受偿权的起算时间应为债权未获满足之时，这并不是一个具体特定的时间，其原因在于，最高人民法院在起草解释过程中考虑到，其不可能穷尽所有的应当支付工程款的情形，因此，将这一时间确定的比较宽泛。

4）应付工程价款之日的情况比较复杂。当合同有明确约定的情况下，按照约定；如果合同无效，但工程竣工验收合格，可参照合同约定来确定的时间确定工程价款的应付时间；当合同解除或是中止履行时，如果已完成工程质量合格，其起算时间应遵从约定，如果解除合同之时工程尚未完成，首先应当充分尊重当事人意思自治，如果当事人双方就价款数额有争议而提起诉讼或仲裁的，应付款之日应当以当事人提起诉讼之日起算；当双方当事人对于付款时间没有约定或是约定不明时，情况比较复杂，如果建设工程已实际交付，则以交付之日作为付款时间，如果尚未交付，但已按照约定时间提交竣工结算文件且发包人未及时答复，应以提交结算文件之日为准，如果未交付工程也未提交结算文件，应以一审原告起诉时间为准。

5）对于分期施工、阶段付款的建设工程施工合同，承包人主张阶段性工程价款的合同仍在履行中的，应以工程最终竣工结算后所确定的工程价款应付的时间作为优先受偿权的起算点。

6）以工程最终的竣工总价款的应付款时间作为建设工程优先受偿权的起算时间。

7）优先受偿权的应付款时间是否由发包人与承包人的协议而延长视双方的实际意图而定。如果双方恶意串通则不能延长，如果双方是善意的，确实有特殊原因则应充分尊重当事人意见。

（7）优先受偿权事前放弃的权利

司法解释（二）第二十三条规定："发包人与承包人约定放弃或者限制建设工程价款优先受偿权，损害建筑工人利益，发包人根据该约定主张承包人不享有建设工程价款优先受偿权的，人民法院不予支持。"

1）建设工程施工合同双方可以约定放弃优先受偿权也可以约定限制优先受偿权。如果约定放弃优先受偿权，则承包人对于工程价款的主张就是普通的债权且其清偿顺序排在抵押权之后；若约定限制优先受偿权，则优先受偿权的属性还是没有发生变化，还具有优先性。

2）承包人可以事前放弃也可以嗣后放弃或者限制其优先受偿权。

3）对于承包人放弃或者限制优先受偿权的意思表示，可以由承包人与发包人签订合同约定，也可以做出放弃或限制权利的单方承诺。

4）建设工程施工合同双方对于优先受偿权的放弃或者限制的约定不得损害建筑工人的利益。上文反复强调，优先受偿权设立的目的就是为了更好地保护建筑工人的利益，因此，承包人对于优先受偿权的处置必须以更好地实现建筑工人的利益为前提。

7. 缺陷责任期与质量保证金问题

缺陷责任期与质量保证金的相关法律规范的变化主要体现在《建设工程施工合同（示范文本）》（2017-0201）中，在2017版示范文本中，相对于2013的版本的九处变动均涉及这两个问题，同时，司法解释（二）中对于质量保证金的问题也有涉及。缺陷责任期与质量保证金向来是工程实践的重点问题，对于他们的处理是建设工程法律风险控制的一大重要环节。

（1）修改后的示范文本中通用条款1.1.4.4的具体内容

“缺陷责任期：是指承包人按照合同约定承担缺陷修复义务，且发包人预留质量保证金（已缴纳履约保证金的除外）的期限，自工程实际竣工日期起计算。”

相比较于上一个版本，增加了“已缴纳履约保证金的除外”这一补充内容。这一变动使得承包方的法律风险得以减轻，使承包方不用过分的背负双重保证金的负担，对于企业资金的周转有着积极意义。

质量保证金，其作用顾名思义，就是用来保证承包方施工质量的担保；履约保证金，是以担保承包人在施工过程中全面履行合同的保证金。二者虽然有一些区别，但是，履约保证金中“担保施工过程中全面履行合同”的“全面履行合同”范围必然是包括了工程质量，那么，已提交了履约保证金的承包人也就没有必要再就工程质量做一遍担保，这样也有利于建设市场各方的利益平衡。因此，对于这一变化，承包方应该积极响应，以合理减轻自身风险。

（2）修改后的示范文本中通用条款14.1的内容

“除专用合同条款另有约定外，承包人应在工程竣工验收合格后28天内向发包人和监理人提交竣工结算申请单，并提交完整的结算资料，有关竣工结算申请单的资料清单和份数等要求由合同当事人在专用合同条款中约定。

除专用合同条款另有约定外，竣工结算申请单应包括以下内容：

① 竣工结算合同价格；

② 发包人已支付承包人的款项；

③ 应扣留的质量保证金。已缴纳履约保证金的或提供其他工程质量担保方式的除外；

④ 发包人应支付承包人的合同价款。”

相较于上一版本，在本条第二款第三项中增加了“已缴纳履约保证金的或提供其他工程质量担保方式的除外”如上文所述，这一变动减轻了承包人的法律风险。

（3）修改后的示范文本通用合同条款15.2.1内容

“缺陷责任期从工程通过竣工验收之日起计算，合同当事人应在专用合同条款约定缺陷责任期的具体期限，但该期限最长不超过24个月。

单位工程先于全部工程进行验收，经验收合格并交付使用的，该单位工程缺陷责任期自单位工程验收合格之日起算。因承包人原因导致工程无法按合同约定期限进行竣工验收的，缺陷责任期从实际通过竣工验收之日起计算。因发包人原因导致工程无法按合同约定期限进行竣工验收的，在承包人提交竣工验收报告90天后，工程自动进入缺陷责任期；发包人未经竣工验收擅自使用工程的，缺陷责任期自工程转移占有之日起开始计算。”

这一条相较于上一版本是变更内容，变更后的内容为：第一款中缺陷责任期的起算时间为“工程通过竣工验收之日起计算”，第二款中增加“因承包人原因导致工程无法按合同约定期限进行竣工验收的，缺陷责任期从实际通过竣工验收之日起计算。”变更内容“在承包人提交竣工验收报告90天后，工程自动进入缺陷责任期”。

从整体看本条的三处改动，我们发现，新的条款较之上一版本，其双方的权利义务关系更加均衡，对于缺陷责任期的起算时间的规定也更加细致。

具体而言。第一处变动使得缺陷责任期的起算时间更加科学、合理。修改之前的起算时间规定为“实际竣工日期”，我们知道，竣工验收合格的工程，其实际竣工日期为承包人向监理方提交竣工验收申请之日，很明显，实际竣工日期要早于工程通过竣工验收的日期。我们知道，工程通过竣工验收之后方可成为“施工合格的工程”，而之前的缺陷责任期的功能就是担保工程质量合格，其起算时间当然是从工程确认合格、完全从承包人手中移交的时间，这样，合理地增加了承包人的法律风险，更能促使承包人积极地保证工程质量。

第二处的变动也是意旨减轻发包人的法律风险从而保证工程质量。

第三处的变动则限制了发包人权利使得双方的利益得以平衡。这一个变动也比较有效地敦促发包人在收到承包人竣工验收报告后及时开展验收工作。

（4）修改后的示范文本中通用条款15.2.2规定

“缺陷责任期内，由承包人原因造成的缺陷，承包人应负责维修，并承担鉴定及维修费用。如承包人不维修也不承担费用，发包人可按合同约定从保证金或银行保函中扣除，费用超出保证金额的，发包人可按合同约定向承包人进行索赔。承包人维修并承担相应费用后，不免除对工程的损失赔偿责任。发包人有权要求承包人延长缺陷责任期，并应在原缺陷责任期届满前发出延长通知。但缺陷责任期（含延长部分）最长不能超过24个月。

由他人原因造成的缺陷，发包人负责组织维修，承包人不承担费用，且发包人不得从保证金中扣除费用。”

修改后的条文增加、变更了第一款的前两句的内容，增加了第二款。总体来讲，新内容增加了承包人的责任，同时，也本着最大程度保证工程质量的原则对维修事项做出了安排。另外，对于缺陷责任期最长期限进行了更详细的限制，增加“含延长部分”。

其实，前后两处的变动本质上都是在规定一个内容：工程出现缺陷，优先由承包人进行维修。承包人是建设整个工程或是大部分工程的单位，对于工程必然是最熟悉的，交由承包人维修必然会使工程得到最好的修复。

（5）修改后的示范文本中通用条款 15.3 规定

“经合同当事人协商一致扣留质量保证金的，应在专用合同条款中予以明确。

在工程项目竣工前，承包人已经提供履约担保的，发包人不得同时预留工程质量保证金。”

较之前一版本“经合同当事人协商一致扣留质量保证金的，应在专用合同条款中予以明确。”的表述增加了“在工程项目竣工前，承包人已经提供履约担保的，发包人不得同时预留工程质量保证金。”

履约保证金与工程质量保证金从本质上性质相同，其所担保的区间也大致相同，所以本示范文本的修订特别将履约保证金的问题考虑进来以保证承包人的合法权益。

（6）修改后的示范文本中通用条款 15.3.2 规定

“质量保证金的扣留有以下三种方式：

（1）在支付工程进度款时逐次扣留，在此情形下，质量保证金的计算基数不包括预付款的支付、扣回以及价格调整的金额；

（2）工程竣工结算时一次性扣留质量保证金；

（3）双方约定的其他扣留方式。

除专用合同条款另有约定外，质量保证金的扣留原则上采用上述第（1）种方式。

发包人累计扣留的质量保证金不得超过工程价款结算总额的 3%。如承包人在发包人签发竣工付款证书后 28 天内提交质量保证金保函，发包人应同时退还扣留的作为质量保证金的工程价款；保函金额不得超过工程价款结算总额的 3%。

发包人在退还质量保证金的同时按照中国人民银行发布的同期同类贷款基准利率支付利息。”

相较于前一版本 2017 版的示范文本新增了几项内容：“发包人累计扣留的质量保证金不得超过工程价款结算总额的 3%”“保函金额不得超过工程价款结算总额的

3%”与“发包人在退还质量保证金的同时按照中国人民银行发布的同期同类贷款基准利率支付利息”。

我们可以看出，这一处的改动明确地限制了发包人所索要保证金额的限度，为承包人减轻了负担。

(7) 修改后的示范文本中通用条款 15.3.3 规定

“缺陷责任期内，承包人认真履行合同约定的责任，到期后，承包人可向发包人申请返还保证金。

发包人在接到承包人返还保证金申请后，应于 14 天内会同承包人按照合同约定的内容进行核实。如无异议，发包人应当按照约定将保证金返还给承包人。对返还期限没有约定或者约定不明确的，发包人应当在核实后 14 天内将保证金返还承包人，逾期未返还的，依法承担违约责任。发包人在接到承包人返还保证金申请后 14 天内不予答复，经催告后 14 天内仍不予答复，视同认可承包人的返还保证金申请。”

而在前一版本的示范文本中，对于质量保证金的退还问题仅仅规定了一句“发包人应按 14.4 款〔最终结清〕的约定退还质量保证金。”

这一条的规定将质量保证金退还的程序以及相关问题进行细化明确减小了在该领域上争议产生的可能性。

(8) 修改后的示范文本中通用条款 15.3 规定

“关于是否扣留质量保证金的约定：在工程项目竣工前，承包人按专用合同条款第 3.7 条提供履约担保的，发包人不得同时预留工程质量保证金。”

相较于上一版本增加了“在工程项目竣工前，承包人按专用合同条款第 3.7 条提供履约担保的，发包人不得同时预留工程质量保证金。”的内容。

(9) 修改后的示范文本中附件 3——缺陷责任期规定

“工程缺陷责任期为________个月，缺陷责任期自工程通过竣工验收之日起计算。单位工程先于全部工程进行验收，单位工程缺陷责任期自单位工程验收合格之日起算。

缺陷责任期终止后，发包人应退还剩余的质量保证金。”

在这一条的改动很明显是响应上述第二条。

8. 竣工验收相关法律风险

工程竣工验收指建设工程项目竣工后开发建设单位会同设计、施工、设备供应单位及政府监督部门，对该项目进行全面的检验，取得竣工合格资料、数据和凭证，竣工验收合格的项目方可交付业主使用。承包单位向发包单位按期提供质量合格的建筑是其最主要的义务和责任，工程质量问题不仅关乎承包方能否获得工程款，更重要的是关乎社会公共利益和安全，关乎他人的生命健康权利。我国先后颁布了很多法律法规，用以保障工程的质量，其中对工程竣工交付及交付后施工承包人的工程质量、保修责任和赔偿责任都有具体规定。

（1）竣工日期争议的风险及风险应对

1）竣工日期发生争议

《房屋建筑工程竣工验收规定》第五条列举了达到竣工验收的十一个条件，达到这十一个条件，工程即可办理竣工验收。在实务操作中，在有些情况下对于工程竣工的日期会有很大的争议，完工之日和竣工验收合格的日期经常会不一致，究竟以哪一个时间为准至关重要。因为竣工日期与工程款的支付、起算利息的日期、风险转移等问题有很大关系。

2）竣工日期发生争议的原因

《建设工程质量管理条例》颁布实施后，政府不再参与建设工程的竣工验收工作，而由建设单位组织设计、施工、工程监理等有关单位进行验收或自行进行验收，因而竣工验收工作的主导权在于发包人。现实中，很多情况下承包单位虽然完成了项目并向发包方提交了竣工验收报告，发包人却会出于各种原因不予组织验收，其中最主要是由于发包方的资金紧张，从而故意拖延。

3）竣工日期确定的原则

在建设工程合同中，承包人的义务是按照合同约定的期限、质量标准完成其承包的建设工程任务。对于双方之间因逾期竣工违约产生的纠纷，首先需要对承包人的施工时间即工期做出正确的认定，据此判断承包人是否存在逾期竣工的违约事实。最高院《关于审理建设施工合同纠纷司法解释》第十四条规定，当事人对建设工程实际竣工日期有争议的，按照以下情形分别处理：建设工程经竣工验收合格的，以竣工验收合格之日为竣工日期；承包人已经提交竣工验收报告，发包人拖延验收的，以承包人提交验收报告之日为竣工日期；建设工程未经竣工验收，发包人擅自使用的，以转移占有建设工程之日为竣工日期。

4）施工单位应对建设单位不及时验收的措施

项目具备竣工验收条件的，施工企业要按照合同约定的内容，向发包单位提供竣工验收报告，要确保报告已经送达发包单位，并注意保留相关证据；竣工之前，要按照合同的约定保质保量完成任务。

(2) 未经验收交付使用的风险及风险应对

1) 未经竣工验收就交付使用的表现

在实务中，很多建设单位都会在工程未经过竣工验收就私自使用，这种未经验收就使用的现象产生的原因主要还是因为使用方基于自身的原因急于使用工程，但也有几种不同的情形：一种是业主或者使用方强行进驻，不与施工方进行验收；另一种是业主和施工方达成某种合意，在没有经过验收程序的情况下，就进行工程的交接使用。但无论哪种情形，都是违反了法律有关未经验收不得使用的规定，只不过前一种情况施工方可能没有过错，因为是业主方强行使用，而后一种情况施工方也存在违反法律的行为，在相应的处罚方面有所不同。

2) 未经竣工验收交付使用的原因

现实中，承包单位虽然已经完成项目并且也向发包单位提交了竣工验收报告，但是发包单位却会找各种各样的原因不进行验收，其中最主要是由于发包单位资金紧张，从而故意拖延。

3) 我国法律对未经验收即使用的规定

《建筑法》第六十一条规定，建筑工程竣工经验收合格后，方可交付使用；未经验收或者验收不合格的，不得交付使用。司法解释（一）第十四条规定，当事人对建设工程实际竣工日期有争议时，建设工程未经竣工验收，发包人擅自使用的，以转移占有建设工程之日为竣工日期。司法解释（一）第十三条规定，建设工程未经竣工验收，发包人擅自使用后，又以使用部分质量不符合约定为由主张权利的，不予支持；但是承包人应当在建设工程的合理使用寿命内对地基基础工程和主体结构质量承担民事责任。

4) 施工单位应对未经竣工验收交付使用的措施

若发包单位未经竣工验收却提前使用项目，承包单位应当通过书面的形式向发包单位说明该项目尚未进行竣工验收，保存好发包单位使用项目的照片、新闻报道等，为今后抗辩发包单位提出质量问题做准备。

(3) 工程质量保修期内的法律风险及风险应对

1) 工程质量保质期内风险的表现

项目若要交付使用，必须通过竣工验收，满足法律法规的强制性规定，还要达到合同约定的标准。交付竣工验收的项目必须符合规定的质量标准，若出现质量问题，质量保修期的责任主要落在施工方肩上。因施工方的原因导致建筑物的质量不合格的，施工方要承担违约、给予赔偿、返修等责任；若偷工减料使用不合格材料等原因造成工程质量不合格的，还会承担行政责任，政府主管机关会给予相应的惩罚。

2）工程质量出现问题时的应对措施

建筑物外墙装饰等，某部位的建筑物件自身损毁、老化的（未发生第三方损害或损害危险），若合同当事人事先约定将设计使用年限作为该工程的保修期限，承包人应在该期限内承担保修责任。

在建筑物合理使用期内的保修责任与建筑物合理寿命期内造成他人财产人身损害的质量责任的区别在于，基础设施和主体结构在合理使用期内发生质量问题，无论是否造成第三方损害，属于承包人责任的，都必须无偿进行修理甚至返工；而建筑物在合理使用期内无论是否是基础设施或主体结构，只要是组成建筑物的建筑物件或建筑整体因质量问题坠落、倒塌造成第三方损害或损害危险的，属于承包人施工质量责任的，承包人应承担赔偿责任或支付消除危险的费用。

（4）工程质量保修期届满后的风险及风险应对

1）工程质量保修期届满后风险的表现

质量保修期届满后，意味着另一个责任期的开始，即进入损害赔偿责任期。我国立法对此规定得很严格，对于建筑物的地基、主体部分，不管保修期过了没过，若由于质量原因造成了损害，相关责任者必须承担相应的责任。

2）工程质量保修期届满后产生质量问题的原因

建筑物的保质期届满后，由于建筑物自身损毁、老化等原因，会出现各种各样的质量问题。然而对于地基和主体，不仅仅因为使用时间久了，更有可能是因为在施工过程中偷工减料或者技术方面的原因导致的。

3）工程质量保修期届满后保修的法律规定

建筑物外墙装饰等部位的建筑物件自身损毁、老化的（未发生第三方损害或损害危险），若合同当事人未将设计使用年限作为项目的保修期，约定的或法定的保修期之外的建筑物件毁损，承包单位不承担修理或赔偿的责任，由建设单位、物业或者产权人自行处理。

超过保修期多年，建筑物在使用期内坍塌或建筑物件脱落导致第三方损害或存在着损害的危险，如果与施工质量问题有关，施工单位应承担相应的赔偿责任和支付消除危险的费用。

施工方在交付项目的时候，针对房屋质量向发包方做出承诺保证的书面文件，其中约定建筑物的保修期限，是指施工方对保修期内出现的保修范围内的质量问题无条件修复的期限，并非对工程质量承担瑕疵担保责任的期限，保修期届满，并不影响建设单位要求施工单位承担瑕疵担保责任。

4）工程质量保修期届满后质量出现问题的应对

首先要明确施工方对建筑物保修的范围有哪些，使用方法不正当、当事人双方以外的第三者有意或者无意造成的质量缺陷等，这些均不是施工方保修的范围，出现这些情况时施工单位没义务进行保修。瑕疵担保责任是在工程交付之前都已经存在，该瑕疵担保责任并不受保修期的影响，但如果要让施工单位承担该瑕疵的责任，必须具备以下几个条件：建筑物有质量瑕疵。瑕疵必须是在建筑物转移到买受者之前就有的；买受善意且无其他过失；买受人须适时履行通知义务，因此，如果买受人明知标的物存在瑕疵而买受人在知道或者应当知道标的物存在瑕疵的一定期限内没有履行通知义务的，瑕疵担保责任将被免除。

9. 分包、转包与代建法律风险

最高人民法院司法解释（一）第 1 条和第 4 条分别规定没有资质的实际施工人借用有资质的建筑施工企业名义签订的施工合同、承包人非法转包和违法分包等三种合同无效情形。这是否意味着在转包、分包和借用资质情形下签订的所有施工合同一律无效？在该司法解释实施后，理论界和实务界对建设工程施工合同效力问题，特别是对转包、分包和借用资质情形下的合同效力认定争议并未消除，合同效力认定仍然是审理此类案件的难点问题。当前建筑市场中的转包、分包和借用资质的行为与 10 年前相比仍然普遍存在，大部分施工合同纠纷中涉及不同主体间的多个合同关系。

对于建筑工程项目中转包、分包和借用资质签订合同的行为，《合同法》《建筑法》和《建设工程质量管理条例》中有相关的条款予以规范。这些法律、行政法规的规定是司法解释（一）对此类合同的效力进行规制的依据。研究转包、分包和借用资质情形下的合同效力问题首先要对法律、法规的相关规定进行考察，并在此基础上对司法解释（一）有关效力条款进行探讨。

《合同法》第 16 章是专门规范建设工程合同关系的，该章第 272 条涉及本文讨论的转包、分包问题。第 272 条第 2 款、第 3 款分别对承包人将建设工程转包、分包给不具备相应资质的单位，再分包和将主体工程分包等几种行为做了禁止性规定。

除了针对转包和分包行为的禁止性规定外，《合同法》第 16 章并未对借用资质签订合同的行为作出规定。

《建筑法》涉及转包、分包和借用资质行为的条款较多，大部分是禁止性条款。第 26 条第 2 款对建设施工企业超越资质承揽工程，出借资质和借用其他企业名义承揽工程做了禁止规定。第 28 条规定禁止转包或以肢解分包名义的转包。第 29 条第 1 款则规定允许承包人将非主体部分工程发包给具有相应资质条件的分包单位，但列出了限制条件即合同有约定或建设单位认可。第 29 条第 3 款将分包给不具备相应资质条件的单位和再分包列入禁止范围。《建筑法》还在第 7 章法律责任中对违反上述规定的行为规定了相应的法律责任和行政处罚。归纳起来《建筑法》禁止的行为包括借用和出借资质、任何转包、未经建设单位许可的分包、分包给不具备相应资质的单位、再分包和将主体工程分包。

除了《合同法》和《建筑法》分别在私法和公法层面对转包、分包和借用资质签订合同的行为规制外，《建设工程质量管理条例》作为行政法规对转包、分包和借用资质的行为的规范更为详细。《建设工程质量管理条例》第 25 条第 2 款与《建筑法》第 26 条第 2 款的表述基本相同。第 25 条第 3 款规定“施工单位不得转包或者违法分包工程”，并在第 9 章附则第 78 条中对转包和违法分包的种类做了详细划分。其中转包包括将全部建设工程转给他人或者将全部建设工程肢解以后以分包的名义分别转给其他单位承包两种行为。违法分包则具体列举了 4 种情形，包括了《合同法》第 272 条规定的将工程分包给不具备相应资质的单位、将工程主体结构的分包、再分包和《建筑法》第 29 条规定的承包人未经发包人同意将工程分包的 4 种情形。

综合上述法律、法规的相关规定可以看出，对于建设工程领域的转包、分包和借用资质行为，法律对任何转包行为（包括全部转包和以分包名义肢解转包）、部分分包行为（具体为《建设工程质量管理条例》中定义的四种违法分包）、借用或出借资质的行为持否定态度，并做了禁止性强制性规定。司法解释（一）在上述法律规定的基础上，进一步明确指出了“没有资质的实际施工人借用有资质的建筑施工企业名义的”合同、非法转包和违法分包 3 种无效情况。但在转包、分包和借用资质情形下，实际存在 2 个层级 6 种合同。

第一个层级是发包人与承包人之间的合同，包括在具有转包、分包和出借资质情形时发包人与承包人签订的 3 种建设工程施工合同。司法解释（一）只规定了借用资质签订的建设工程施工合同无效，但未指出有资质的企业借用其他施工企业名义签订的建设工程施工合同是否有效，也没有对工程具有转包、分包的情形时发包人与承包人的合同效力做出明确规定。此时施工合同的效力是否会因转包、分包和出借资质的情形不同而各异、还是都应当认定无效，在司法解释（一）中找不到答案，在实践中争议也很大。此为本文分析的第一个问题。

第二个层级是承包人在将工程转包、分包或出借资质时与转包人、分包人和借用资质的实际施工人签订的转包、分包和借用资质合同。司法解释（一）未涉及出借资质的承包人与借用资质的实际施工人之间合同效力问题，第二个层级下的合同转包、分包合同是否都应认定为无效，还是也要具体区分情况认定，这是本文分析的第二个问题。

（1）第一层级合同

发包人与承包人之间建设工程施工合同的效力分析：

首先，笔者对第一层级合同分转包、分包情形下的合同效力和借用资质情形下的合同效力两个问题来讨论。

1）在承包人将工程转包或者分包的案件中，发包人与承包人之间的合同效力如何认定？

如何认定发包人与承包人之间的合同效力有两种观点。

一种观点认为此情形下发包人与承包人之间的合同应为有效，理由是发包人与承包人之间的合同既未违反法律、法规的强制性规定，也不具有合同无效的其他因素，因此应当认定双方合同合法有效。另一种观点认为此种情形下发包人与承包人之间的合同也应认定无效，因为转包和分包工程的实际施工人在大多数情况下是没有相应资质的单位和个人，此类工程实际是由无资质的实际施工人施工，与借用资质签订的施工合同本质上相同，同样是违反了《建筑法》的强制性规定，因此应当认定合同无效。

笔者认为第一种观点更符合合同的效力认定原则。通常情况下此类合同不具有无效的因素，不宜认定为无效合同，除非发包人明知或积极追求承包人转包和违法分包工程的后果。

首先，此类合同不存在无效因素，认定合同无效不符合合同法效力理论和原则。虽然司法解释（一）规定了转包和违法分包行为无效，但承包人自身具备相应的施工资质，符合《建筑法》的规定，与发包人之间签订合同也不存在其他无效因素，认定合同无效没有依据。转包和分包行为在时间逻辑上是发生在发包人与承包人的合同签订后，是在建设工程施工合同履行过程中发生的因素。绝对无效的合同自始无效，其无效因素在合同签订时就应该存在，不能以合同履行是否合法作为判断之前已经成立的合同效力的依据。因此，如认定合同无效既无法律依据，也违背合同无效理论。

其次，在承包人违法分包的合同中，承包人一般还存在其他未分包的工程，由于整个工程是作为一个整体与发包人结算，如果否定合同的效力，将否定承包人未分包部分的工程依据有效合同结算的权利，也将否定发包人依据合同追究承包人违约责任的权利。

再次，如果发包人明知或者积极追求承包人非法转包、违法分包工程的，应视为发包人与承包人双方故意规避法律对施工资质要求的强制性规定，可以认定合同无效。笔者认为，此种情形下，可以撇开法律对施工资质的要求是否为效力性强制性规定的争议，直接从其行为本身的危害性角度分析认定合同无效。这是因为发包人与承包人合谋转包、违法分包工程的行为规避国家对工程施工的监管，会危害工程质量安全，由于工程质量安全涉及社会公共利益，因而发包人和承包人的行为是损害社会公共利益的行为，可以依据《合同法》第 52 条第 4 项的规定给予合同否定性评价。这个观点在最高人民法院民一庭的一个指导性案例中有所体现。在这个案例中，发包人甲公司与实际施工人张某、承包人乙公司达成一致，由张某通过挂靠乙公司的方式承揽工程。甲、乙公司签订《建设工程施工合同》后，乙公司与张某签订了一份《承包合作协议》，协议约定工程由张某承包，自负盈亏，乙公司委托张某以乙公司第 18 项目经理部的名义负责工程的组织和管理。后因施工质量问题，甲公司起诉请求解除合同，返还施工现场。张某起诉甲公司请求支付拖欠的工程款及利息。法院认为，在发包人对借用资质的情况是明知或故意追求的情况下，发包人、承包人和借用资质的实际施工人在主观上构成恶意串通，在客观上规避了国家关于资质的强制性规定，且形成了侵害国家利益的效果，因此应当归于无效。虽然该案例是对借用资质情形下的合同效力分析，在建筑市场和房地产开发实践中，发包人在与承包人签订合同时双方就明确承包人应将工程转包或部分分包给其指定的无资质的施工人的情况也很常见，两种情形下理由是一致的。当然有一点需要指出，如果发包人在与承包人签订建设工程施工合同后，指定承包人将部分非主体工程分包给实际施工人，不宜否定发包人与承包人之间建设工程施工合同的效力。

2）发包人与出借资质的承包人之间签订的施工合同是否无效。

根据前面的分析，转包情形下发包人与承包人的合同通常认定为有效，而司法解释（一）第1条规定没有资质的实际施工人借用有资质的建筑施工企业名义签订的合同无效，这意味着人民法院对转包和借用资质两种情形下发包人与承包人的合同效力认定完全相反。由于司法实践中转包和借用资质签订的合同实际上很难区分，这就给法官审理此类案件带来极大困扰，也使我们对司法解释（一）将借用资质下的发包人与承包人的合同规定为无效是否有充分的法律和法理依据产生合理质疑。

笔者认为，司法解释（一）第1条将借用资质下发包人与承包人的合同规定为无效，无论是法律还是法理依据都不充分。在转包和借用资质两种情形下发包人与承包人之间的建设工程施工合同在本质上并没有区别，在认定这两种合同的效力上应当坚持同样的效力判断标准，这两种合同通常情况下都应当认定有效，除非如前文所分析的发包人签订合同时明知或积极追求出借资质的后果。

首先，司法解释（一）规定出借资质签订的合同无效法律依据不充分。《建筑法》作为一部公法，主要是从对建筑行业的秩序监管，保证工程质量和安全的角度对建筑资质管理的强制性规定。司法解释（一）出台时，最高人民法院《关于适用〈合同法〉若干问题的解释（二）》尚未出台时，理论和实务界对将法律的强制性规定区分为效力性强制性规定和管理性强制性规定尚无统一意见。司法解释（一）起草者并未对法律、法规有关转包、分包和借用资质的强制性规定属于效力性规定还是管理性规定进行区分，而是直接将借用资质的行为理解为《合同法》第52条第5项“违反法律、行政法规的强制性规定”的行为，从而推导出违反资质管理规定的合同无效。笔者认为，即使将《建筑法》关于借用资质的规定理解为《合同法》第52条第5项中的效力性强制性规定，也不能得出发包人与出借资质企业之间施工合同无效的结论。禁止借用和出借资质是《建筑法》对建筑行业进行资质许可管理的需要，《建筑法》第26条和《建设工程质量管理条例》第25条规制的对象是借用和出借资质的行为，针对的主体是出借资质的企业和借用资质的企业或个人，并非规制发包人和出借资质企业之间的合同行为，不是针对出借资质的企业和发包人。在这一点上，禁止出借资质与禁止转包是相同的。法律禁止转包，司法解释（一）规定转包合同无效，但并不意味着发包人与承包人的合同一定无效。发包人与出借资质的企业间的合同效力应当根据合同当事人双方之间的合同要素独立判断。

其次，虽然在逻辑上可以区分转包和借用资质情形下发包人与承包人的合同，但实际上不但司法解释（一）的起草者无法区分这两种合同，在司法实务中法官也同样无法区分这两类合同。司法解释（一）的起草者曾将认定借用资质的合同的重任系于审理案件的法官身上，“在起草司法解释（一）初期，我们曾试图将借用具有资质企业名义队伍承揽工程的形式予以概括，由于无资质的施工人借用其他建筑施工企业资质的形式的多样性及形式的不断发展变化，对这种涵盖没有实践基础。本司法解释（一）没有对使用具有法定资质条件企业名义对外承揽工程的形式进行概括，而将这一认定交给了法官，由法官根据案件的具体事实，来认定是否无资质施工人借用具有法定资质施工企业名义对外承揽工程。”但在司法实务中，法官对区分转包和借用资质情形下的施工合同同样束手无策。从签订合同时间上看，两种合同可以区分。通常实际施工人与承包人达成借用资质的协议后承包人才与发包人签订合同，而转包合同中，发包人与承包人签订合同时承包人尚未将工程转包或尚未与转包人签订转包合同。但在实践中，转包和借用资质基本都是以内部承包协议、项目责任制、挂靠协议、联营协议、合作协议、合伙协议等相同的外在形式建立转包和借用资质的关系。有时实际施工人与出借资质的企业仅有口头约定或会在发包人与承包人签订合同后再签订一个书面协议。承包人出借资质或者转包工程获得的都是以管理费、挂靠费、技术指导费、利润等类似名目表现的收益。加上当事人在诉讼中为了自身利益，可能会隐瞒部分证据，法官在审理案件时无法准确对两者进行区分。因此，司法解释（一）的该条规定不具备现实操作的基础。

再次，认定合同无效不利于保护诚信守法一方的合法权益，不利于实现《建筑法》《建设工程质量管理条例》的立法目的。笔者认为，司法解释（一）规定合同无效更有利于违法出借资质的承包人，反而不利于诚信守约的发包人。合同无效，发包人只能接受现实，参照合同约定支付工程款，却无权向出借资质的承包人主张违约责任以维护自身权益。虽然《合同法》也赋予了无过错的当事人向有过错一方主张赔偿损失的权利，但在司法实践中，按过错要求对方赔偿损失对发包人的保护与违约责任相比差距甚远。例如合同无效下的损失很难计算证明，而违约责任根据合同约定可以更好举证；合同有效发包人可以主张违约责任抵扣其应付的工程款；发包方在合同无效无法行使合同解除权等。法律倡导的价值对市场主体的行为预期影响很大，认定合同无效让不受诚信的违法者付出的代价更少，获利更多，自然会导致一些建筑企业出借资质无所顾忌，反而不利于实现《建筑法》相关规定的立法目的。实践中，还有少数出借资质的承包人为逃避承担违约责任以其行为违法为由恶意抗辩要求确认合同无效，“这种状况不利于强化合同必须严守和交易中的诚信观念”“从而使合同无效制度成为其追求某种不正当甚至违法利益的手段”。诚实信用原则和实现立法目的是我们认定合同效力时的重要考虑因素，如果否定合同效力会损害法律倡导的诚实信用原则的实施和立法目的的实现，那我们就应反思这项规定的合理性。

维护发包人与承包人的合同效力，不会肯定承包人出借资质的行为的合法性，不影响《建筑法》有关禁止承包人出借资质条款的实施，行政机构可以对承包人出借资质的违法行为和实际施工人借用资质的行为进行行政处罚。人民法院审理此类案件时，确认合同有效，工程已完工的，可以依据发包人与承包人之间的合同进行裁判确认工程价款；工程未完工的，可以根据发包人的请求判令解除合同，由于承包人自身具备施工资质，也可以根据发包人的请求判令承包人直接继续履行合同。

另外，实践中还存在有资质的实际施工人借用他人名义签订合同的情形，当然这种情形比较少，主要发生在借用人由于某种事由无法以自己的名义签订合同、出借资质的企业市场知名度更高、信誉更好可以获得更大的机会签订合同等情形。笔者认为，此类合同与承包人将工程全部转包给有相应资质的单位，按照前面对转包情形下发包人与承包人合同效力的分析，也应当认定有效，此处不赘述。

因此，对第一层级发包人与承包人之间的施工合同，除非发包人明知或积极追求工程转包、分包和借用资质的后果，三种情形下的合同通常情况下不宜否定合同效力，应当维护市场交易安全，保障诚信守约方依据合同追究违约责任的权利。

（2）第二层级合同

承包人与转包人、分包人或者与借用资质实际施工人之间转包、分包和借用资质合同的效力分析：

第二层级合同包含三种合同关系，分别是承包人与转包人之间的转包合同关系、承包人与分包人之间的分包合同关系、出借资质的企业与借用资质的实际施工人之间的借用资质合同关系。下面分两个问题对这三种合同效力分别进行探讨。

1）如果承包人将建设工程转包、分包给具有相应资质的单位，双方之间的转包和分包合同是否有效。

司法解释（一）第4条规定非法转包和违法分包行为无效，在对该条规定的理解上，承包人将工程转包或分包给不具备相应资质的单位或个人，其转包或分包合同应认定为无效应无争议。但是，如果承包人与发包人签订建设工程施工合同后，将工程转包或分包给具备相应资质的施工企业，对这种情形下的合同是否仍应认定为无效在实践中存在争议。一种观点认为由于司法解释（一）第4条并未对非法转包和违法分包的实际施工单位资质作出规定，因而无论转包单位和分包单位是否具备相应的施工资质，均应认定无效。另一种观点认为，在转包单位和分包单位具备相应的施工资质的情形下，虽然转包和违法分包违反了《建筑法》和《建设工程质量管理条例》的规定，但此种转包和分包行为对工程质量影响较小，对社会公共利益危害也较小，认定该类合同无效的实质理由就不存在了，此种情况下应当认定转包合同和分包合同有效。

笔者认为，对此类合同，应从法律法规和司法解释（一）的立法精神和目的出发，结合相关规定综合分析认定这两种合同的效力。对承包人将工程全部转包或将工程肢解分包的，即使转包单位和分包单位具有相应施工资质也应认定合同无效；对承包人未经建设单位同意将部分非主体工程分包给具有资质的施工单位的，不宜认定合同无效。

首先，无论是《合同法》还是《建筑法》和《建设工程质量管理条例》均严格禁止工程转包行为。关于转包，《合同法》第272条并未将转包人限制在无资质的“第三人”，即无论“第三人”是否具有相应施工资质均在“不得”之列。《建筑法》第28条也做了类似的表述，同样未将“他人”限制为不具备施工资质的“他人”，从字义可以理解为无论“他人”是否具有相应施工资质均在“禁止”之列。《条例》对转包也有类似表述。上述法律法规均无一例外未区分转包单位是否具备相应施工资质，而是直接将转包列为“不得”或者“禁止”的行为，因此法律对转包行为的禁止性规定非常明确。

其次，《合同法》和《建筑法》均未明确禁止承包人将部分工程分包给具有相应施工资质的分包单位。《合同法》第272条第3款将禁止的范围限制在“分包给不具备相应资质条件的单位”，未对分包给出具备相应资质条件的单位做出禁止性规定。《建筑法》第29条第1款首先明确允许总承包单位将部分工程分包给具有相应资质条件的分包单位，只是将合同约定或建设单位认可作为一项限制性条件。《建筑法》第29条第3款明确禁止的行为是“禁止总承包单位将工程分包给不具备相应资质条件的单位。禁止分包单位将其承包的工程再分包”。因此，从《合同法》和《建筑法》的规定可以看出，法律明确禁止分包情形包括将工程分包给不具有相应资质单位的行为、将工程主体结构分包、再分包等情形，而对承包人将非主体工程部分分包给具有相应资质单位的行为采取了比较宽容的立法态度，仅仅是附加了一定限制性条件。因此，下一个问题就是“总承包合同约定的分包”“必须经建设单位认可”两项限制性条件是否构成认定此类合同无效的依据。笔者认为这类限制条件不能作为认定合同无效的依据，因为两项限制性条件实际上都取决于发包人一方的认可，而发包人不是分包合同的当事人。合同效力是否无效取决于该合同是否具有法律规定的无效事由，不会因为合同外第三人发包人的认可就改变合同的效力，因此这些限制不是判断此类合同效力的依据。

需要指出的是《建筑法》和《合同法》没有违法分包的概念，违法分包这个概念源于《建设工程质量管理条例》第 78 条。该条列有 4 种违法分包，其中第 2 种就是指承包人未经发包人允许将工程非主体部分分包给具有相应资质的单位的情形。从这个角度理解，司法解释（一）第 4 条规定的违法分包应该是包括了将部分非主体工程分包给具有相应资质单位的行为。笔者认为，虽然《建设工程质量管理条例》将分包给具有相应资质单位的行为列入违法分包情形，但不能将该条规定视为效力性强制性规定并作为认定此类合同无效的依据。如前段所述，《建设工程质量管理条例》第 78 条所定义的第 2 种违法分包实际上还是将合同效力认定取决于发包人是否认定分包合同这一不确定的事实。《建设工程质量管理条例》将此类合同定义为违法分包的意义在于如果分包合同违反了法律、行政法规的这些限制性条件将导致承包人的分包行为没有法律和合同依据，承包人将对发包人构成违约，可能承担违约责任。

再次，《建筑法》严格禁止没有施工资质的单位或个人承揽工程的立法目的是保障工程质量安全，维护社会公共利益。在承包人将非主体工程部分分包给具有相应资质分包人的情形下，由于分包人具备相应的工程施工能力，且是对工程非主体部分施工，对工程质量安全影响不大，认可此类合同的效力，不会损害社会公共利益。

因此，对转包合同和分包合同应区分不同情况认定其效力。由于法律、行政法规禁止一切形式的工程转包，因而不论转包人是否具备相应资质条件，转包合同均应认定无效。而分包合同中，对于承包人将工程分包给不具备相应资质条件、将主体工程分包和再分包的合同应当认定无效，但对于承包人将非主体工程部分分包给具有相应资质条件的分包人可以认定合同有效。

2）借用资质的实际施工人与出借资质的建筑工程施工企业之间的合同效力如何认定。

出借资质的企业一般通过收取挂靠费、管理费、技术费、承包费等获取非法收益，并向实际施工人提供印鉴、账户转账等各种施工所需文件手续和服务。实践中，借用资质的实际施工人与出借资质的建筑工程施工企业之间都会签订一份明确双方权利义务的协议。根据借用资质的实际施工人是否具有相应资质可以分为两种情况，一种是不具备相应施工资质的实际施工人借用其他建筑企业名义签订合同，另一种是自身具备相应施工资质的实际施工人借用其他建筑企业签订合同。司法解释（一）没有对实际施工人与出借资质的建筑工程施工企业间的合同效力做出明确规定，笔者认为无论实际施工人是否具备相应施工资质，借用资质的协议效力均应认定为无效。《建筑法》第 26 条未区分借用人是否具备相应资质，凡是借用他人名义承揽工程的行为均在禁止之列。借用人和出借人之间的协议违反了《建筑法》的强制性规定，本质上是危害建筑市场秩序，危害社会公共利益的行为，既符合《合同法》第 52 条第 5 项的无效事由，也符合《合同法》第 52 条第 4 项的无效事由。司法实践中对此类合同的效力认定基本没有争议。

首先，《建筑法》第 26 条第 2 款和《建设工程质量管理条例》第 25 条第 2 款禁止的行为包括出借资质和借用资质两种行为，两种行为表现形式是以协议方式由一方提供建筑工程施工资质，另一方以其资质名义开展建筑活动。《建筑法》和《建设工程质量管理条例》虽然未直接规定违反此项强制性规定的法律后果将导致协议无效，“但违反该规定如使合同继续有效将损害国家利益和社会公共利益，也应当认定该规定是效力性强制性规定。”出借资质和借用资质的行为，如允许其有效，从其危害性分析，不仅损害合同相对方发包人的合同利益，还将破坏国家对建筑市场资质监管秩序，对建筑质量安全造成影响，损害社会公共利益。因而《建筑法》和《建设工程质量管理条例》的规定属于《合同法》第 52 条第 5 项规定的效力性强制性规定，借用资质的协议应当认定为无效。

其次，《建筑法》第 26 条第 2 款和《建设工程质量管理条例》第 25 条第 2 款禁止的是借用资质的行为本身，而非主体的资格。借用者是因为无资质而借用，还是因为其他原因而借用他人资质不是此项规定的关注点，《建筑法》和《建设工程质量管理条例》的规定均未区分借用人是否具备相应的施工资质，因而即使出借人具备相应施工资质、出于其他原因而借用他人资质也违反了《建筑法》第 26 条第 2 款和《建设工程质量管理条例》第 25 条第 2 款的强制性规定，可以按照《合同法》第 52 条第 5 项的规定认定借用资质协议无效。

10. 联合体承包法律风险

工程建设联合投标中的联合体是一个临时性的组织，不具有法人资格。联合投标一般适用于结构复杂的大型建设项目，组成联合体的目的主要是为了增强投标竞争能力、弥补联合体各方技术力量的相对不足，同时减轻联合体各方因支付巨额履约保证而产生的资金负担，分散联合体各方的投标风险。

在以联合体投标的情况下，为规避风险，应特别注意以下事项：

（1）联合投标阶段风险防范要点

第一，联合体各方均应当具备承担招标项目的相应能力和相应的勘察、设计、施工、监理资格条件；由同一专业的单位组成的联合体，按照资质等级较低的单位确定资质等级。根据2003年颁布的《工程建设项目施工招标投标办法》（七部委第30号令）第43条规定，联合体参加资格预审并获通过的，其组成的任何变化都必须在提交投标文件截止之日前征得招标人的同意。如果变化后的联合体削弱了竞争，含有事先未经过资格预审或者资格预审不合格的法人或者其他组织，或者使联合体的资质降到资格预审文件中规定的最低标准以下，招标人有权拒绝。

第二，联合体各方应当签订联合投标协议，明确约定各方拟承担的工作和责任，并将联合投标协议连同投标文件一并提交招标人。联合体投标未附联合体各方共同投标协议的，评标委员会一般将按照废标处理。

由于我国理论界对于联合投标相关问题研究较少，以至于许多联合投标协议的内容不严谨、格式不规范，对联合体内部成员之间的责权利划分不明确，招标单位在组织对联合体的投标评审时，常常无法确定联合体内部成员具体承担的工作及责任有哪些，进而对联合体投标最终做出不利的评判。因此，联合投标协议尽量委托专业律师协助起草，明确权利义务责任，让招标评委看得明白、看得舒心。

第三，根据前述七部委第30号令的规定，联合体投标的，应当以联合体各方或者联合体中牵头人的名义提交投标保证金。以联合体中牵头人名义提交的投标保证金，对联合体各成员具有约束力。

第四，联合体对外应以一个投标人的身份共同投标。也就是说，联合体虽然不是一个法人组织，但是对外投标应以所有组成联合体各方的共同的名义进行，不能以其中一个主体或者两个主体（多个主体的情况下）的名义进行。联合体各方签订共同投标协议后，不得再以自己名义单独投标，也不得组成新的联合体或参加其他联合体在同一项目中投标。

第五，在提交投标文件时，应一并提交联合体各方签署的有投标人公章和法定代表人印章的联合投标协议。

（2）联合体中标后履约注意事项

第一，联合体中标的，联合体各方应当共同与招标人签订合同，明确各成员在工程总承包活动中的各自分工，并就中标项目承包合同的订立和履行向招标人承担连带责任。

第二，联合体各方必须指定牵头人，授权其代表所有联合体成员负责合同实施阶段的主办、协调工作，并应当向招标人提交由所有联合体成员法定代表人签署的授权书。

第三，对于联合体中的主体单位的具体权利和义务，法律不可能做出统一的明确规定。但通常情况下，主体单位一般享有以下权利：

1）对工程项目和联合体其他各方直接行使组织与管理权；

2）与招标人、联合体内部各方的沟通与协调；

3）因承担组织、管理、沟通、协调等工作而获得相应收益。

相对应地，主体单位也应承担以下义务：

1）承担联合体内部的组织管理和沟通协调工作；

2）负担管理工作中的全部或大部分费用开支；

3）就该工程项目对招标人承担主要责任等。

作为联合体中的主体单位，除了一般的合同履约及风险防范注意事项之外，在上述权利、义务问题上也要多下功夫，注意证据收集，依约履行。

第四，联合体各方在完成工程建设任务过程中应享有的权利包括：项目监督权、知情权、有关招标项目的信息共享权、收益权、项目分工中的协调权、损失追偿权、参与项目管理权等。各方应承担的义务有：按期合格地完成所承担的项目任务并交付相应成果的义务，及时向主体单位及其他各方通报所承担的项目任务的进展和实施情况并送达必要的文书的义务，支持和配合投标联合体各方顺利完成所承担的项目任务的义务，服从主体单位或组织管理机构统一协调和合理调配的义务及保密义务等。

第五节 建设工程施工合同相关内容法律风险控制及防范

1. 合同履行法律风险

（1）合同约定不明

建设工程施工合同是整个施工阶段的“宪法”，在双方拟定的各份文件中具有最高的法律效力，其内容必须明确，明确的合同约定不仅作为合同履行的指导，在出现合同纠纷时，更作为解决纠纷的重要凭据。

在合同条款中，尤其应注意这些条款的内容：

1）工程内容条款；

2）工程价款条款；

3）工期条款；

4）责任分担条款；

5）违约责任条款。

（2）抗辩权

抗辩权是指妨碍他人行使其权利的对抗权，至于他人所行使的权利是否为请求权在所不问。而狭义的抗辩权则是指专门对抗请求权的权利，亦即权利人行使其请求权时，义务人享有的拒绝其请求的权利。在现代民法中，学者对抗辩权有不同的定义。台湾民法学者洪逊欣先生认为，抗辩权是妨碍他人行使其权利，尤其是拒绝请求权人行使请求权的对抗权。

我国《合同法》一共规定了三种抗辩权：

1）同时履行抗辩权

同时履行抗辩权，是指双务合同的当事人在没有约定履行顺序或约定应同时履行的情况下，一方当事人在对方未为对待给付之前，要拒绝履行自己债务的权利。

同时履行抗辩权的构成要件包括：

① 须当事人就同一双务合同互负债务。

② 须双方互负的债务均届清偿期。

③ 须对方未履行债务或履行债务不符合约定。

④ 须对方的对待给付是可能履行的。

同时履行抗辩权制度主要适用于双务合同，如买卖、租赁、承揽等。此外，当事人因合同不成立、无效、被撤销或解除而产生的相互义务，若具有对价关系，也可主张同时履行抗辩权。

同时履行抗辩权属于延期抗辩权、一时抗辩权，其效力主要在于对方未履行或履行债务不符合约定时，有拒绝履行自己债务的权利。如果对方履行了债务，该权利即消灭。

2）先履行抗辩权

先履行抗辩权是指在当事人互负债务且有先后履行顺序时，负有先履行义务的一方未履行债务或履行债务不符合约定时，后履行一方拒绝其履行要求的权利。

先履行抗辩权的成立要件包括：

① 当事人基于同一双务合同互负债务。

② 双方债务均已届清偿期。

③ 一方当事人有先为履行的义务。

④ 应当先履行的一方未履行债务或履行债务不符合约定，如延迟履行、不完全履行、部分履行等。

先履行抗辩权属于一时抗辩权，其成立及行使使得后履行一方可终止履行自己的债务，以保护自己的期限利益、顺序利益；在先履行一方采取了补救措施、变违约为适当履行的情况下，先履行抗辩权消灭，后履行一方履行债务。

3）不安抗辩权

不安抗辩权是指先履行一方在有证据证明后履行一方有丧失或者可能丧失履行债务能力的情况下，可暂时中止履行的权利。

不安抗辩权的成立要件包括：

① 当事人基于同一双务合同互负债务。

② 主张不安抗辩权的一方应当先履行债务且其债务已届清偿期。

③ 先履行一方有确切证据证明对方履行能力明显降低，有不能为对待给付的现实危险。

不安抗辩权的效力在于：具备上述条件时，先履行一方有权中止履行，并可要求后履行一方提供担保。在后履行方提供适当担保时，先履行一方应当恢复履行。如果后履行一方在合理期限内未恢复履行能力且未提供适当担保，先履行一方可以解除合同。

（3）履行的特殊情况

1）受领不能

债权人分立、合并或者变更住所没有通知债务人，致使债务人履行债务发生困难的，债务人可以中止履行或者将标的物提存。根据《合同法解释二》第二十五条的规定："依照合同法第一百零一条的规定，债务人将合同标的物或者标的物拍卖、变卖所得价款交付提存部门时，人民法院应当认定提存成立。提存成立的，视为债务人在其提存范围内已经履行债务。"

2）提前履行

① 原则上债权人可以拒绝受领债务人的提前履行；

② 基于诚信原则，若提前履行不损害债权人利益，债权人不得拒绝受领；

③ 因提前履行给债权人增加费用的，由债务人负担。

3）部分履行

如果合同中规定必须一次性履行的，在债务人部分履行的情况下：

① 债权人可以接受，也可不接受；

② 债权人拒绝接收的，应当及时通知债务人。

4）超额履行

① 债权人可以接受，也可不收债务人多交的部分；

② 债权人接收多交部分的，依合同约定价款付款；

③ 债权人拒绝接收多交的部分，应当及时通知出卖人。

（4）债权人的特殊权利

1）代位权

债权人的代位权，是债的保全制度的一种。我国《合同法》第一次明确规定了代位权制度。所谓债权人的代位权，是指债务人应当行使却不行使其对第三人（次债务人）享有的权利而有害于债权人的债权时，债权人为保全自己的债权，可以自己的名义代位行使债务人的权利。它是债权人所固有的实体法上的一种权利。它的效力及于债权人、债务人和次债务人。

其特征如下：

① 债权人代位权是债权的从权利

代位权不能脱离债权人的债权而存在，是依附于债权的一种特别权利，随债权的产生、移转和消灭而产生、移转和消灭。代位权与代位追偿权不同。代位追偿权通常是指在连带之债中某一连带债务人向债权人清偿全部债务后，即取代了债权人的位置，享有要求其他负有连带义务的债务人偿还其应当承担的份额的权利。代位追偿权是主权利，债权产生的时候，代位追偿权并不同时产生，只有在债权因保证人、其他连带债务人等履行了债务而消灭的时候，保证人及已负清偿债务责任的债务人才对原债务人或未负清偿债务责任的债务人产生代位追偿权。

② 债权人代位权是实体权利

代位权是债权人在债务人怠于行使其权利及影响到债权人的权利实现时所行使

的权利，尽管债权人与次债务人之间不存在直接的权利义务关系，但法律赋予债权人直接追索次债务人的权利，这不仅具有程序意义，而且具有实体意义，即在债权人与债务人之间创设了新的有直接后果的权利义务关系，一旦提起代位权诉讼，则可越过债务人而将次债务人视为债权人的债务人。债权人行使代位权，其目的仅在于保全债务人的财产，增大债权的一般担保资力，而非是以强制扣押债务人的财产直接使债权得到满足为目的（如申请诉讼保全、强制执行等）。因此，代位权是一项实体权利，而非诉讼上的权利。

③ 债权人代位权是债权人自己的权利

代位权的行使是以债权人自己的名义，代债务人之位向债务人的债务人即次债务人主张权利。这种权利来源于法律的规定，属于债权人自己的权利，而不是债权人以债务人的代理人身份行使债务人的权利，因而，债权人代位权不同于代理权。代理权是代理人以被代理人的名义实施民事法律行为，代理人的权限是委托受权或者是在指定、法定的范围之内，代理人实施民事法律行为后产生的法律效果归于被代理人。

2）撤销权

债权人撤销权，是指债权人对于债务人所实施的危害债权的行为，可请求法院予以撤销的权利。《合同法》第七十四条规定："因债务人放弃其到期债权或者无偿转让财产，对债权人造成损害的，债权人可以请求人民法院撤销债务人的行为。债务人以明显不合理的低价转让财产，对债权人造成损害，并且受让人知道该情形的，债权人也可以请求人民法院撤销债务人的行为。债权人撤销权也为债权的保全方式之一，是为防止因债务人的责任财产减少而致债权不能实现的现象出现。因债权人撤销权的行使是撤销债务人与第三人间的行为，从而使债务人与第三人间已成立的法律关系被破坏，当然会涉及第三人。因此，债权人的撤销权也为债的关系对第三人效力的表现之一。

对于其如何行使，我国法学理论及实务界亦有详细的规定：

债权人的撤销权由债权人行使。凡于债务人为有害债权行为前有效成立的债权，债权人均可行使撤销权。因撤销权的行使于第三人有重大利害关系，因此，债权人的撤销权，须由债权人以自己的名义依诉讼方式为之。

债权人行使撤销权应以何人为被告，依对撤销权性质的认识不同而有不同。依折衷说，债权人行使撤销权应以债务人、与债务人为行为的相对人以及利益转得人为共同被告。因为行使撤销权既要求撤销债务人与相对人所为的行为，又要求受益人返还其所得利益。债权人行使撤销权的范围以债权人的债权额为限，因为行使撤销权的目的是为了保全债权。

债权人的撤销权如同其他撤销权一样，应有除斥期间。债权人自应于权利行使期间内行使，否则，除斥期间届满后，债权人的撤销权即消灭。依《合同法》第75条规定："撤销权自债权人知道或者应当知道撤销事由之日起一年内行使。自债务人的行为发生之日五年内没有行使撤销权的，该撤销权消灭。"其中一年与五年皆为除斥期间。

2. 违约救济

（1）违约责任的概念

违约责任，是指当事人不履行合同义务或者履行合同义务不符合合同约定而依法应当承担的民事责任。违约责任是合同责任中一种重要的形式，违约责任不同于无效合同的后果，违约责任的成立以有效的合同存在为前提的。违约责任也不同于侵权责任，其可以由当事人在订立合同时事先约定；其属于一种财产责任。《民法总则》第一百八十六条以及《合同法》相关条文对违约责任均做了概括性规定。

（2）承担违约责任的情形

1）不能履行

又叫给付不能，是指债务人在客观上已经没有履行能力，或者法律禁止债务的履行。在以提供劳务为标的的合同中，债务人丧失工作能力，为不能履行。在以特定物为标的物的合同中，该特定物毁损灭失，构成不能履行。不过，在我国法律上，农户与粮棉收购单位签订的粮棉购销合同等有特殊性，只要粮棉欠收，当年度额产量扣除农户的基本生活所需部分后，无粮棉向收购单位交付，即视为不能履行。

不能履行以订立合同时为标准，可分为自始不能履行和嗣后不能履行。前者可构成合同无效；后者是违约的类型。

不能履行还可分为永久不能履行和一时不能履行。前者是指在合同履行期限或者可以为履行期限届满时不能履行；后者指在履行期限届满时因暂时的障碍而不能履行。永久不能履行若属于嗣后不能履行，则可为违约责任的构成要件。一时不能履行在继续性合同的场合便成为部分不能履行，可构成违约责任要件；一时不能履行因债务人在不能履行的暂时障碍消除后仍不履行，可以成为迟延履行，可以构成违约责任的要件。

不能履行还可分为全部不能履行和部分不能履行。全部不能履行若属嗣后不能履行的，可构成违约责任的要件。部分不能履行若属嗣后不能履行时，当然构成违约责任的要件；若属于自始不能，在能履行部分而不为履行时，构成违约责任。

2）延迟履行

又称债务人延迟或者逾期履行，指债务人能够履行，但在履行期限届满时却未履行债务的现象。其构成要件为：存在有效的债务；能够履行；债务履行期经过而债务人未履行；债务人未履行不具有正当事由。是否构成延迟履行，履行期限具有重要意义。

合同明确规定有履行期限，采“期限带人催告”原则，如期限经过，债务人便当然陷于履行迟延。如果约定的是一段时间，则期间的末尾具有确定期限的意义。上述原则，存在例外。首先，关于往取债务，即由债权人到债务人的住所请求债务履行的债务。依《合同法》第62条第3项的规定，除给付货币的债务和交付不动产的债务之外，“其他标的，在履行义务一方所在地履行”（另外，可参照《民法通则》第88条第2款第3项）。债权人不去催收，债务人并不因履行期限的经过而陷于迟延。须指出的是，由于《合同法》第62条第3项采取了债务的额“债权人往取主义”原则，就必然使得“期限代人催告”原则在我国的适用大打折扣。其次，其他以债权人的协助为必要的债务，比如债务人交付标的物需要债权人受领的情形。对于此类债务，即使存在确定的期限，倘若债权人未作出必要的协助，债务履行期限的经过，亦不使债务人陷于迟延。最后，票据债权人行使票据债权只有一种法定的方式，即向债务人“提示”票据。持票人对票据债务人行使票据权利，应当在票据当事人的营业场所或者其住所进行。债权到期而债权人不提示，不产生债务人延迟问题。

不确定期限的合同：原则上自债权人通知或者债务人知道履行期限届至时，发生履行迟延，但依据诚实信用原则，债务人履行其债务需要一段合理时间，可以例外。

合同履行期限不明确：合同未约定履行期限或者约定不明，而且无法根据法律规定、债务的性质、交易习惯等情形中确定履行期限的，“债务人可以随时向债权人履行义务，债权人也可以随时要求债务人履行义务，但应给予对方必要的准备时间”。在此情形下，催告成为债务人负延迟履行责任的必要条件。

3）不完全履行

是指债务人虽然履行了债务，但其履行不符合债务的本旨，包括标的物的品种、规格、型号、数量、质量、运输的方法、包装方法等不符合合同约定等。不完全履行与否，以何时为确定标准？应以履行期限届满仍未消除缺陷或者另行给付时为准。如果债权人同意给债务人一定的宽限期消除缺陷或者另行给付，那么在该宽限期届满时仍未消除或者令行为给付，则构成不完全履行。

4）拒绝履行

是债务人对债权人表示不履行合同。这种表示一般为明示的，也可以是默示的。例如，债务人将应付标的物处分给第三人，即可视为拒绝履行。《合同法》第 108 条关于当事人一方明确表示或者以自己的行为表明不履行合同义务的规定，即指此类违约行为。其构成要件为：存在有效的债务；有不履行的意思表示（明示的和默示的）；应有履行的能力；违法的（即不属于正当权利的形式，如抗辩权）。

5）债权人延迟

或者称受领延迟，是指债权人对于以提供的给付，未为受领或者未为其他给付完成所必需的协力的事实。

债权人迟延的构成，需具备以下要件：一是，债务内容的实现以债权人的受领或者其他协助为必要；二是，债务人依债务本旨提供了履行；三是，债权人受领拒绝或者受领不能。所谓拒绝受领，是指对于已提供的给付，债权人无理由地拒绝受领。所谓受领不能，是指债权人不能为给付完成所必需的协助事实，包括受领行为不能及受领行为以外的协助行为不能，系属债权人于给付提出时不在家或者出外旅行或者患病，无行为能力人因缺法定代理人不能受领，纵令债权人于其他时刻或者在其他条件下得受领该给付，仍不失为不能受领。

（3）如何承担违约责任

对于违约责任的承担，我国民法理论规定了四项原则：

1）过错责任原则

过错责任，是指由于当事人主观上的故意或者过失而引起的违约责任。在发生违约事实的情况下，只有当事人有过错，才能承担违约责任，否则，将不承担违约责任。过错责任原则包含下列两个方面的内容：①违约责任由有过错的当事人承担。一方合同当事人有过错的，由该方自己承担；双方都有过错的，由双方分别承担。例如，在来料加工合同中，定作人提供的材料质量不合要求，要承担违约责任。承揽人本应按合同规定对来料先行检验合格后，方可加工成品。但是，承揽人没有对定作人提供的来料进行检验，而直接把不合格的原料制成质量次的成品。在这种情况下，承揽人也要承担违约责任。②无过错的违约行为，可依法减免责任（如不可抗力造成的违约）。

2）无过错责任原则

这一原则是指凡违反合同的行为，除了免责外，都必须追究违约方的违约责任。任何一方合同当事人，不管是国家机关、企业、事业单位，还是公民个人，只要因过错违约，均应当依照法律规定或者合同约定追究其违约责任。

3）赔偿实际损失

所谓实际损失，是指违约方因自己的违约行为而在事实上给对方造成的经济损失。一般情况下，实际损失，包括财物的减少、损坏、灭失和其他损失及支出的必要费用，还包括可得利益的损失。当因违约方的违约行为造成对方经济损失时，违约方应当向对方承担赔偿责任。

4）全面履行

这里所说的全面履行，是指违约方承担经济责任（如支付违约金或者赔偿金等）后仍应按合同要求全面履行。也就是说，违约方承担了经济责任后并不能代替合同的履行，不能自然免除合同的法律约束力，不能免除过错方继续履行合同的责任。只要受害方要求继续履行合同，除了法律另有规定外，违约方又有能力履行，违约方就必须继续履行未完成的合同义务。

3. 合同质量条款法律风险

工程质量问题基本成为每个施工纠纷的标配，但是发生质量问题，业主切不可擅自自行修复。

司法解释（一）第 11 条："因承包人的过错造成建设工程质量不符合约定，承包人拒绝修理、返工或者改建，发包人请求减少支付工程价款的，应予支持。"以及《房屋建筑工程质量保修办法》第 9 条："房屋建筑工程在保修期限内出现质量缺陷，建设单位或者房屋建筑所有人应当向施工单位发出保修通知。施工单位接到保修通知后，应当到现场核查情况，在保修书约定的时间内予以保修。发生涉及结构安全或者严重影响使用功能的紧急抢修事故，施工单位接到保修通知后，应当立即到达现场抢修。"第 12 条："施工单位不按工程质量保修书约定保修的，建设单位可以另行委托其他单位保修，由原施工单位承担相应责任。"

根据上述法律条款，笔者认为发生工程质量问题时，业主应当通知承包人进行修复，只有在承包人拒绝修复之后，才能委托他人修复。否则即使申请司法鉴定，要求对承包人施工的工程进行质量问题鉴定，但会因为自行修缮，不能反映承包人完工时的原貌，失去鉴定的基础，法院可能对要求鉴定的申请不予准许。

部分业主单位在施工合同设计中，常会一刀切要求所有的质量问题都要拆除重做而不能修复，但是在实践过程中，却不一定能得到法院的认可。

在上海高级人民法院（2009）沪高民一（民）终字第10号汕头市潮阳第一建安总公司与上海金万年文具制造有限公司建设工程施工合同纠纷一案二审民事判决书中，法院认为："根据法律的有关规定，对于质量不符合约定的，受损方可以合理选择要求对方承担维修、更换、重做、减少价款等责任，受损方并无任意选择的权利，只有当不能维修时，方能选择更换，不能更换时，才可以重做。"

4. 工程价款与工程量法律风险

(1) 固定总价的风险

出于成本控制的考虑，业主方通常会与施工方签订固定总价合同，但这种方式对于工程量清单的要求十分高，如工程量清单中不能把全部工作内容明确反映出来，就会造成纠纷，承包人以实际完成的工程量主张工程款将可能得到法院的支持。

在焦作市中级人民法院（2017）豫08民终660号焦作市工商行政管理局经济检查支队、河南某建设工程有限公司建设工程施工合同纠纷二审民事判决书，法院认为："焦作市工商局经检支队作为发包人，应当保证工程量清单的准确性和完整性，因此虽然在招标文件中约定，如投标人未核对工程量清单或未对工程量清单提出异议，中标后招标人对工程量清单漏项所增加的合同价款不予调整，但该约定免除了工程量清单招标中招标人应提供准确及完整工程量清单的义务，将工程量清单中出现差错的责任全部转交给投标人承担有悖公平，招标工程量清单与实际完成工程量的差额，应由焦作市工商局经检支队承担。"

(2) 固定总价突破后的计价处理

上述风险之外，当项目工程发生范围调整、设计变更或者建设工程施工合同提前终止的情形时，固定总价计价方式将被突破。以合同提前终止为例，司法实践中大致有三种方法来结算工程款：

一是以合同约定总价与全部工程预算总价的比值作为下浮比例，再以该比例乘以已完工程预算价格进行计价：

已完工程的价款＝鉴定的已完工工程预算价×（鉴定的合同总价款/鉴定的全部工程预算价）

二是已完施工工期与全部应完施工工期的比值作为计价系数，再以该系数乘以合同约定总价进行计价；

三是依据政府部门发布的定额进行计价。

计算方式的不同选择，会造成结果金额的不同，有时候，各种计算金额的结果相差较大。在此，笔者以如下一则公报案例为例进行分析。

在最高人民法院（2014）民一终字第69号青海某建筑安装工程有限责任公司与青海某置业有限公司建设工程施工合同纠纷二审民事判决书中，法院认为：在固定总价项目中，项目的不同阶段可能面临着不同的施工风险和难度，成本也因此有所差异，风险和难度较高的部分，在固定总价下的单价计价可能是薄利甚至是亏本，而在风险难度较低的部分，同样的单价计价则可以保持较高利润，因此施工方实现合同目的、获取利益的前提是完成全部工程。

法院在适用上述三种计算公式时，分别做了计算，发现使用第一种计算方式得出发包方应当支付的全部工程款明显低于合同约定的总价910余万元，造成发包方违约却能够额外获取利益的现象；使用第二种计算方式，应付的工程款明显高于合同约定的总价，即使算入发包方中途解除合同必然导致增加成本的情况，但是计算结果明显高于合同约定的总价，亦明显不公；使用第三种方法得出的结果与当事人预期的价款较为接近，相比前两种结果更趋合理。

上述计算结果仅供参考，合同谈判时，当事人可以根据实际需求，对工程款结算的条款进行专门设计，避免发生提前终止合同时结算款计算方式有损自身利益的情形。

5. 工期条款法律风险

（1）实际开竣工日期的认定

在《建设工程施工合同（示范文本）》（GF-2013-0201）中，工期被定义为：自工程开工之日起至完成合同约定全部工程内容并符合合同约定的竣工验收条件、提交竣工验收申请报告之日止的全部施工日历天数。工期索赔中，实际开竣工日期的确定是工期计算部分的重点，也是工程纠纷案件中的主要焦点之一，尤其是当遇到：

1）没有约定开竣工日期；

2）多个开竣工日期等。

① 开工日期认定须结合人员材料等进场时间

实际开工约定不明的，实践中以承包人进场日为实际开工日，该进场包括施工人员、机械、工程材料等进场，同时还需要结合进场搭建临时设施、放线、动工等情况。

在最高人民法院（2015）民申字第 263 号天津市津南区八里台镇大孙庄村村民委员会与福建省某建筑工程公司建设工程施工合同纠纷申请再审民事裁定书中，法院认为：一审、二审法院结合该公司打桩设备进场时间、开始打桩时间以及村委会取得限期施工许可证的时间等情况，认为以 2010 年 12 月 22 日作为开工日期为宜，该认定并无不当。

② 多个开工日期认定倾向

多个开工日期（合同约定的开工日期、开工报告的开工日期、施工许可证中的开工日期等）相互冲突时，法院会选择有实际开工证明的日期，如无，则倾向于经过监理签字的开工报告的日期。

③ 工程竣工日期认定的方式

《最高人民法院关于审理建设工程施工合同纠纷案件适用法律问题的解释》第 14 条规定：当事人对建设工程实际竣工日期有争议的，按照以下情形分别处理：建设工程经竣工验收合格的，以竣工验收合格之日为竣工日期；承包人已经提交竣工验收报告，发包人拖延验收的，以承包人提交验收报告之日为竣工日期；建设工程未经竣工验收，发包人擅自使用的，以转移占有建设工程之日为竣工日期。

④ 建筑工程施工许可证的开竣工日期

实践中，建设工程开工日期早于或者晚于施工许可证记载日期的情形大量存在。当施工单位实际开工日期与施工许可证上记载的日期不一致时，应当以实际开工日期而不是施工许可证上记载的日期作为确定开工日期的依据。

⑤ 竣工报告中的开竣工日期

竣工报告中的开竣工日期通常由施工方填写，为备案之需，该日期往往早于真实竣工日期。在工期计算时，能否以竣工报告中的竣工日期作为实际竣工日期，往往成为争议焦点之一。

（2）工期顺延的认定和纠纷

1）只约定顺延情形但对如何顺延没有约定

施工合同只约定顺延情形，但是对如何顺延没有约定，构成认定工期顺延的隐患。

在重庆市江北区人民法院（2013）江法民初字第 07794 号重庆科技馆与苏州市

某园林装饰设计工程有限公司装饰装修合同纠纷一审民事判决书中，《餐厅装修工程合同》约定工期相应顺延的原因包括设计变更、工程量增加，但是《合同》只约定工期顺延的情形，对具体如何顺延并未详细约定。

法院认为："发包人主张因承包人过错导致工期延误的违约金，其应当举示证据证明因设计变更、新增工程量而工期相应顺延的天数，在扣除工期顺延的天数后，再行计算因该公司导致工期延误应支付的违约金，但是因发包人既未举示证据证明施工方造成工期延误的起算时间，也未举证证明导致工期顺延的天数，应当自行承担不利后果。"

2）施工方可否因未按期支付工程款主张应当顺延

当业主没有按期支付工程款，施工方没有就此向业主申请工期顺延，但事后以此理由抗辩工期延误，法院一般不予认可工期应当顺延。

在龙口市人民法院（2013）龙民初字第50号顾某与某装饰装修合同纠纷一审民事判决书中，法院认为："原告（施工方）未举证证明其在施工期间因工程款不到位提出顺延工期的要求及因此停工，故原告辩称系因被告（业主）未能按期给付工程款才导致工期拖延，被告违约在先不应赔偿延期损失，理由不当，本院不予支持。"

3）承包人延误工期，发包人能否解除合同

工期延误在实际施工过程中非常普遍，这与我国施工管理有重要关系，工期延误是否能成为发包人解除合同的充分理由需要根据《合同法》等的相关规定进行判断。

《合同法》第94条第1款第3项和第4项规定：当事人一方迟延履行主要债务，经催告后在合理期限内仍未履行以及当事人一方迟延履行债务或者有其他违约行为致使不能实现合同目的，当事人可以解除合同。

司法解释（一）第8条规定：承包人具有明确表示或者以行为表明不履行合同主要义务的；或合同约定的期限内没有完工，且在发包人催告的合理期限内仍未完工的等情形，发包人请求解除建设工程施工合同的，应予以支持。

笔者提示：承包人延误工期属于迟延履行主要债务，除合同另有规定外或承包人延误导致合同目的无法实现，业主解除合同前须先催告履行并给予施工方一定合理的宽限期。

在毕节市七星关区人民法院（2017）黔0502民初2128号七星关区对坡镇人民政府与黄某、武夷山××水利水电建设工程有限公司毕节分公司建设工程施工合同纠纷一审民事判决书中，因合同约定的工期为2013年9月11日至2014年6月20

日，且由被告全资垫付完成该工程，但在该合同的履行过程中，经原告多次催工及被告承诺，直到开庭审理，被告至今都未完成该工程。法院认为，被告具有重大过错，原告诉请解除合同的请求应予支持。

4）工期延长后承包人主张损失角度之分析

工期延长后，承包人一般会从管理人员工资、施工人员工资等几个角度向发包人追究责任要求赔偿，具体而言：

① 管理人员工资

工程施工期间，施工方会主张需要派遣管理人员入驻项目现场组织管理施工，合同工期内发生的管理人员工资等成本属于施工方预期成本，但是超出合同工期期间发生的管理人员工资属于损失。实践中，有对该主张支持的判例，法院会根据各方责任来分配损失承担。

② 施工人员工资

与管理人员工资的主张理由相同，但是需注意的是，该部分工资还将包括窝工管理费。行业间通常会以窝工工人窝工期间的工资总和的20%～30%记为窝工管理费。这部分损失总计相当于窝工期间窝工工人1.2～1.3倍工资。

③ 安全文明措施费

安全文明措施费是按照法定费率依据合同约定的造价提取支付给施工方，用于实施安全文明生产措施的费用。对于该主张，笔者认为该费用的取费对象是工程项目本身而非施工工期，虽然工期存在延长，但是如果施工方没有办法主张工期延长而造成安全文明措施费用的增加，则法院不会支持。

④ 总包配合费

实践中，总包单位会将分包所收取的管理费一并计入配合费，但总包没有证据因为工期延长发生了专业工程承包方额外使用总包的施工条件的情形，法院支持该主张的可能性就较低了。

⑤ 临时设施超期使用费

在施工过程中，大部分项目会使用到脚手架等临时设施，这些设施通常是向第三方租赁，根据规模和租期，租赁费用也是一笔不小开支。但是施工方须承担例如脚手架搭建和拆除的具体时间和面积，以及延误工期实际的损失金额等举证责任。

⑥ 超期保险费

根据法律规定，建设项目须购置相应的保险，保险期限一般为工程工期。工程工期延误导致的额外购买保险的损失该如何承担也是需要在合同中做相关约定。否则该项损失须根据发包方和承包方各自的过错进行分配。

⑦ 赶工费

工期延误，发包方通常会要求承包方加急、赶工，承包方为满足发包方的要求可能会采取加班加点、增加人手等方式。但是承包人向发包人主张该损失，需要举证发包方催促施工、同意其赶工方案以及赶工造成的超出正常施工所需要的成本。

⑧ 对于其他供应商的违约追究责任遭受的损失

工期延误，可能会导致施工方对下游企业的违约，由此造成的损失对发包人是一个不可忽视的风险。对于发包人来说，可以通过条款设计来尽力降低风险；对于承包人来说，其承担着损失实际发生的举证责任（购销合同、生效裁判文书、赔偿支付）。

⑨ 融资损失

很多工程会要求承包方垫资，自有资金不充裕时向银行等金融机构融资较为常见，该部分损失的主张，笔者认为可以通过要求承包方举证融资用途、是否用于涉案工程、借款与发包人、工程之间的因果关系等来抗辩。

第六节　建设工程施工合同效力法律风险控制及防范

1. 合同无效法律风险

依据我国现行法律规定，合同被确认无效后，将导致合同自始无效，合同关系不再存在，当事人不再享有和承担原合同规定的权利和义务，不能产生当事人所预期的法律后果。建设工程施工合同无效的法律后果也不例外，但由于其标的特殊性，其无效的处理与普通无效合同有着很大的差别，当事人的缔约过失也比普通无效合同复杂。

（1）建设工程施工合同订立后尚未履行前被确认无效的后果

尚未履行前被确认无效的建设工程施工合同，双方当事人均不得再继续履行。这时，合同无效的处理只按照缔约过失来承担责任，由有过错的一方赔偿另一方因合同无效而造成的损失，双方均有过错的，依照过错大小承担相应的责任。另外，损害事实的举证责任在受损害一方，如果受损害一方对其损失不能通过举证加以明确，其要求过错方承担赔偿责任的请求法院不能支持。而有过错一方除了自行承担给自己造成的违法后果外，还要承担无过错方的实际损失。

(2) 建设工程施工合同已开始履行但尚未履行完毕被确认无效的后果

对于建设工程施工合同尚未履行完毕就被确认无效的情形，笔者认为，不能按一般无效合同的处理原则实行恢复原状或双方返还，应区分不同的情况处理。

第一种情况，已完成部分工程质量低劣，无法补救或所建工程在防洪区域内对防洪工程构成威胁的，应按照一般无效合同的处理原则，已经完成部分工程应拆除，建设方支付的工程款应返还。

第二种情况，工程质量完全合格，也未违反国家和地方政府的计划，则已完成的建设工程归建设方所有，承包方所付出的劳动由建设方折价补偿给施工方，折价时应该按照合同约定的工程价款比例折价。最高院《关于审理建设工程施工合同纠纷案件适用法律问题的解释》第 10 条第 1 款规定："建设工程施工合同解除后，已经完成的建设工程质量合格的，发包人应当按照约定支付相应的工程价款"，该解释的规定正是为了避免教条，减少不必要的损失和浪费。第三种情况是赔偿损失，如果因建设方过错导致合同无效的，建设方对自己的损失自负，同时应该赔偿承包方施工过程中支付的人工费、材料费等实际支出费用；如果是承包方存在过错的，承包方对自己的损失自负，同时要赔偿建设方材料费等实际支出的费用。双方都有过错的，按过错大小承担相应赔偿责任。

(3) 建设工程施工合同已履行完毕后被确认无效的后果

按照最高院《关于审理建设工程施工合同纠纷案件适用法律问题的解释》第 2 条和第 3 条的规定处理。

第一，建设工程施工合同已经履行完毕后，建设工程经竣工验收合格的，建设方应该参照合同约定支付承包方工程价款。但仍应追究双方的其他相应法律责任。

第二，建设工程施工合同已经履行完毕后，建设工程经竣工验收不合格的，要分两种情况给予不同处理：一是维修后建设工程经竣工验收合格的，建设方仍应参照合同约定支付承包方工程款，但承包方应承担相应的维修义务，或自己维修，或负担建设方维修费。二是维修后建设工程经竣工验收不合格的，建设方不支付施工方工程款，对此损失由承包方自行承担。同时按照双方的过错及过错大小对其他损失承担相应的赔偿责任。这里的其他损失包括签订、履行合同和合同被确认无效后的后续费用，如拆除质量不合格的建筑物的费用、工程延期费用、材料费等。

2. 表见代理问题

建设工程领域经常出现项目经理超越职权范围，对外购买材料或借款，此时是否应由承包人承担责任，涉及表见代理的认定问题。最高人民法院《关于当前形势下审理民商事合同纠纷案件若干问题的指导意见》规定，对于以项目经理名义签订或实际履行合同的，应严格认定表见代理行为。不仅要求无权代理行为在客观上形成具有代理权的表象，而且要求相对人在主观上善意且无过失地相信行为人有代理权。实践中应把握以下几点。

（1）项目经理以自己名义购买材料或借款的责任承担

项目经理以自己名义与材料供应商签订合同或借款形成的债务，应由谁承担偿付责任，实践中存在两种观点：

一种意见认为，只要材料或借款实际用于工程，即应由工程的承包人承担付款责任；另一种意见认为，由项目经理直接承担付款责任。笔者认为第二种意见更为合理，因为基于合同相对性原则，与材料供应商或出借人直接发生合同关系的是项目经理本人，故供应商或出借人应向项目经理追索款项。如果项目经理将材料或借款实际用于工程，可由其再向承包人主张返还。

（2）善意无过失的判断

最高人民法院《关于当前形势下审理民商事合同纠纷案件若干问题的指导意见》规定，人民法院在判断合同相对人主观上是否属于善意且无过失时，应当结合合同缔结与履行过程中的各种因素综合判断合同相对人是否尽到合理注意义务，此外还要考虑合同的缔结时间、以谁的名义签字、是否盖有相关印章及印章真伪、标的物的交付方式与地点、购买的材料、租赁的器材、所借款项的用途、建筑单位是否知道项目经理的行为、是否参与合同履行等各种因素，做出综合分析判断。在建设工程领域，出现以下情况时，一般可以否定相对人为善意无过失：

1）合同的订立和履行明显损害建筑单位利益的；

2）权利人交付的合同标的物明显非该工程建设所需要的，或材料供应量明显超出该工程建设需要量的；

3）缔约时间在工程竣工结算之后的；

4）项目经理所为的行为与权利外观不具有牵连性；

5）相对人知道或应当知道存在非法转包、违法分包、挂靠事实，仍同意行为人以建筑企业名义与之发生交易的。

此外，在考虑项目经理表见代理时不应忽视本人归责性要件，司法实践中应当建立本人归责性程度与相对人信赖合理性程度的比较权衡框架，考察建筑企业在对项目经理管控上是否存在过失，通过确立本人归责性要件以激励建筑企业对项目经理的制约督促。

随着新型城镇化的不断推进，建筑业蓬勃发展，建设工程领域不规范现象依然存在，由此导致建设工程合同纠纷不断上升。国际上新型工程合同（NEC）和菲迪克合同（FIDIC）等提供了合同范本，涵盖进度控制、成本控制以及质量控制等各主要领域，管理建设工程领域的风险，我国《建设工程施工合同（示范文本）》也逐步与国际接轨。就建设工程施工合同审判而言，最近的案例对相关法律已作了新的解释但仍然存在很多灰色地带，新修订的“示范文本（2017）”将带来亟须解决的新问题，因此需要立足建筑业实际，确立符合中国建筑市场特性和国际建筑业发展趋势的审理原则和裁判规则，妥当平衡建筑市场主体间的利益关系，致力于构建规范有序的建筑市场秩序，真正实现中国建筑产业的现代化。

3. 黑白合同问题

司法解释（一）第21条规定，当事人就同一建设工程另行订立的建设工程施工合同与经过备案的中标合同实质性内容不一致的，应当以备案的中标合同作为结算工程价款的依据。该条规定了建设工程黑白合同的处理规则。黑白合同，也称阴阳合同，系建筑市场不规范的产物，在确定一黑一白两份合同时，既要使当事人的合同变更权不受限制和排除，又要防止当事人利用黑合同进行不正当竞争的手段，达到损害国家、社会公共利益和他人利益的目的。黑白合同在实践中的问题主要包括以下方面。

（1）强制招投标的项目情形

《招标投标法》第3条规定了强制招投标的范围，对于强制招投标的工程未经过招投标程序签订的施工合同，根据《合同法》第52条的规定，该合同因违反法律的强制性规定而无效。对于强制招投标的工程经过了招投标程序签订了建设工程施工合同并经备案，在备案合同之外另行签订了一份施工合同，当事人实际履行的建设工程施工合同与备案的中标合同实质性内容不一致的，此时符合《建设工程司法解释》第21条的规定，招标备案的合同有效并作为工程价款的结算依据。

（2）非强制招投标的项目但经过招投标程序的情形

实践中存在强制招标范围以外的一些项目，建设单位根据主管部门要求或者自愿进行招投标并根据招投标结果签订施工合同，将合同进行备案。如果在备案合同之外，当事人又签订内容不同的实质性合同且未备案，以哪份合同作为结算工程价款的依据？对此问题，实务中存在两种意见。一种意见认为，当事人自愿进行招投标的项目，在备案的合同之外，如果又另行签订的合同并不违反法律禁止性规定，则不存在黑白合同的问题，根据双方当事人实际履行的合同作为结算工程价款的依据。另一种意见认为，虽然工程项目不属于强制招投标范围，但当事人自愿进行招投标，应当受《招标投标法》的约束，同样也存在黑白合同问题，应根据备案的中标合同作为结算工程价款的依据。

我们同意第二种观点，因为《招标投标法》所保护的不仅是当事人自身的利益，更是对社会招投标市场的规范，事关不特定投标人利益的保护，涉及市场竞争秩序的维护，因此，只要根据《招标投标法》进行的招投标并因此签订的合同均应受该法约束。当事人实际履行的建设工程施工合同与中标合同实质性内容不一致的，两份合同均有效，以中标合同作为工程价款的结算依据。

（3）非强制招投标项目当事人自主备案的情形

实践中存在既非强制招投标项目，当事人又未自愿进行招投标，但根据当地行政主管部门的要求，承、发包双方签订的施工合同必须备案。当事人在备案合同之外，另行签订实质性内容不同的合同且未备案的，依据哪份合同结算工程款？我们认为，未备案的合同不应认定为黑合同。因为备案与否并非合同生效的条件，当事人签订的合同尽管与备案的合同有实质性内容的不同，但并非不能作为结算的依据，此时两份合同均有效，以实际履行的合同作为结算依据。

（4）串标、明标暗定的情形

当事人在中标前已经实际进场施工，或者已经签订了意向书或施工合同，事后走了招投标程序签订了备案的施工合同，此时以哪份合同作为结算工程价款的依据？对此存在两种观点：第一种观点认为，根据《建设工程司法解释》第 21 条的规定，以备案的中标合同作为结算工程价款的依据。第二种观点认为，《招标投标法》第 32 条第 2 款规定，投标人不得与招标人串通投标，损害国家利益、社会公共利益或者他人的合法权益。第 43 条规定，在确定中标人前，招标人不得与投标人就投标价格、投标方案等实质性内容进行谈判。第 53 条规定，投标人相互串通投标或者与招标人串通投标的，投标人以向招标人或者评标委员会成员行贿的手段谋取中标的，中标无效。因此，当事人串标、明标暗定违反前述规定，应当认定合同无效。事先签订的合同因事后招投标程序已经改变，故亦认定无效，在结算工程价款时，应当参照当事人真实合意并实际履行的合同约定结算工程价款。

我们认为，对此需要区分情况。第一，对于强制招投标的项目，当事人事先签订的协议因未经招投标而无效，当事人招投标签订的备案合同因违反招标投标法强制性规定而无效，此时应当根据当事人实际履行合同作为结算工程价款的依据。无法确定实际履行的是哪份合同的，应当结合缔约过错、已完工程质量、利益平衡等因素分配两份或以上合同间的差价确定工程价款。第二，对于非强制招投标的项目，当事人事先签订的协议并不违反法律规定的强制性规定，该协议有效，当事人招投标签订的备案合同无效，此时应当根据双方当事人实际履行的协议即事先签订的协议作为结算工程价款的依据。

（5）基于黑合同结算的效力

存在黑白合同情况下，当事人基于“黑合同”达成结算单的，如何认定其效力？实践中存在两种观点：第一种意见认为，存在黑白合同情况下，当事人基于“黑合同”达成结算单的，系双方当事人真实意思表示，不存在欺诈、胁迫等撤销事由的，应认定该结算单有效；第二种意见认为，存在黑白合同情况下，当事人基于“黑合同”达成结算单的，违反了《招标投标法》的规定，不应认可其效力。我们同意第一种观点，结算协议具有独立性，系双方当事人对工程款债权债务的清理，可以认可其效力。

实践中难点在于如何认定“实质性内容不一致”？其判断标准为何？目前在司法实践中对于背离合同实质性内容的程度，属于法官自由裁量的范畴。施工合同的内容通常包括工程范围、建设工期、中间交工工程的开工和竣工时间、工程质量、工程造价、技术资料交付时间、材料和设备供应责任、拨款和结算、竣工验收、质量保修范围和质量保证期、双方相互协作等条款。建设工程项目性质属于行政强制管理的范畴，改变项目性质应认定为实质性变更。此外，建设工程中事关当事人权利义务的核心条款是工程结算，而影响工程结算的主要涉及三个方面：工程量、工程质量和工程期限。工程质量指建设工程施工合同约定的工程具体条件，也是这一工程区别其他同类工程的具体特征。工程期限，指建设工程施工合同中约定的工程完工并交付验收的时间。其他条款的变化对工程款结算的影响不大，一般只涉及违约责任的判断，不属于实质性内容的变更，应不影响合同的效力。比如对于损失赔偿等约定，属于合同履行过程中的正常变更，不属于《建设工程司法解释》第 21 条所规定的“黑合同”。如果备案和未备案的两份施工合同在工程量范围、建设工期、施工质量、工程价款等方面发生重大变化的，属于实质性变更。对于中标人做出的以明显低于市场价格购买承建房产、无偿建设住房配套设施、让利、向建设方捐款等承诺，系实质性地变更工程价款，亦应认定为变更中标合同的实质性内容。但在建设工程中，价款的变化往往由于工程量增加或减少，工程期限延长或缩短，工程质量要求提高或降低。是否涉及这三方面内容的变更均为实质性内容的变更？对此不能一概而论，判断实质性内容的不同，可按以下两个标准。

1）实质性内容的变化对工程质量的影响力。如果招投标并签订合同时要求工程质量是合格，而订立合同后要求工程达到优良，必然相应提高工程价款，此时变更合同符合权利义务相一致原则，可认定该合同系对中标合同的补充，虽未备案但应属有效。反之，如果招标时质量要求优良，但另行订立合同降低质量标准，并降低价款，除非经备案，否则可认定属于实质性变更，该变更无效。

2）合同价款变化占备案合同的比例。招投标时，因经过专业评标、发布招标公告、投标人编制投标文件等程序，一般工程范围、工程量大致已定，即使有细微改变，工程价款应不会大起大落。如果变化很大，应当重新进行招投标并备案，否则有恶意串通损害其他投标人的嫌疑，进而可以认定为有实质性内容的黑合同范畴。工程量、工程期限、工程价款的变化大小的判断，以合同履行中的变化是否超过备案合同的1/5为依据，1/5以内属于正常范围，超过1/5且未备案的，认定为黑合同。

在实质性内容的不一致的判断上，应当注意处理好黑白合同的认定和当事人变更合同的权利的关系。建设工程开工后，因设计变更、建设工程规划指标调整等客观原因，发包人与承包人通过补充协议、会谈纪要、往来函件、签证等洽商记录形式变更工期、工程价款、工程项目性质的，属于正常的合同变更，不应认定为变更中标合同的实质性内容。实践中有争论的是，建设工程开工后，因主要建筑材料价格异常变动的原因，双方另行签订的协议，是否认定为变更中标合同的实质性内容？对此存在不同观点：第一种观点认为，主要建筑材料价格变动属于因客观原因导致的变动，应认定为正常的合同变更。第二种观点认为，主要建筑材料价格变动属于商业风险，当事人在订立合同时应当有所预料，故应认定为实质性变更。我们认为，如果主要建筑材料变动达到情势变更的程度，双方另行签订协议属于合同中正常的变更，不应认定为黑白合同情形。

第五章

FIDIC系列合同条件（2017版）重点风险项分析

第一节 FIDIC 土木工程施工合同条件简介

1. FIDIC 合同体系

国际上编制出版工程合同范本的专业机构很多，其中最具影响力的主要有美国建筑师学会（The American Institute of Architects，以下简称为 AIA）、英国土木工程师学会（The Institution of Civil Engineer，以下简称为 ICE）以及国际咨询工程师联合会（Fédération Internationale Des Ingénieurs-Conseils，以下简称 FIDIC）。由于每个机构的背景不同，其编制的合同范本也有较大区别。AIA 成立于 1928 年，是美国主要的建筑师专业社团，其制定并发布了 AIA 系列合同条件，在美国建筑业以及美洲其他地区具有较大的影响力。ICE 创建于 1818 年，其编写的传统的《ICE 合同条件（工程量计量模式）》以及近年来新编制的 NEC/ECC 合同范本系列在世界范围内产生了一定的影响，尤其在英联邦国家和地区。其传统的《ICE 合同条件》也是早期 FIDIC 合同条件制定的基础。在国际工程市场上，影响力最大、使用最广泛的标准合同范本仍是 FIDIC 系列合同范本。

FIDIC，于 1913 年由欧洲三个国家（比利时、法国和瑞士）的咨询工程师协会在比利时根特共同成立，后将总部移至瑞士洛桑，近年来又将其总部设立在日内瓦。FIDIC 是最具权威的咨询工程师组织，它有力地推动着全球工程咨询服务业向着高质量、高水平的方向发展。时至今日，FIDIC 合同范本逐渐成为全球遵循的主要合同范本，已经有 70 多个国家和地区成为 FIDIC 的成员国，中国于 1996 年正式加入该组织。

FIDIC 一直致力于实现国际工程承包市场的健康发展。其下辖七个专业委员会和两个专业人士组织（商业惯例委员会“BPC”、能力建设委员会“CBC”、合同委员会“CC”、职业道德惯例委员会“IMC”、会员委员会“MemC”、职业道德管理委员会“RLC”、可持续发展委员会“SDC”、FIDIC 争议裁决员组织“FBA”、培训师组织“FBT”），分别负责会员管理、良好商业惯例推广、能力建设、合同编制、咨询行业职业道德以及风险与责任方面的工作。其编制的合同范本在国际上享有很高的声誉，并一直在国际工程界得到广泛使用。根据合同的性质，FIDIC 出版的合同范本包括两大类：一类是工程合同范本，即用于业主与承包商之间以及承包商与分包商之间的合同范本（简称“工程合同”）。另一类是工程咨询服务合同范本，主要用于咨询服务公司与业主之间以及咨询服务公司之间等签订的咨询服务协议或合作协议（简称“咨询服务合同”）。自1913年成立后，FIDIC致力于编写工程合同范本。1999年出版具有里程碑意义的一套四本彩虹族合同范本后，截至2017年，FIDIC一直在补充、修改、更新原来的范本。

FIDIC专业委员会编制了一系列规范性合同条件，构成了FIDIC合同条件体系。它们不仅被FIDIC会员国在世界范围内广泛使用，也被世界银行、亚洲开发银行、非洲开发银行等世界金融组织在招标文件中使用。FIDIC最早在1957年发布了第一版《土木工程施工合同条件》(Conditions of Contract for Work of Civil Engineering Construction)，这个国际版主要基于《海外土木工程合同条件》（简称ACE合同范本），由通用条件和专用条件两部分组成。由于题目太长，又因为其封面为红色，很快就被人们广泛称为“红皮书”。“红皮书”的第二版出版于1969年，该版本增加了用于疏浚与填筑的专用合同条件，并将其作为第三部分，得到了亚洲与西太平洋承包商协会国际联合会的批准与认可。1977年，应20世纪70年代末到20世纪80年代后期发展中国家经济高速增长的需要，“红皮书”第三版问世，其中包含了一些重大修改，例如定义费用、定义工程师的权利与义务以及规定合同范围被扩充等。该版本在全世界许多项目上都得到了成功的运用，已被翻译成了法语、德语与西班牙语。“红皮书”第四版于1987年正式出版，与此同时第三版被大幅度的修改，甚至范本的题目也做了变动：第三版题目中的“国际”一词被删除，目的是让全世界建筑业各参与方不但在国际工程中使用红皮书，而且在国内工程中也使用它。随后，“红皮书”第四版于1988年重印并在其末尾刊出编辑方面的订正内容，订正的内容只涉及一些细枝末节，并不影响相关条款的含义。于1992年重印时，又补充了一些订正内容，不仅统一了第四版“红皮书”的起草风格，而且其中一些增加或修改相关条款含义的修订具有重要意义。1994年，FIDIC出版了与第四版红皮书配套使用的《土木工程施工分包合同条件》(Conditions of Sub-contract for Works of Civil Engineering Construction)。随着工业机电项目的增多，FIDIC于1963年出版了《电气与机械工程标准合同条件》(Conditions of Contract for Electrical and Mechanical Works，通称为“黄皮书”）的第一版，并于1980年和1987年进行调整，发布了新的版本。1995年，《设计、建造和交钥匙合同条件》(Conditions of Contract for Design-Build and Turnkey，通称为“橘皮书”）正式出版。红皮书（1987年）、黄皮书

（1987年）以及橘皮书（1995年）主要构成了早期FIDIC彩虹族系列工程合同范本文件。

20世纪末，FIDIC根据国际工程市场的发展，编制了一套工程合同范本，于1999年正式出版《施工合同条件》(Conditions of Contract for Construction)、《生产设备与设计-施工合同条件》(Conditions of Contract for Plant and Design-Build)、《设计采购施工（EPC)/交钥匙工程合同条件》（Conditions of Contract for EPC/Turnkey Projects)、《简明合同格式》(Short Form of Contract)。这套合同范本与原“红皮书”和“黄皮书”相比发生了革命性的变化。这套合同版本发行后，总体上受到了业界的欢迎，但也有一些不同声音，如《设计采购施工（EPC)/交钥匙工程合同条件》由于在风险分担中承包商承担绝大部分风险，因此国际承包商对此版本颇有微词，甚至被称为“披着羊皮的狼”。尽管如此，1999年这套新范本出版后，很快得到了广泛的使用。

2005年，根据世界银行等国际金融组织贷款项目的特点，FIDIC编制了专门用于国际多边金融组织出资的建设项目的合同范本，即《施工合同条件-多边开发银行和谐版》(Multilateral Development Banks Harmonized Edition，通称“粉皮书”)。

2006年，FIDIC发布了第一版《疏浚与吹填工程合同条件》（Form of Contract for Dredging and Reclamation Works，通称“蓝绿皮书”)。随后，FIDIC对第一版“蓝绿皮书”进行修订，于2016年发布了第二版《疏浚与吹填工程合同条件》。

为适应国际承包形势的发展，FIDIC于2008年出版了DBO合同条件，即《生产设备、设计、建造及运营项目合同条件》(Conditions of Contract for Plant and Design，Build and Operate，通称“金皮书”)。

2011年，FIDIC出版了与1999年版《施工分包合同条件》配套的《施工分包合同条件》(Conditions of Subcontract for Construction)。

2. FIDIC土木工程施工合同条件

《施工合同条件》(Conditions of Contract for Construction，通称“新红皮书”)，是在1987年“红皮书”第四版的基础上，经过实质性修改编制而成的，推荐用于由业主提供设计方案的房屋建筑或工程项目。

1999年版《施工合同条件》在适用范围、计价方式、管理以及风险分担上都与原《土木工程施工合同条件》有着较大的区别。首先，在适用范围方面，1987版《土木工程施工合同条件》主要应用于土木工程领域（Civil Engineering Construction)，1999 年版《施工合同条件》的适用范围则更广，适用于房屋建筑或工程领域（Building or Engineering Works），包括土木、机械、电力、建造工程等。在计价方式方面，1999 年版《施工合同条件》中合同总体上仍采用单价形式，但双方也可以针对某些具体工作项目约定总价。在管理模式方面，工程师受雇于业主对工程项目进行管理，但工程师不再是独立的第三方而是作为业主方人员。在风险分担方面，1999 年版《施工合同条件》对承包商比较友好（Pro-contractor），将大量风险分担给了业主。其规定业主负责大部分的设计工作，承包商也可能承担少量的设计深化工作。

此外，从词语的使用来说，1999 年版《施工合同条件》的语言更为通俗易懂，便于国际用户使用。并且通用条款中的第一款“定义和解释”也有了较大的变动，由旧版的 35 个词语增加到 62 个，使得合同条款的定义更为清晰、明确。

第二节　工程质量问题

1. 质量管理的一般规定

(1) 关于工程质量的总体要求

根据第 4.1 款［承包商的一般义务］和第 5.4 条［技术标准和规范］，承包商负责的设计、施工、承包商文件（包括设计图纸、竣工记录、运维手册等）应符合合同规定和项目所在国的法律要求、技术标准和规范及合同约定的其他技术标准，工程竣工后应满足预期使用目的（Fit for the purpose (s)，FFP）。承包商应选择有经验的人员或分包商，使用配备好的设施和无害的材料、以恰当的方式实施工程。

业主有权在工程实施期间对生产设备、材料和工艺进行检验、检查、测量和试验等，并要求承包商在工程移交前进行竣工试验，在工程移交后承包商仍要负责缺陷通知期（Defects Notification Period，DNP）内的缺陷修补工作。黄皮书和银皮书下，还可以要求进行竣工后试验。

此外，业主有权在承包商文件编制的地点检查承包商文件。根据第 5.2 款［承包商文件］，承包商文件应提交工程师进行审核，工程师应在收到承包商文件 21 天内发出不反对通知（No-objection Notice）或通知承包商修改（若工程师未在规定时间内做出回应，视为已发出不反对通知）。除了竣工记录（As-Built Records）和运维手册（Operation and Maintenance Manuals）外，承包商在收到工程师的不反对通知后方可实施相应的工作。如果承包商要修改设计或承包商文件，相关的工程实施应暂停，直至工程师对修改后的设计或承包商文件发出不反对通知。

（2）QM 体系与 CV 体系

根据第 4.9 款［质量管理体系与合规验证体系］，承包商应在开工后 28 天内向工程师提交质量管理体系文件（Quality Management System，QM 体系），包括：确保与工程、货物、工艺或试验相关的通信文件、承包商文件、竣工记录、运维手册、实时记录可以被追踪的程序；确保工程实施界面和不同分包商工作界面的协调和管理处于恰当的程序；承包商文件提交的程序。工程师应在收到 QM 体系 21 天内做出回应，发不反对通知或通知承包商修改。承包商应至少每 6 个月进行一次 QM 体系内部审计，并在审计结束后 7 天内将审计报告提交给工程师，审计报告应说明每次审计的结果，包括改进措施。如果承包商进行了关于质量保证的外部审计，承包商也应立即通知工程师说明外部审计中发现的问题。

此外，承包商还应建立合规验证体系（Compliance Verification System，CV 体系），验证设计、生产设备、材料、工作或工艺符合合同要求，并应包括承包商实施的全部检验和试验结果的报告方式。如果任何一项检验或试验证明承包商不符合合同，则应根据第 7.5 款［缺陷及拒收］进行修补或拒收。

QM 体系和 CV 体系为 2017 版 FIDIC 新增内容，其中 QM 体系侧重于承包商在项目实施过程中应采取措施保证工程质量和相关文件可被追踪；CV 体系侧重于承包商在项目实施过程中和竣工后应采取措施验证设计、材料、工作等符合合同规定，CV 体系应与合同规定的检验、检查、试验等结合使用，是各种检验、检查和试验汇总而成的体系性文件。但是遵守 QM 体系和 CV 体系不能免除承包商合同下的任何义务和责任。

2. 生产设备、材料和工艺检验

根据合同，承包商应选择有经验的人员，使用配备好的设施和无害的材料，按照合同规定的方式、公认的良好惯例、以恰当的施工工艺和谨慎的态度实施工程以满足合同要求。工程实施过程中，应进行生产设备、材料和工艺的检验。

（1）样品审核与检查

根据第 7.2 款［样品］，承包商在使用材料之前，应按合同自费提交材料样品供工程师审核；如果工程师要求额外的样品，应按变更处理。

根据第 7.3 款［检查］，业主人员在正常工作时间和合理的次数范围内，有权进入现场和天然料场在设备生产、制造和施工期间对生产设备、材料和工艺进行检验、检查、测量和试验，并有权进行记录；承包商应给业主人员提供充分条件实施以上活动，包括提供安全进入、设施、进入许可和安全设备等。

当生产设备、材料或工作准备好检查时，或生产设备、材料或工作被覆盖、包装或运输前，承包商应通知工程师。业主人员应及时进行检查，或由工程师通知承包商无需进行检查。如果工程师未通知，业主人员也未按承包商通知中的时间参加，承包商可以进行覆盖、包装或运输。如果承包商未提前通知工程师，若工程师要求，承包商应自费拆除覆盖或包装以供检查。

（2）试验

除进行一般检查外，合同可约定应进行的试验，试验一般需要专门的仪器和装置来进行。第 7.4 款［由承包商试验］规定了试验的程序，该款规定适用于除竣工后试验外的所有试验。承包商应负责提供试验所需的人员、材料、燃料、水电、仪器仪表、文件资料等，所有的设备和仪器仪表应根据合同约定或适用法律规定的标准进行校准。

承包商应通知工程师试验的时间和地点，工程师可以根据第 13 条［变更和调整］变更试验的时间、地点或细节，或指示承包商实施额外的试验。如果变更试验或额外试验的结果显示生产设备、材料或工艺不符合合同，由此带来的成本或延误由承包商承担。如果工程师未按承包商通知中的时间和地点参加试验，除非工程师另有指示，承包商可自行试验，视为试验在工程师在场的情况下进行的。如果承包商由于遵守工程师的指示或业主的原因造成了工期延误或成本增加，承包商有权索赔工期和成本加利润。然而，如果由于承包商的原因导致了试验延误，该延误造成业主成本增加，业主也有权索赔费用。

承包商应及时将试验报告提交给工程师，如果试验通过，工程师应在承包商的试验报告上背书，或向承包商颁发试验证书。如果工程师未参加试验，应认为他已经接受了试验结果。

（3）缺陷修补与拒收

根据第 7.5 款［缺陷和拒收］，如果任何检验、检查、测量或试验发现生产设备、材料、设计或工艺存在缺陷或不符合合同，工程师应通知承包商。承包商应及时编制并提交修补方案供工程师审核。如果工程师在收到承包商的修补方案后 14 天内未向承包商发通知，视为工程师发出了不反对通知。如果承包商未能针对修补工作及时提交方案，或未能实施工程师已发不反对通知的方案，工程师可以指示承包商修补或返工，或通知承包商拒收该设计、生产设备、材料或工艺，业主可自行（或雇佣他人）进行修补，并向承包商索赔修补费用。修补完成后，工程师可要求进行重新试验，承包商应自费再次试验。如果拒收和重新试验导致业主增加了额外的成本，业主有权索赔费用。

根据第7.6款［修补工作］，除进行上述检验、检查、测量或试验外，工程师在颁发接收证书前，可随时指示承包商：1）修理、修补或移除和替换不符合合同的生产设备或材料；2）修理、修补或移除和重新实施任何不符合合同的其他工作；3）为了工程安全紧急实施的修补工作。承包商应承担以上修补工作的费用，除非以上第3种情况是由于业主原因或例外事件造成的。如果修补工作是业主原因导致的，承包商有权索赔工期和成本加利润；如果是例外事件导致的，将按第18条［例外事件］的相关规定处理，承包商可索赔工期，但不一定可以索赔成本。如果承包商未能按工程师的指示进行修补工作，业主可自行（或雇佣他人）进行修补，业主有权索赔修补费用。

此外，如果生产设备或材料确有必要在现场外进行修理，承包商应提前通知工程师说明原因，征求工程师的同意，因为生产设备和材料一旦运至现场或业主已支付，生产设备和材料的所有权即归业主。

3. 竣工试验和工程接收

（1）竣工试验程序

竣工试验是业主接收工程前进行的试验，竣工试验应根据第9.1款［竣工试验］和第7.4款［由承包商试验］进行。承包商应在竣工试验开始前不少于42天向工程师提交详细的竣工试验计划，由工程师审核试验计划，发不反对通知或要求承包商修改（若工程师未能在收到竣工试验计划14天内发以上通知，视为已发不反对通知）。承包商在收到不反对通知前，不可开始进行竣工试验。除提交竣工试验计划外，承包商应在每个试验开始前不少于21天通知工程师“准备好竣工试验的日期”。竣工试验计划的提交为17版新增内容，显示了FIDIC合同对进度计划的重视。

除非在业主要求中另有说明，竣工试验应分以下三个阶段按顺序进行，上一阶段完成之前不能进行下一阶段的试验：

启动前试验（Pre-commissioning Tests），包括合适的检查和功能性试验（“干的”或“冷的”)，该试验为单机空转试验，旨在证明工程每一个部分可以安全地运转；

启动试验（Commissioning Tests)，该试验为联合运转试验，旨在证明工程或区段（Section）在各种运行条件（负荷可从小到大依次进行）下可安全的运行；

试运行（Trial Operation)，该试验为正常的运行条件下的试验，证明工程或区段在正常运行条件下可以可靠地运行。

在试运行过程中，当工程或区段稳定运行时可进行性能试验（Performance Tests)，性能试验旨在检查工程或区段是否满足合同约定的性能指标。试运行产生的产品或收入为业主所有。试运行（包括性能试验）不构成业主的接收。

若承包商认为工程或区段通过了以上竣工试验，承包商应向工程师提交试验报告，工程师审核试验报告，在 14 天内发不反对通知，或通知承包商不符合合同要求。审核竣工试验报告时，工程师应考虑到业主对工程使用带来的影响。

关于竣工试验三个阶段的规定，黄皮书和银皮书基本一致，但红皮书的差异较大，主要是因为上述竣工试验三个阶段的规定主要适用于含生产设备较多的工程，而红皮书主要针对的是由业主负责设计的土木工程类施工项目，项目的试验或检验多在实施过程完成，因此红皮书并未将竣工试验分为以上三个阶段。

(2) 竣工试验延误的处理

如果竣工试验由于承包商的原因造成了延误，工程师应通知承包商，要求承包商在收到通知后 21 天内进行试验。如果承包商未能在 21 天内实施，工程师再次通知后，业主人员可自行试验；承包商可参加和见证试验；在试验完成后 28 天内，工程师应将试验结果副本发送承包商；如果由此造成了业主额外的成本，业主有权索赔。无论承包商是否参加，以上试验都视为承包商在场的情况下进行的，并视承包商已接受试验结果。

如果承包商发了竣工试验通知，而试验由于业主的原因造成延误 14 天以上，承包商应通知工程师，此时工程应视为在竣工试验应完成之日已被业主接收，工程师应立即颁发接收证书；随后承包商应在缺陷通知期结束前尽快进行竣工试验，且承包商有权索赔工期和成本加利润。

(3) 未通过竣工试验的处理

如果未能通过竣工试验，工程师可以要求承包商进行修补，此时第 7.5 款［缺陷和拒收］将适用。根据第 9.4 款［未能通过竣工试验］，工程师或承包商可要求对未通过的试验重复进行。如果重复试验后，仍未通过，工程师有权进行以下要求：

1）要求再次进行竣工试验；

2）如果缺陷影响了业主整个工程的收益，可拒收工程，此时业主可立即终止合同，并有权根据索赔条款要求承包商返还之前支付的所有工程款、融资费用、拆除恢复和清理现场的费用；

3）如果缺陷影响了某区段不能满足原有的目的，可拒收该区段；此时该区段将依据变更条款按工程删减处理；

4）如果业主要求，可颁发接收证书，此时业主有权索赔性能赔偿费（Performance Damages）。

黄皮书和银皮书中包括性能保证表（Schedule of Performance Guarantees），其中约定了工程或区段应达到的性能指标，包括保证值和最低值，并设置性能赔偿费，如果性能试验达到约定的保证值，即通过了性能试验；如果性能试验未达到保证值，但达到了最低值，业主应接收工程，但有权获得性能赔偿费；如果性能试验未达到最低值，业主可拒收工程。红皮书中无性能试验，也未包括性能保证表。

（4）工程接收

根据第10.1款［工程和区段的接收］，正常情况下，承包商应在工程或区段完工且通过了竣工试验，并在满足其他工程移交条件前不少于14天向工程师发通知，申请接收证书。工程师应在收到承包商通知后28天内颁发接收证书，并明确扫尾工作；或者发通知拒绝承包商的申请，且说明承包商仍需要完成的工作、工程，以及需要修补的缺陷和需要提交的文件资料。

如果工程被划为若干个区段，则承包商可针对每一个区段申请接收证书。如果业主同意，也可以针对工程的某一部分颁发接收证书。在工程师颁发接收证书前，业主不应使用工程的任何部分；如果业主在工程师颁发接收证书前使用了工程的某一部分，承包商应通知工程师说明使用的部分，且该部分被视为已移交给业主，承包商不再对该部分负有照管责任，此时工程师应立即针对该部分颁发接收证书，并说明剩余的扫尾工作或仍需要修补的缺陷。如果承包商由于业主接收部分工程或使用部分工程造成成本增加，承包商有权索赔成本加利润。

从以上规定可以看出，合同可约定工程整体移交，也可分区段移交，还可临时做出决定，移交工程的某一部分。当合同约定可按区段接收时，需在合同数据中对区段进行定义，并对每一区段对应的保留金、竣工时间和误期损害赔偿费进行约定；

而且，应注意和考虑该区段或部分工程移交对其他未移交部分可能造成的影响。

4. 工程接收后的缺陷处理

业主接收工程以后，承包商仍要负责修补之前的工程缺陷，如果由于承包商的原因导致工程、区段、部分工程或主要设备在接收后出现缺陷或损害，而不能用于原有的目的，该缺陷或损害仍应由承包商负责，且业主有权延长缺陷通知期。

（1）工程接收后的缺陷修补

业主接收工程后，承包商应于约定的时间内完成扫尾工作和缺陷通知期结束前通知的缺陷或损害修补工作。在缺陷通知期内，如果出现了缺陷或损害，业主应立即通知承包商，由承包商与业主人员联合检查缺陷或损害产生的原因，承包商应编制并提交修补方案；待修补工作完成后，工程师可以要求重复试验，重复试验应按照之前相同试验的要求执行，重新试验的费用由缺陷的责任方承担。

在缺陷通知期内，如果承包商认为有必要在现场外修复生产设备，承包商应通知业主请求同意，作为同意的条件，业主可以要求承包商提交与设备价值相当的担保。

（2）缺陷调查和修补缺陷的费用

工程师可以指示承包商调查缺陷产生的原因，如果缺陷是由以下原因之一导致的，调查缺陷和修补缺陷的费用应由承包商承担：非业主负责的设计；生产设备、材料或工艺不符合合同；承包商原因导致的不当操作或维护；承包商未遵守合同下的其他义务造成的。

如果承包商认为缺陷是由于其他原因导致的，承包应及时通知工程师，工程师将执行第 3.7 款［商定或决定］。如果缺陷是由其他原因导致的，承包商有权索赔调查成本加利润，此时缺陷修补工作视为工程师根据变更条款指示的变更。

如果承包商未根据指示进行调查，业主人员可自行调查，如果调查发现是承包商应承担修补费用的缺陷，业主有权索赔由此调查增加的费用。

（3）未能修补缺陷

如果承包商无故延误修补工作，工程师可以通知承包商并指定修补时间。如果承包商在通知要求的时间内仍未能修补缺陷，且该缺陷修补工作本应由承包商承担费用，业主可以：

1）自行（或雇佣他人）修补缺陷，并有权向承包商索赔修补费用；

2）接受有缺陷的工作，有权通过索赔获得性能赔偿费；如果合同中未约定性能赔偿费，可以减少合同金额，该金额应能覆盖由此缺陷而减少的工程价值；

3）根据变更条款对受缺陷影响的不能满足原有用途的部分工程进行删减；

4）如果缺陷实质性地影响业主整个工程的收益，可立即终止合同；且业主有权根据索赔条款要求承包商返还之前支付的所有工程款、融资费用、拆除和清理现场的费用，并将生产设备和材料退还给承包商。

5. 竣工后试验

（1）竣工后试验的程序

如果需要，可以在业主要求中约定竣工后试验。根据黄皮书第12.1款［竣工后试验的程序］，竣工后试验由业主负责，业主应负责提供竣工后试验所需的人员、材料、燃料、水电、仪器仪表等，并应根据合同和运维手册，在承包商的指导下实施。根据银皮书第12.1款［竣工后试验的程序］，竣工后试验由承包商负责，业主负责提供竣工后试验所需的水、电、污水处理、燃料、耗材、材料等，承包商应负责提供竣工后试验所需的其他仪器仪表、文档和其他信息、设备、人员等，并向业主提交竣工后试验计划供业主审核，按照业主审核同意的竣工后试验计划实施。在黄皮书下，双方也可在专用条件中约定由承包商负责竣工后试验，按类似银皮书的方式进行。

竣工后试验多用于含生产设备较多的工业项目或基础设施项目，此类项目，在工程移交以前可能无法满足竣工后试验的条件。竣工后试验一般包括与竣工试验类似的性能试验和可用性试验（Availability tests），性能试验旨在测试工程可以达到合同中约定的指标，可用性试验旨在检验工程在缺陷通知期内的可用性。黄皮书和银皮书中均包括竣工后试验的性能保证表，约定生产设备应达到的性能指标。竣工后试验要求在正常运行条件下测试，所以应考虑外部环境的影响。因红皮书多用于由业主负责设计的土木工程施工，一般不需要竣工后试验，故无该条款。

（2）竣工后试验的延误

如果由于业主原因导致竣工后试验延误，造成承包商额外的成本，承包商有权索赔成本加利润。如果由于非承包商的原因导致竣工后试验未在缺陷通知期内完成，应被视为工程或区段已通过竣工后试验。

（3）未能通过竣工后试验

如果工程或区段未能通过竣工后试验，承包商应在缺陷通知期内修补缺陷，修补缺陷后再次试验；如果因承包商应负责的缺陷，使业主由于未能通过竣工后试验和重新试验导致了额外的成本，业主可索赔。如果合同中约定了性能赔偿费，业主有权要求承包商支付性能赔偿费，承包商在缺陷通知期内支付了性能赔偿费，则视为工程或区段通过了竣工后试验。

业主应为承包商修补缺陷提供现场进入权，如果承包商未在缺陷通知期内收到进入现场的通知，承包商应被视为不再有修补的义务，并视为工程或区段已通过竣工后试验。如果由于业主的原因导致承包商进入现场的修补工作发生延误，承包商有权索赔成本加利润。

质量是工程的生命，质量与进度、费用一起构成工程项目管理目标的铁三角。2017 版 FIDIC 系列合同条件中关于质量管理的规定更加全面和体系化，质量管理相关规定与现场管理、设计、保障、保险等相互补充和呼应，大家在学习和阅读合同条款时应该联系起来，不能将这些条款割裂开。

第三节　支付问题

1. 工程合同价格类型与工程量清单

(1) 工程合同价格类型

工程合同按照合同价格类型可以分为单价合同（Unit Price）、总价合同（Lump Sum）和成本加酬金合同（Cost Reimbursement plus Fee）三种。

单价合同属于重新计量合同，合同价格以工程量清单中的单价和实际结算的工程量为基础计算，工程量清单中的工程量仅作为投标报价和评标的依据，不作为实际结算工程量。在单价合同下，承包商承担单价变化的风险，业主承担工程量变化的风险。

总价合同也称为固定总价合同，若不考虑索赔、变更等因素引起的调整，业主向承包商支付的价款总额应为合同协议书中的合同价格，业主按照约定的支付计划表进行支付。在总价合同下，承包商承担单价变化和工程量变化的风险。

成本加酬金合同为实报实销型，业主向承包商支付的价款总额为承包商实际花费的成本加合理报酬。在这种合同价格类型下，业主承担了单价变化和工程量变化的风险，最终合同价格具有非常大的不确定性，业主的风险很大，工程实践中极少采用这类合同类型。

从合同价格类型上区分，2017 版红皮书基本属于单价合同；然而在实践中，不排除使用红皮书时将个别项采用总价包干的方式计价和支付，也会存在将红皮书改为总价合同的情况，此时业主不再承担工程量变化的风险，对应风险分担条款也应修改。2017 版黄皮书和银皮书属于总价合同，有时黄皮书的部分工作也可能采用重新计量的方式计价，一般银皮书的永久工程部分不会采用重新计量的方式。使用黄皮书和银皮书时，索赔、变更等内容可能会采用重新计量或者成本加酬金的方式进行计价。

（2）工程量清单

工程量清单（Bill of Quantities，BOQ）是使用单价合同的工程项目投标报价的基础，是单价合同支付、索赔和变更计价的依据。工程行业存在多种工程量清单规则，国际上有英国皇家特许测量师学会（RICS）认证的《英国建筑工程标准计量规则》（SMM）等；在中国，住房城乡建设部发布的《建设工程工程量清单计价规范》统一规范了房屋建筑与装饰工程工程量清单的编制与计量，此外各专业工程工程量清单计量规则（如公路工程、水利工程等）统一规范各专业工程工程量清单的编制与计量。不同的工程量清单规则下，计量的方式也可能存在差别。

BOQ 为红皮书计价的基础，2017 版红皮书明确包括并专门定义了 BOQ。17 版黄皮书和银皮书中默认没有 BOQ，但在实践中 BOQ 也可作为黄皮书和银皮书投标报价时投标文件的一部分，并可能包含在签订的合同文件中，作为以后索赔和变更计价的参考。

2017 版红皮书下，BOQ 中的工程量仅作为投标报价和评标的依据，并不是实际实施的工程量，也不作为期中支付的工程量；BOQ 中的单价为红皮书计价的依据。若黄皮书和银皮书中也包括 BOQ 或其他类似清单，其中的工程量和单价仅用于合同约定的用途，BOQ 中的工程量不作为实际结算的工程量。

2. 2017 版 FIDIC 红皮书下的计价与支付

2017 版红皮书属于重新计量的单价合同，合同价格以 BOQ 中的单价和实际结算工程量为基础计算，实际结算工程量以批复的图纸工程量或实际完成工程量为基础计算，签订合同时的中标合同金额为暂定的名义合同价格。

（1）计量方式和程序

依据 2017 版红皮书通用合同条件第 12 条［计量与估价］，红皮书有两类计量的方式：第一类是在工程现场进行实地测量，应由承包商和工程师共同完成；第二类是根据规范依据记录进行计量。原则上，单价合同工程计量一般都应采用第一类方式；也有部分工作采用第二类方式，比如工程量清单中的一般项（临时工程、设计、HSE 工作等）、添加剂（需要依据配合比计算）、可依据批复的图纸确定结算工程量的工作（如土石方），这些工作无法或无需进行现场测量，可依据记录计量。

当工程师要求在现场计量时，工程师应至少提前 7 天向承包商发通知说明计量的内容、日期和地点。承包商代表应参加或者另派一个有资格的代表参加，协助工程师计量并尽力与工程师就计量结果达成一致，提供工程师要求的资料。如果承包商未能按通知的时间和地点参加或派代表参加，工程师实施的计量应视为承包商在场情况下完成的且结果被承包商所接受。

当依据记录进行计量时，一般情况下工程师应负责准备记录。工程师准备好记录后，应至少提前 7 天通知时间和地点，要求承包商代表检查和商定记录。如果承包商代表未能按通知的时间和地点参加或未另派代表参加，应视为承包商已接受记录结果。

如果承包商参加了现场计量或记录检查，但是承包商与工程师未对计量结果达成一致，承包商应通知工程师说明现场计量或记录不准确的理由。在收到承包商根据此类通知后，工程师应根据 3.7 款［商定或决定］来商定或决定，此时工程师应暂估一个工程量用于颁发期中支付证书（Interim Payment Certificate，IPC）。如果承包商未参加现场计量或未在记录检查后 14 天内向工程师发出通知，应视为承包商已接受计量结果。

（2）计量方法

单价合同有多种对工程进行计量的计量规则和方法，在不同的计量规则和方法下，计量的工程量也可能有差别，因此应在专用条件中约定合同适用的计量规则和方法。

如果专用条件中未约定计量规则和方法，应按照 BOQ 或其他适用的数据表、适用的计量规则和方法进行计量。根据 2017 版红皮书第 12.2 款［计量方法］规定，除非合同中另有规定，对每一项工作都应以净实际工程量进行计量。

（3）工程估价

在完成工程计量后，就需要确定单价以进行工程估价。单价确定应遵循“相同—相似—相关—成本加利润”顺序和原则进行，即：

1）相同：对于每一项工作，单价应首先选择 BOQ 或其他数据表中约定的相同工作的单价；

2）相似：如果BOQ或其他数据表中没有相同的工作，应选用相似工作的单价；

3）相关：当BOQ或其他数据表中没有相同或相似的工作，需制定新的单价时，应参考BOQ或其他数据表中相关工作的单价，并做相应调整；

4）成本加利润：当BOQ或其他数据表中找不到相关工作的单价时，应根据实施该项工作的合理成本加一定比例利润（如果未约定，利润率为5%）确定单价。

依据17版红皮书第12.3款［工程估价］规定，如果满足以下任何一种情况，应制定新的单价：

1）BOQ或其他数据表中不包括该项工作内容，没有该项工作的单价，并且合同中也没有相似工作的单价；

2）工程量的变化导致成本变化，足以需要调整单价时，此时该项工作工程量的变化应同时满足以下条件：

与BOQ或其他数据表中工程量相比相差10%以上；

工程量差额乘以BOQ或其他数据表中的单价超过了中标合同金额的0.01%；

工程量差额导致该项工作的成本变化超过了1%；并且BOQ或其他数据表中未约定该项工作的单价为“固定单价”“固定费用”或其他类似规定；

3）变更工作，并且以上第1）或第2）条适用。

如果某项工作包括在BOQ或其他数据表中，但承包商未填写单价，该工作的价值应被视为已分摊在其他工作的单价中。

如果工程师和承包商未能就某项工作的单价达成一致，承包商应通知工程师说明不同意的理由，工程师应在收到通知后根据第3.7款商定或决定单价。在单价被商定或决定之前，工程师应暂估一个单价用于颁发IPC。

工程量和单价确定以后，就可确定第14.3款［期中支付申请］中的当期完成工程价值，随后确定期中支付金额，进入期中支付证书颁发和支付流程（相关问题参见作者的另外一篇文章“FIDIC 2017版系列合同条件中支付基本问题分析”）。

3. 2017版FIDIC黄皮书和银皮书下的计价与支付

2017版黄皮书和银皮书均为总价合同，每期的支付并不以合同中单价和实际完成工程量为基础进行计算，双方会约定一个支付计划表（Schedule of Payments），以确定每期支付的对应当期完成工程及承包商文件价值的金额。2017版黄皮书和银皮书专用条件编写指南第14.4款［支付计划表］中提供了三种类型的支付计划表：

第一种为分期按约定金额或比例支付；第二种为按约定里程碑支付；第三种为按照约定的永久工程主要工程量清单（Bill of Principal Quantities of the Permanent Works，BPQPW）支付。下文分别对这三种类型的支付计划表予以介绍和分析。

（1）分期按约定金额或比例计价与支付

将合同价格在合同工期内按期（每月或其他时间间隔）拆分成一定的金额或比例，各期金额累计应等于合同价格或比例累计应为100%。承包商每期按照该金额或比例提交期中支付申请报表，并附支持资料，申请对应金额的支付。这种方式简单明了，但是在执行过程中很可能出现实际工程进度与支付计划表所依据的进度计划不一致的情况。工程师（或业主代表）如果发现支付计划表所依据的进度计划与实际进度不一致，有权调整支付计划表，这样可能会导致支付计划表频繁变动，也会因此产生很多争议。这种方式比较适合非常简单的工程项目，现实中大型复杂工程项目使用较少。

（2）按里程碑计价与支付

在按里程碑计价与支付的方式下，承包商应在投标时提交里程碑支付计划表，列明完成每个里程碑应支付的金额或比例，在签订合同后，开工前双方可对里程碑支付计划表进行修正。工程实施期间承包商每完成一个里程碑（或每期），根据里程碑支付计划表提交期中支付申请报表，并附对应的支持材料（包含证明里程碑完成的资料），申请对应支付的金额。

这种方式适合容易清晰明确地确定支付里程碑的工程，若里程碑完成不易判断，双方容易对里程碑是否完成产生争议，有时虽然里程碑主体已经完成，仍有极少部分扫尾工作需要持续很长时间才能完成，由此承包商迟迟拿不到相应的进度款；工业项目因设备金额占比大，设备的下单、发货及安装比较清晰明了，适合设置支付里程碑，银皮书常常使用这种方式。支付里程碑应结合工程具体情况科学且合理地设置，不宜太粗，否则容易造成承包商虽完成了很多工作但无法申请期中支付，导致承包商现金流压力较大；也不宜太细，否则设计深化或设计变更造成工作内容变化，容易导致支付里程碑频繁修改。

（3）按BPQPW计价与支付

如果项目的永久工程可以拆分为若干简单的分部分项工程，可采用BPQPW的方式进行计价。在开工之前，承包商将分部分项工程进行细化，并挑选主要的工作组成BPQPW中的项，然后测算这些项的预计完工工程量和单价，各项预计完工工程量乘以单价的合计金额应等于合同价格，每项单价应为综合考虑临时工程、设计以及其他未包含在BPQPW中但为完成该项工作而实施其他工作的价值后的综合单价。承包商将该BPQPW提交给工程师（或业主代表），并附支持材料和计算过程，经工程师（或业主代表）审核同意后使用。在接收证书颁发之前，可能会由于设计变更导致BPQPW与实际不一致，此时承包商应重新提交修改后的BPQPW。在工程实施过程中，承包商应根据当期实际完成的工作和BPQPW计算期中支付金额，并编制期中支付申请报表，附支持资料，申请期中支付。

在1999版黄皮书专用条件编写指南中就推荐了BPQPW这种计价方式；但1999版银皮书专用条件编写指南中仅推荐了前两种计价方式，2017版也将BPQPW计价方式纳入银皮书中，可能考虑到前两种计价方式不足以满足所有使用银皮书的工程项目，特别是对于工期较长、分部分项工程容易拆分的项目（如公路或铁路项目使用银皮书），BPQPW方式更有利于计价。相比于按里程碑支付，BPQPW方式无须设置详细的支付里程碑，也避免了双方难以达成里程碑完全一致的问题。

在工程合同管理实践中，BPQPW方式可能存在多种变形，比如将合同价格按照主要工作拆分后，得到每一项工作的金额，当期完成工程价值以每项工作当期完成百分比乘以该项工作的金额合计获得，每项工作当期完成百分比以当期该项工作实际完成工程量和预计完工工程量为基础计算；此外，还可以将临时工程、设计、专题报告或资料等工作在BPQPW中单列。

4. 2017版FIDIC黄皮书与银皮书支付规定的差异

2017版黄皮书与银皮书同为总价合同，计价方式也基本相同，然而在支付规定方面仍存在一些差异：

（1）黄皮书中设有“工程师”角色，而在银皮书中用“业主代表”替代“工程师”；黄皮书中由“工程师”负责的支付相关工作，在银皮书中也相应由“业主代表”或“业主”代替。

（2）黄皮书中有支付证书，包括预付款支付证书、期中支付证书、最终支付证书，这些证书由工程师向业主和承包商颁发，而银皮书中没有工程师，也没有支付证书，银皮书中由业主审核报表后直接支付。

（3）关于预付款和最终支付的支付期限，黄皮书为业主收到对应的支付证书后在合同约定的期限内向承包商支付；而银皮书因没有支付证书，为业主收到对应的报表和支持资料后一定期限内向承包商支付。

（4）黄皮书合同价格虽默认为固定总价，但部分工作仍可以采用重新计量的方式进行计价，为此黄皮书通用条件中专门进行了说明，专用条件编写指南中也推荐了部分工作采用重新计量方式计价的相关条款，签订合同时的价格只是暂定合同价格，黄皮书中使用中标合同金额（Accepted Contract Amount）的概念，即中标函中的合同价格，预付款、履约担保等的比例以中标合同金额为基础进行计算；而银皮书则为比较纯粹的固定总价合同，除发生变更、索赔以及合同约定的价格调整外，合同价格不再变化，也不建议部分工作采用重新计量的方式计价，且合同中没有中标合同金额的概念。

5. 2017 版 FIDIC 与 1999 版关于支付规定的主要差异

2017 版 FIDIC 合同条件中关于支付的规定与 1999 版大致相同，存在的主要差异如下：

（1）通用合同条件中关于支付相关规定的篇幅大幅度增加

以第 14 条［合同价格与支付］为例，1999 版红皮书为 7 页，17 版红皮书为 12 页，2017 版合同条件关于支付的相关规定更加清晰、明确，考虑了更多的可能性。

（2）第 2.4 款［业主的资金安排］增加了对变更价格的支付保证

如果单次变更价格超过了原合同价格的 10%或累积变更价格超过原合同价格的 30%，承包商可以要求业主提供相关的资金安排证明，以证明其有能力对该变更工作进行支付。

（3）增加了与履约担保的联动性

第 4.2 款［履约担保］中规定，当依据第 13 条［变更或调整］的规定，变更或调整导致累计金额变化超过了中标合同金额的 20%时，履约担保的金额应相应增加或减少。

（4）期中报表内容更加准确全面

与 1999 版合同条件相比，期中支付申请时的期中报表由 7 项增加为 10 项，并修改 1 项。将原来的“依据合同进行的金额增减，包括依据第 20 条［索赔、争端和仲裁］确定的金额”修改为“依据合同进行的金额增减，包括依据第 3.7 款［商定或决定］确定的金额”，因为索赔款项将依据第 3.7 款商定或决定，而争端或仲裁的金额应立即支付，不用在期中报表中体现。此外，2017 版合同条件期中报表增加了 3 项金额，分别为“暂定金额”“保留金的返还”和“承包商使用业主提供的临时设施费用”。

（5）细化了 IPC 颁发程序并且增加了颁发 IPC 的前提条件

1999 版黄皮书和红皮书关于 IPC 颁发的规定不到半页，而 2017 版对应内容有 1 页半的篇幅，对 IPC 的颁发、扣留和修改进行了详细的规定，更具操作性；同时增加了“任命承包商代表”为 IPC 的前提条件。

（6）增加了“部分同意的最终报表”

第 14.11 款［最终报表］中规定，如果在履约证书颁发后双方仍存在争议的金额，承包商应编制并提交部分同意的最终报表，暂用于最终支付；该改动具有现实意义，有利于逐步解决最终报表争端金额的问题。

（7）进一步明确和简化了延误支付款项的利息支付

根据第 14.8 款［延误的支付］，如果发生延误支付，承包商有权获得延误款项的融资费，无须提供报表，无须发正式通知（包括第 20.2 款［索赔款项和（或）EOT］中的索赔通知），也无须提供证明。相比于 1999 版，2017 版合同条件明确无须根据索赔条款向业主发通知，进一步表明了承包商获得延误支付款项融资费是其正当而合理的权利，保障了承包商的基本权利。

本著对 2017 版 FIDIC 三本合同条件的支付问题进行了比较分析，并将其与 1999 版进行了对比，得到结论：单价合同和总价合同是工程项目常用的两种合同价格类型，红皮书主要使用单价合同的方式，黄皮书和银皮书主要采用固定总价合同的方式，且银皮书的合同价格更加固定；2017 版合同条件并未改变 1999 版红皮书、黄皮书和银皮书的合同价格类型和计价方式，但首次将 1999 版黄皮书中的 BPQPW 计价方式引入银皮书，有助于拓展银皮书的使用范围；2017 版黄皮书与银皮书的三种支付计划表的方式各有优缺点，在实践中可根据工程项目的特点和管理方式选择使用。与 1999 版合同条件相比，2017 版合同条件关于支付的规定更加清晰与详细，更有利于操作，也更注重保护承包商的权利。

第四节 索赔问题

1. 承包商向业主索赔的明示条款的主要差异

（1）延误的图纸或指示

2017 版红皮书的第 1.9 款不是［业主要求中的错误］，而为［延误的图纸或指示]，如果由于工程师未能及时签发图纸或指示，使承包商遭受了延误和（或）损失，承包商有权索赔工期、费用及利润。

2017版黄皮书和银皮书框架下，承包商承担主要设计责任，因而在黄皮书和银皮书中没有红皮的延误图纸或指示相关规定。

（2）业主要求和参照项中的错误

2017版黄皮书第1.9款[业主要求中的错误]及第4.7款[放线]规定了承包商在满足一定条件下，业主需对业主要求和参照项（Items of Reference）的准确性负责，如果在这类文件中存在错误、失误或其他缺陷，承包商可通过变更或索赔方式获得工期、费用及利润的补偿。

2017版银皮书框架下，业主仅提供数据供承包商参考，承包商除负责核实这些数据外，还对其准确性承担相应的责任，因此银皮书没有黄皮书第1.9款[业主要求中的错误]相关规定，此类风险全部由承包商承担，承包商无权因此类事件向业主索赔。

2017版红皮书模式下是业主负责设计，没有“业主要求”这个文件，所以没有相关规定。

（3）不可预见的物质条件（或不可预见的困难）

2017版黄皮书和红皮书下业主承担了不可预见的物质条件的风险，其第4.12款[不可预见的物质条件]规定，当承包商遇到不可预见的物质条件（不含异常不利的气候条件）时，承包商有权索赔工期和（或）费用。如果遇到异常不利的气候条件，承包商仅可以依照第8.5款[竣工时间的延长]，获得工期的延长，但不能得到费用的补偿。黄皮书和红皮书中，当工程师对此类索赔的费用补偿进行商定或决定时，还应考虑工程是否有类似部分的物质条件比承包商在基准日期之前能够合理预见的条件更为有利，如果有，工程师考虑因这些条件引起的费用的减少，但此类扣减不应造成合同价格的净减少。

2017版银皮书中第4.12款为[不可预见的困难]，此类风险全部由承包商承担，承包商无权因此类事件向业主索赔。

（4）竣工时间的延长

2017版黄皮书和红皮书第8.5款[竣工时间的延长]均规定：如由于下列任何原因，致使按照第10.1款[工程和区段的接收]要求的竣工受到或将受到延误，承包商有权按照第20.2款[索赔款项和（或）EOT]的规定提出延长竣工时间：

1）变更（无需遵守第 20.2 款［索赔款项和（或）EOT］规定的程序）；

2）根据本合同条件某款，有权获得延长工期的原因；

3）异常不利的气候条件：根据业主按第 2.5 款［现场数据和参照项］提供给承包商的数据和（或）项目所在国发布的关于现场的气候数据，这些发生在现场的不利的气候条件是不可预见的；

4）由于流行病或政府行为导致不可预见的人员或货物［或业主供应的材料（如有）］的短缺；

5）由业主、业主人员或在现场的业主的其他承包商造成或引起的任何延误、妨碍或阻碍。

2017 版银皮书第 8.5 款［竣工时间的延长］中不包含上述的（c）项内容，也不包含（d）项中的内容（但此类因素如影响到业主供应的材料除外）。即在银皮书下，承包商承担相应的风险。

（5）竣工后试验的延误或未能通过竣工后试验

2017 版黄皮书和银皮书包含竣工后试验的相关规定，第 12.2 款［延误的试验］规定，如果由于业主原因造成竣工后试验延误，承包商可以索赔费用和利润；第 12.4 款［未能通过竣工后试验］规定，如果业主无故拖延给予许可对承包商在调查未能通过竣工后试验的原因，或未进行任何调整和修正，要进入工程或区段的过程中，使承包商招致额外费用，承包商可以索赔费用和利润。

2017 版红皮书没有竣工后试验的相关规定。

2. 业主向承包商索赔明示条款的主要差异

（1）工程师或业主审核承包商的文件

在 2017 版黄皮书和银皮书下，业主的人员需承担承包商设计的审核工作。黄皮书和银皮书第 5.2 款［承包商文件］规定了对于经工程师或业主审核不满足合同要求的承包商文件，承包商需进行修改后重新提交供工程师或业主审核，由此给业主造成了额外费用，业主有权向承包商索赔由此产生的合理费用。红皮书中无此规定，因为在红皮书下业主一般承担全部或大部分设计工作。

（2）竣工后试验的重新试验

2017 版黄皮书和银皮书第 12.3 款［重新试验］规定，如果未通过试验或重新试验是由于第 11.2 款［修补缺陷的费用］(a)至(d)项提及的原因导致的，业主有权向承包商索赔额外费用。由于红皮书中没有竣工后试验条款，也就没有相关规定。

（3）未能通过竣工后试验

2017版黄皮书和银皮书第12.4款［未能通过竣工后试验］规定了如果（a）工程或某区段工程未能通过任何或所有竣工后试验，并且（b）性能保证明细表（Schedule of Performance Guarantees）规定了性能损害赔偿费的相应金额，则业主有权向承包商索赔性能损害赔偿费。由于红皮书中没有竣工后试验条款，也就没有相关规定。

（4）三本合同条件中业主向承包商明示索赔的其他不同

2017版银皮书第1.12款［遵守法律］，可索赔内容与黄皮书第1.13款相同，其他索赔条款与表3所列均相同。

2017版红皮书除第5.2.2款、第12.3款、第12.4款不可索赔之外，其他索赔条款与表3所列均相同。

第五节　工程变更问题

1. 合同条件中变更规定

（1）变更程序

2017版FIDIC系列合同条件中，根据变更发起人的不同将变更分为由业主方（包括业主和工程师，红皮书和黄皮书中为工程师，银皮书中为业主）发起的变更和由承包商发起的变更。变更流程如图5-1所示（以黄皮书为例）。

业主方发起的变更又可分为业主方直接签发变更指示发起变更（“指示变更”）和业主方要求承包商提交变更建议书发起变更（“征求建议书变更”）。

承包商发起的变更由承包商从价值工程的角度自发提交变更建议书，由业主方确认是否变更，其流程与业主方征求建议书变更基本相同，不同的是：

1）出发点不同，业主方征求建议书变更是承包商按业主方要求提交变更建议书供其审阅并确定是否变更，而承包商发起的变更是承包商从价值工程的角度（包括可加快完工，降低业主实施、维护或运营工程的成本，能为业主提高工程的效率或价值以及为业主带来其他效益）自发提交变更建议书；

2）编制建议书的费用承担方不同。由承包商发起的变更，编制建议书的相关费用由承包商自行承担。而由业主方发起的变更，如果业主方最终决定不变更，则承包商编制建议书的费用由业主承担；

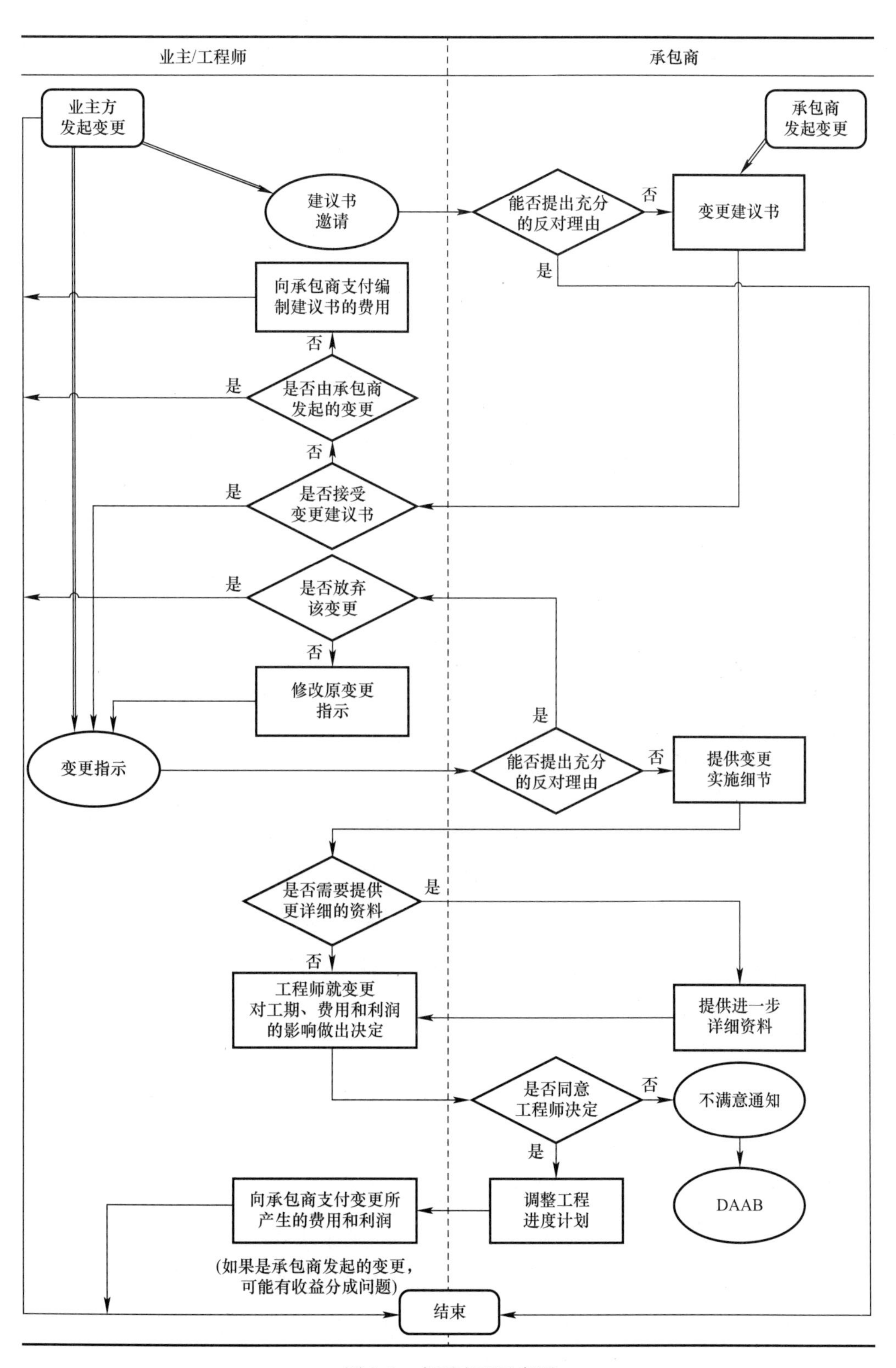

业主/工程师
承包商
业主方发起变更
承包商发起变更
建议书邀请
能否提出充分的反对理由
否
是
变更建议书
向承包商支付编制建议书的费用
否
是否由承包商发起的变更
是
否
是否接受变更建议书
是
是否放弃该变更
是
否
修改原变更指示
是
变更指示
能否提出充分的反对理由
否
提供变更实施细节
是否需要提供更详细的资料
是
否
工程师就变更对工期、费用和利润的影响做出决定
提供进一步详细资料
是否同意工程师决定
否
不满意通知
是
DAAB
向承包商支付变更所产生的费用和利润
调整工程进度计划
(如果是承包商发起的变更，可能有收益分成问题)
结束

图 5-1　变更流程示意图

3）对于承包商发起的变更，业主方在确认签发变更令时，应在其中说明合同双方对价值工程产生的效益、费用和（或）延误的分享和分担机制。

（2）变更的权利

无论是由业主方还是承包商发起变更，在确认变更后业主方都应签发变更指示，即变更的决定权在业主方，由业主方决定是否变更、如何变更。但对于业主方发起的变更，承包商可以以合理理由拒绝接受变更或拒绝提交变更建议书。这些理由为（红皮书没有第4和第5条）：

1）从工程的范围和性质考虑，该变更工作是不可预见的；

2）承包商不能获得实施变更所需的物资；

3）该变更会严重影响承包商履行第4.8款［健康和安全义务］以及第4.18款［保护环境］下的义务；

4）该变更会严重影响性能保证值的实现；

5）该变更可能会对承包商完成工程的义务产生不利的影响，导致工程无法满足第4.1款［承包商的一般义务］所述的工程预期目的（Fit For Purpose）。

收到承包商的拒绝通知后，业主方可以取消、确认或修改变更指示。

2. 2017版与1999版合同条件关于变更规定的区别

与1999版FIDIC合同条件相比，2017版FIDIC合同条件对第13条［变更与调整］做了如下修订：

（1）按变更的进展逐步展开说明，使之更为清晰，从而易于操作；

（2）明确变更条件下，承包商自然享有延期和调价的权利，而无需按第20.2款［索赔款项和（或）延长工期］发出索赔通知。该内容虽然在1999版合同中可视为“隐性规定”或惯例，但由于并未明确做出书面规定，导致实践中业主和承包商对此存在争议；

（3）对业主方征求建议书变更情况下承包商编制变更建议书的费用，明确规定如业主方决定不变更，则承包商可以索赔。1999版合同虽未规定承包商不能索赔，即如果承包商认为自己为此遭受了额外的费用，可按第20.1款［承包商的索赔］发起索赔。但由于相关内容并无明确的规定，给承包商索赔造成困难；

（4）对于承包商可拒绝变更或拒绝提交变更建议书的情形，增加了以下内容：

1）变更会严重影响承包商履行健康、安全和环境保护的义务；

2）变更工作就原工作的范围和性质而言，是不可预见的；

3）2017 版黄皮书和银皮书将 1999 版“降低工程的安全性和适用性”修改为“可能会影响工程满足预期目的的目标”。

（5）针对变更对合同工期、价格和支付进度表进行调整，2017 版根据第 3.7 款［商定或决定］（1999 版为第 3.5 款［决定］）由双方协商确定或业主/工程师决定。由于 2017 版对“商定或决定”做了细化和修改，从而对于依据该条款对变更做出的商定或决定也产生了以下影响：

1）对商定或决定的时间做了限制，即针对变更对合同工期、价格和支付进度表的调整需在一定的时间内由双方达成共识或业主方做出决定；

2）对于业主方做出的决定，如承包商存在异议并在规定时间内发出不满意通知后，则进入 DAAB 或仲裁程序。而在 1999 版中只说明不满意通知发出后，第 20 条［索赔、争端和仲裁］适用，通常业界认为先启动第 20.1 款［承包商的索赔］向业主进行索赔，当索赔形成争议后，再进入后续争端解决或仲裁程序。

（6）在变更的价格确定方面，2017 版黄皮书和银皮书，借鉴了 1999 版红皮书的相关内容，即如果合同中包含价格费率表，则采用价格费率表中相同或相近项目的价格，或根据相关价格由业主方制定新的临时价格；如合同中不含价格费率表，则采用成本加酬金的方式定价。

2017 版 FIDIC 系列合同条件除对第 13 条变更条款做了改动外，一些相关条款也做了调整：

1）在第 2.4 款［业主的资金安排］增加了对变更费用的支付保证。如果单次变更价格超过了中标合同金额的 10%或累积变更价格超过中标合同金额的 30%，承包商可要求业主提供相关的资金安排证明，以证明其有能力对该变更费用进行支付；

2）将履约保证与变更进行了关联。第 4.2 款［履约担保］中规定当变更导致合同价格累计增加或减少超过中标合同金额的 20%时，如业主要求，需要对履约担保额度进行相应调整；

3）对应用变更的具体条款做了部分调整（具体见下文），需特别注意在第 8.7 款［工程进度］中，明确规定对于承包商根据业主方要求采取的弥补第 8.4 款［竣工时间的延长］下工期损失的措施（包括赶工措施），第 13.3.1［指示变更］适用，即赶工属于变更。

3. 2017 版 FIDIC 系列合同条件中关于变更的相关条款

2017 版 FIDIC 系列合同条件中第 3.5 款［工程师的指示］（银皮书为第 3.4 款

[指示]）明确业主方在合同实施过程中可签发指示，如指示构成变更，则第 13.3.1 款［指示变更］适用。

除此之外，合同中明确了一些具体情形可适用变更条款，详见表 5-1。其中 2017 版银皮书和黄皮书的主要区别在于谁对业主要求和参考项目［Items of reference，指原始测量控制基准点、基准线和基准标高（Original survey controlpoints，lines and levels of reference)］的准确性负责、谁承担不可预见的物质条件（银皮书中为不可预见的困难）的风险，具体体现在第 1.9 款［业主要求中的错误］、第 4.7 款［放线］和第 4.12 款［不可预见的物质条件］中：

（1）2017 版黄皮书第 1.9 款［业主要求中的错误］规定，如果承包商根据第 5.1 款［设计义务一般要求］在规定的时间内对业主要求进行认真详查时或者承包商在此之后发现了错误、失误或其他缺陷，承包商应通知工程师。同样，2017 版黄皮书第 4.7 款［放线］规定承包商应根据第 2.5 款［现场数据和参考项目］对工程放线，如果承包商发现参考项目有误，则承包商应在合同规定的时间内向工程师发出通知。在上述两种情况下，工程师接到承包商的通知后根据第 3.7 款［商定或决定］认为一个有经验的承包商（考虑时间和费用）在提交投标书前考察现场和审查业主要求时；或在根据第 5.1 款［设计义务一般要求］的规定对业主要求进行认真详查时，已经尽职，但仍不能发现该错误、失误或其他缺陷的，则就承包商采取的措施（如需）第 13.3.1 款［指示变更］适用。如果由于该错误、失误或缺陷使承包商遭受延误和（或）增加费用，则承包商有权根据第 20.2 款［索赔款项和（或）EOT］要求 EOT 和（或）支付成本和利润。从这两个条款可看出，在黄皮书下，业主需对业主要求和参考项目的准确性负责，如果在这类文件中存在错误、失误或其他缺陷，承包商可通过变更或索赔方式获得赔偿（时间和费用）。而银皮书没有相关规定，即在银皮书下，业主仅提供数据供承包商参考，承包商除负责核实该数据外，还对其准确性承担相应的责任。

（2）2017 版黄皮书第 4.12 款［不可预见的物质条件］规定，当承包商遭受了不可预见的物质条件，并且该物质条件对工程的工期和（或）费用产生不利影响，承包商应及时通知工程师，工程师应在 7 天内对此进行检查和调查。在此过程中，承包商应采取合适的措施继续施工，并应遵守工程师可能给出的任何指示。如指示构成变更，则第 13.3.1 款［变更和调整］适用。如果承包商遵守了上述条款，且因这些物质条件遭受延误和（或）增加费用，则承包商有权根据第 20.2 款［索赔款项和

（或）EOT］要求EOT和（或）支付成本。可见，在黄皮书下，业主承担了不可预见的物质条件的风险，如发生相关情况，承包商可通过变更或索赔获得赔偿（时间和费用）。而银皮书则没有相关规定，即在银皮书下，此类风险由承包商承担。

除表5-1所列项外，1999版第4.5款［指定分包商］和第4.6款［合作］都可适用变更，而2017版取消了通过变更方式指定“指定分包商”的相关规定（除非该工作属于暂列金额范畴），对于合作则规定由承包商通过索赔获取补偿。

FIDIC 2017版合同条件中适用变更的条款　　表5-1

条款号及主体内容	是否有索赔规定	备注
1.9［业主要求中的错误］	是	99版在第5.1款［设计义务一般要求］中有相关规定，而在第1.9款［业主要求中的错误］，承包商有索赔权利 银皮书中无该条款
3.5［工程师的指示］	否	银皮书为第3.4款［指示］
4.2［履约担保］	否	99版无相关规定
4.7［放线］	是	99版无相关规定，但相关内容在第5.1款［设计义务一般要求］中，且对应处理方式为索赔 银皮书中没有相关规定，承包商对放线全权负责
4.12［不可预见的物质条件］	是	银皮书中没有相关规定，承包商承担相应风险
5.4［技术标准和规范］	否	
7.2［样品］	否	
7.4［试验］	是	
8.4［提前预警］	否	99版无该条款，相关内容在第8.3款［进度计划］中
8.7［工程进度］	否	99版无相关规定
8.11［拖长的暂停］	是	
11.2［修补缺陷的费用］	否	
11.4［未能修补缺陷］	否	99版无相关规定
13.4［暂列金额］	否	99版为第13.5款［暂列金额］
13.5［计日工作］	否	99版为第13.6款［计日工作］
13.6［因法律改变的调整］	否	99版为第13.7款［因法律改变的调整］，处理方式为索赔
17.1［工程照管的责任］	是	99版对应条款为第17.4款［业主风险的后果］，且对应处理方式为索赔

4. 变更与索赔的关系

在工程项目合同管理实践中经常因为将变更与索赔二者混淆，而导致处理不当。二者的区别见表5-2。从表5-2中对比可看出，通常情况下变更和索赔是比较容易区分的，但二者之间并没有明显的分界线，一些合同条款里会规定既适用变更也适用索赔。承包商可从以下方面考虑选择采用变更还是索赔：

变更与索赔的区别　　表 5-2

	变更	索赔
起因	先有指示再有变更实施，是事前主动行为。	一般是在事件或合同风险发生后，合同方意识到会对合同产生影响，因而向对方发出通知主张其权利或救济的一种手段，是一种事后行为。
结果	是对工程的变更，因而一般改变的是工程本身。	对工程本身并没有影响，但工程的实施方式有所变化，如施工方案、施工的时间和工序、施工所使用的设备、临时工程的改变。
合同程序	适用第 13 条［变更与调整］，由合同方遵照该条发起并确认变更。在变更的情况下承包商自然享有延期和调价的权利，而无需按第 20.2 款［索赔款项和（或）EOT］发出索赔通知	适用第 20 条［业主和承包商的索赔］，当索赔事件发生时，业主或承包商应按第 20.2 款［索赔款项和（或）EOT］在合同规定的时间内向对方发出索赔通知，否则将可能丧失索赔权利。
补偿机制	根据第 13.3 款［变更流程］的规定确定价格，且该价格中包含利润。	业主方基于承包商的同期记录确定成本，特定情况下可加上利润。

1）是否对工程造成了变更；

2）承包商是否按第 20 条［业主和承包商的索赔］发出通知或业主方是否已经发布变更指示；

3）采用哪种方式承包商可以获得更多的补偿。

5. 变更管理需注意的问题

在使用 2017 版 FIDIC 系列合同条件处理变更时，应注意识别和确认变更，按合同程序接受并实施变更，同时在变更实施过程中做好记录。

（1）变更的识别和确认

根据第 13 条［变更和调整］，无论变更以何种方式发起，最终都应由业主方签发指示。第 3.5 款［工程师的指示］（银皮书为第 3.4 款［指示］）明确说明承包商应从有“权限”的工程师、工程师代表或授权助理（银皮书为业主）那里接受指示，如该指示已指明为变更，则第 13.3.1 款［指示变更］适用。但是如果未指明为变更，而承包商认为该指示是变更，则承包商应在开展相关工作前与业主/工程师进行确认。如果业主/工程师对此予以确认，则按指示进行，否则视为该指示被撤销。

对于业主方签发的指示，承包商应有一定的敏感性，对于未指明为变更的指示，应与业主方及时进行确认。如业主方在审批图纸时提出的一些“审批意见”可能会构成变更，这时要求承包商适时要求业主方确认变更，不可贸然答应修改。此外，承包商在接受指示时，应明确业主方相关人员有相关权限，否则可以不予接受或在接受前向有权限的人员进行确认。

（2）接受变更

在实践中，合同双方对变更的价格和工期可能会存在分歧。因此在处理变更时，承包商应尽可能争取按“建议方案→商谈变更价格和工期→实施变更”的程序推进。但是，根据2017版FIDIC系列合同条件的规定，针对变更对合同价格、工期等调整是在签发变更令之后，原则上业主方签发变更令后，如无合同规定的例外情况，承包商应接受该变更并按其指示实施变更。但承包商需注意在业主方确定变更的影响时，积极与业主进行谈判，争取合理的时间和费用。如双方不能达成一致意见，则需在合同的规定时间内发出不满意通知，将该事宜提交DAAB处理。

（3）变更实施过程中保持完整的同期记录

业主方签发的变更令，除包含对该变更的描述外，还应对费用记录提出要求。由于在总价合同（黄皮书或银皮书）中往往不含价格费率表，变更的价格由业主方根据成本加酬金的方式确定。因此，承包商应按业主方的要求，对实施变更所投入的资源、成本做好记录，从而便于变更估价。

通过本文分析可以看出2017版FIDIC合同条件对变更的流程做出了更明确、清晰和详细的说明，从而便于操作、尽量减少分歧和争议，同时对于变更相关的其他条款做了一些修改，包括增加了变更费用的支付保证、将履约担保与变更进行关联以及对适用变更的一些条款做了调整。而针对本文提及的变更和索赔既有区别又相互联系，承包商在合同管理中应注意区分。在使用2017版FIDIC合同条件执行项目时注意根据合同规定识别和确认变更，并按业主方的指示实施变更。

附录1

最高人民法院关于审理建设工程施工合同纠纷案件适用法律问题的解释（二）

法释〔2018〕20号

（2018年10月29日最高人民法院审判委员会第1751次会议通过，自2019年2月1日起施行）

为正确审理建设工程施工合同纠纷案件，依法保护当事人合法权益，维护建筑市场秩序，促进建筑市场健康发展，根据《中华人民共和国民法总则》《中华人民共和国合同法》《中华人民共和国建筑法》《中华人民共和国招标投标法》《中华人民共和国民事诉讼法》等法律规定，结合审判实践，制定本解释。

第一条 招标人和中标人另行签订的建设工程施工合同约定的工程范围、建设工期、工程质量、工程价款等实质性内容，与中标合同不一致，一方当事人请求按照中标合同确定权利义务的，人民法院应予支持。

招标人和中标人在中标合同之外就明显高于市场价格购买承建房产、无偿建设住房配套设施、让利、向建设单位捐赠财物等另行签订合同，变相降低工程价款，一方当事人以该合同背离中标合同实质性内容为由请求确认无效的，人民法院应予支持。

第二条 当事人以发包人未取得建设工程规划许可证等规划审批手续为由，请求确认建设工程施工合同无效的，人民法院应予支持，但发包人在起诉前取得建设工程规划许可证等规划审批手续的除外。

发包人能够办理审批手续而未办理，并以未办理审批手续为由请求确认建设工程施工合同无效的，人民法院不予支持。

第三条 建设工程施工合同无效，一方当事人请求对方赔偿损失的，应当就对方过错、损失大小、过错与损失之间的因果关系承担举证责任。

损失大小无法确定，一方当事人请求参照合同约定的质量标准、建设工期、工程价款支付时间等内容确定损失大小的，人民法院可以结合双方过错程度、过错与损失之间的因果关系等因素作出裁判。

第四条 缺乏资质的单位或者个人借用有资质的建筑施工企业名义签订建设工程施工合同，发包人请求出借方与借用方对建设工程质量不合格等因出借资质造成的损失承担连带赔偿责任的，人民法院应予支持。

第五条 当事人对建设工程开工日期有争议的，人民法院应当分别按照以下情形予以认定：

（一）开工日期为发包人或者监理人发出的开工通知载明的开工日期；开工通知发出后，尚不具备开工条件的，以开工条件具备的时间为开工日期；因承包人原因导致开工时间推迟的，以开工通知载明的时间为开工日期。

（二）承包人经发包人同意已经实际进场施工的，以实际进场施工时间为开工日期。

（三）发包人或者监理人未发出开工通知，亦无相关证据证明实际开工日期的，应当综合考虑开工报告、合同、施工许可证、竣工验收报告或者竣工验收备案表等载明的时间，并结合是否具备开工条件的事实，认定开工日期。

第六条 当事人约定顺延工期应当经发包人或者监理人签证等方式确认，承包人虽未取得工期顺延的确认，但能够证明在合同约定的期限内向发包人或者监理人申请过工期顺延且顺延事由符合合同约定，承包人以此为由主张工期顺延的，人民法院应予支持。

当事人约定承包人未在约定期限内提出工期顺延申请视为工期不顺延的，按照约定处理，但发包人在约定期限后同意工期顺延或者承包人提出合理抗辩的除外。

第七条 发包人在承包人提起的建设工程施工合同纠纷案件中，以建设工程质量不符合合同约定或者法律规定为由，就承包人支付违约金或者赔偿修理、返工、改建的合理费用等损失提出反诉的，人民法院可以合并审理。

第八条 有下列情形之一，承包人请求发包人返还工程质量保证金的，人民法院应予支持：

（一）当事人约定的工程质量保证金返还期限届满。

（二）当事人未约定工程质量保证金返还期限的，自建设工程通过竣工验收之日起满二年。

（三）因发包人原因建设工程未按约定期限进行竣工验收的，自承包人提交工程竣工验收报告九十日后起当事人约定的工程质量保证金返还期限届满；当事人未约定工程质量保证金返还期限的，自承包人提交工程竣工验收报告九十日后起满二年。

发包人返还工程质量保证金后，不影响承包人根据合同约定或者法律规定履行工程保修义务。

第九条 发包人将依法不属于必须招标的建设工程进行招标后，与承包人另行订立的建设工程施工合同背离中标合同的实质性内容，当事人请求以中标合同作为结算建设工程价款依据的，人民法院应予支持，但发包人与承包人因客观情况发生了在招标投标时难以预见的变化而另行订立建设工程施工合同的除外。

第十条 当事人签订的建设工程施工合同与招标文件、投标文件、中标通知书载明的工程范围、建设工期、工程质量、工程价款不一致，一方当事人请求将招标文件、投标文件、中标通知书作为结算工程价款的依据的，人民法院应予支持。

第十一条 当事人就同一建设工程订立的数份建设工程施工合同均无效，但建设工程质量合格，一方当事人请求参照实际履行的合同结算建设工程价款的，人民法院应予支持。

实际履行的合同难以确定，当事人请求参照最后签订的合同结算建设工程价款的，人民法院应予支持。

第十二条 当事人在诉讼前已经对建设工程价款结算达成协议，诉讼中一方当事人申请对工程造价进行鉴定的，人民法院不予准许。

第十三条 当事人在诉讼前共同委托有关机构、人员对建设工程造价出具咨询意见，诉讼中一方当事人不认可该咨询意见申请鉴定的，人民法院应予准许，但双方当事人明确表示受该咨询意见约束的除外。

第十四条 当事人对工程造价、质量、修复费用等专门性问题有争议，人民法院认为需要鉴定的，应当向负有举证责任的当事人释明。当事人经释明未申请鉴定，虽申请鉴定但未支付鉴定费用或者拒不提供相关材料的，应当承担举证不能的法律后果。

一审诉讼中负有举证责任的当事人未申请鉴定，虽申请鉴定但未支付鉴定费用或者拒不提供相关材料，二审诉讼中申请鉴定，人民法院认为确有必要的，应当依照民事诉讼法第一百七十条第一款第三项的规定处理。

第十五条 人民法院准许当事人的鉴定申请后，应当根据当事人申请及查明案件事实的需要，确定委托鉴定的事项、范围、鉴定期限等，并组织双方当事人对争议的鉴定材料进行质证。

第十六条 人民法院应当组织当事人对鉴定意见进行质证。鉴定人将当事人有争议且未经质证的材料作为鉴定依据的，人民法院应当组织当事人就该部分材料进行质证。经质证认为不能作为鉴定依据的，根据该材料作出的鉴定意见不得作为认定案件事实的依据。

第十七条 与发包人订立建设工程施工合同的承包人，根据合同法第二百八十六条规定请求其承建工程的价款就工程折价或者拍卖的价款优先受偿的，人民法院应予支持。

第十八条 装饰装修工程的承包人，请求装饰装修工程价款就该装饰装修工程折价或者拍卖的价款优先受偿的，人民法院应予支持，但装饰装修工程的发包人不是该建筑物的所有权人的除外。

第十九条 建设工程质量合格，承包人请求其承建工程的价款就工程折价或者拍卖的价款优先受偿的，人民法院应予支持。

第二十条 未竣工的建设工程质量合格，承包人请求其承建工程的价款就其承建工程部分折价或者拍卖的价款优先受偿的，人民法院应予支持。

第二十一条 承包人建设工程价款优先受偿的范围依照国务院有关行政主管部门关于建设工程价款范围的规定确定。

承包人就逾期支付建设工程价款的利息、违约金、损害赔偿金等主张优先受偿的，人民法院不予支持。

第二十二条 承包人行使建设工程价款优先受偿权的期限为六个月，自发包人应当给付建设工程价款之日起算。

第二十三条 发包人与承包人约定放弃或者限制建设工程价款优先受偿权，损害建筑工人利益，发包人根据该约定主张承包人不享有建设工程价款优先受偿权的，人民法院不予支持。

第二十四条 实际施工人以发包人为被告主张权利的，人民法院应当追加转包人或者违法分包人为本案第三人，在查明发包人欠付转包人或者违法分包人建设工程价款的数额后，判决发包人在欠付建设工程价款范围内对实际施工人承担责任。

第二十五条 实际施工人根据合同法第七十三条规定，以转包人或者违法分包人怠于向发包人行使到期债权，对其造成损害为由，提起代位权诉讼的，人民法院应予支持。

第二十六条 本解释自 2019 年 2 月 1 日起施行。

本解释施行后尚未审结的一审、二审案件，适用本解释。

本解释施行前已经终审、施行后当事人申请再审或者按照审判监督程序决定再审的案件，不适用本解释。

最高人民法院以前发布的司法解释与本解释不一致的，不再适用。

附录2

(GF--2017--0201)

建设工程施工合同
(示范文本)

住 房 城 乡 建 设 部
国家工商行政管理总局　制定

说　明

为了指导建设工程施工合同当事人的签约行为，维护合同当事人的合法权益，依据《中华人民共和国合同法》、《中华人民共和国建筑法》、《中华人民共和国招标投标法》以及相关法律法规，住房城乡建设部、国家工商行政管理总局对《建设工程施工合同（示范文本）》（GF-2013-0201）进行了修订，制定了《建设工程施工合同（示范文本）》（GF-2017-0201）（以下简称《示范文本》）。为了便于合同当事人使用《示范文本》，现就有关问题说明如下：

一、《示范文本》的组成

《示范文本》由合同协议书、通用合同条款和专用合同条款三部分组成。

（一）合同协议书

《示范文本》合同协议书共计13条，主要包括：工程概况、合同工期、质量标准、签约合同价和合同价格形式、项目经理、合同文件构成、承诺以及合同生效条件等重要内容，集中约定了合同当事人基本的合同权利义务。

（二）通用合同条款

通用合同条款是合同当事人根据《中华人民共和国建筑法》、《中华人民共和国合同法》等法律法规的规定，就工程建设的实施及相关事项，对合同当事人的权利义务作出的原则性约定。

通用合同条款共计20条，具体条款分别为：一般约定、发包人、承包人、监理人、工程质量、安全文明施工与环境保护、工期和进度、材料与设备、试验与检验、变更、价格调整、合同价格、计量与支付、验收和工程试车、竣工结算、缺陷责任与保修、违约、不可抗力、保险、索赔和争议解决。前述条款安排既考虑了现行法律法规对工程建设的有关要求，也考虑了建设工程施工管理的特殊需要。

（三）专用合同条款

专用合同条款是对通用合同条款原则性约定的细化、完善、补充、修改或另行约定的条款。合同当事人可以根据不同建设工程的特点及具体情况，通过双方的谈判、协商对相应的专用合同条款进行修改补充。在使用专用合同条款时，应注意以下事项：

1. 专用合同条款的编号应与相应的通用合同条款的编号一致；

2. 合同当事人可以通过对专用合同条款的修改，满足具体建设工程的特殊要求，避免直接修改通用合同条款；

3. 在专用合同条款中有横道线的地方，合同当事人可针对相应的通用合同条款进行细化、完善、补充、修改或另行约定；如无细化、完善、补充、修改或另行约定，则填写“无”或划“/”。

二、《示范文本》的性质和适用范围

《示范文本》为非强制性使用文本。《示范文本》适用于房屋建筑工程、土木工程、线路管道和设备安装工程、装修工程等建设工程的施工承发包活动，合同当事人可结合建设工程具体情况，根据《示范文本》订立合同，并按照法律法规规定和合同约定承担相应的法律责任及合同权利义务。

目　　录

第一部分　合同协议书

发包人（全称）：______________________________

承包人（全称）：______________________________

根据《中华人民共和国合同法》、《中华人民共和国建筑法》及有关法律规定，遵循平等、自愿、公平和诚实信用的原则，双方就____________工程施工及有关事项协商一致，共同达成如下协议：

一、工程概况

1. 工程名称：______________________________。

2. 工程地点：______________________________。

3. 工程立项批准文号：__________________________。

4. 资金来源：______________________________。

5. 工程内容：______________________________。

群体工程应附《承包人承揽工程项目一览表》（附件1）。

6. 工程承包范围：

____

______________________________________。

二、合同工期

计划开工日期：__________年__________月__________日。

计划竣工日期：__________年__________月__________日。

工期总日历天数：____________天。工期总日历天数与根据前述计划开竣工日期计算的工期天数不一致的，以工期总日历天数为准。

三、质量标准

工程质量符合______________________________标准。

四、签约合同价与合同价格形式

1. 签约合同价为：

人民币（大写）________________（¥________________元）；

其中：

（1）安全文明施工费：

人民币（大写）________________（¥________________元）；

（2）材料和工程设备暂估价金额：

人民币（大写）________________（¥________________元）；

（3）专业工程暂估价金额：

人民币（大写）________________（¥________________元）；

（4）暂列金额：

人民币（大写）________________（¥________________元）。

2. 合同价格形式：____。

五、项目经理

承包人项目经理：____。

六、合同文件构成

本协议书与下列文件一起构成合同文件：

（1）中标通知书（如果有）；

（2）投标函及其附录（如果有）；

（3）专用合同条款及其附件；

（4）通用合同条款；

（5）技术标准和要求；

（6）图纸；

（7）已标价工程量清单或预算书；

（8）其他合同文件。

在合同订立及履行过程中形成的与合同有关的文件均构成合同文件组成部分。

上述各项合同文件包括合同当事人就该项合同文件所作出的补充和修改，属于同一类内容的文件，应以最新签署的为准。专用合同条款及其附件须经合同当事人签字或盖章。

七、承诺

1. 发包人承诺按照法律规定履行项目审批手续、筹集工程建设资金并按照合同约定的期限和方式支付合同价款。

2. 承包人承诺按照法律规定及合同约定组织完成工程施工，确保工程质量和安全，不进行转包及违法分包，并在缺陷责任期及保修期内承担相应的工程维修责任。

3. 发包人和承包人通过招投标形式签订合同的，双方理解并承诺不再就同一工程另行签订与合同实质性内容相背离的协议。

八、词语含义

本协议书中词语含义与第二部分通用合同条款中赋予的含义相同。

九、签订时间

本合同于__________年_____________月_____________日签订。

十、签订地点

本合同在____签订。

十一、补充协议

合同未尽事宜，合同当事人另行签订补充协议，补充协议是合同的组成部分。

十二、合同生效

本合同自____生效。

十三、合同份数

本合同一式_____份，均具有同等法律效力，发包人执_____份，承包人执____份。

发包人：　　（公章）	承包人：　　（公章）
法定代表人或其委托代理人：（签字）	法定代表人或其委托代理人：（签字）
组织机构代码：____________________	组织机构代码：________________
地址：__________________________	地址：______________________
邮政编码：______________________	邮政编码：__________________

法定代表人：________________

委托代理人：________________

电话：________________

传真：________________

电子信箱：________________

开户银行：________________

账号：________________

法定代表人：________________

委托代理人：________________

电话：________________

传真：________________

电子信箱：________________

开户银行：________________

账号：________________

第二部分　通用合同条款

1. 一般约定

1.1　词语定义与解释

合同协议书、通用合同条款、专用合同条款中的下列词语具有本款所赋予的含义：

1.1.1　合同

1.1.1.1　合同：是指根据法律规定和合同当事人约定具有约束力的文件，构成合同的文件包括合同协议书、中标通知书（如果有）、投标函及其附录（如果有）、专用合同条款及其附件、通用合同条款、技术标准和要求、图纸、已标价工程量清单或预算书以及其他合同文件。

1.1.1.2　合同协议书：是指构成合同的由发包人和承包人共同签署的称为"合同协议书"的书面文件。

1.1.1.3　中标通知书：是指构成合同的由发包人通知承包人中标的书面文件。

1.1.1.4　投标函：是指构成合同的由承包人填写并签署的用于投标的称为"投标函"的文件。

1.1.1.5　投标函附录：是指构成合同的附在投标函后的称为"投标函附录"的文件。

1.1.1.6　技术标准和要求：是指构成合同的施工应当遵守的或指导施工的国家、行业或地方的技术标准和要求，以及合同约定的技术标准和要求。

1.1.1.7　图纸：是指构成合同的图纸，包括由发包人按照合同约定提供或经发包人批准的设计文件、施工图、鸟瞰图及模型等，以及在合同履行过程中形成的图纸文件。图纸应当按照法律规定审查合格。

1.1.1.8　已标价工程量清单：是指构成合同的由承包人按照规定的格式和要求填写并标明价格的工程量清单，包括说明和表格。

1.1.1.9　预算书：是指构成合同的由承包人按照发包人规定的格式和要求编制的工程预算文件。

1.1.1.10　其他合同文件：是指经合同当事人约定的与工程施工有关的具有合同约束力的文件或书面协议。合同当事人可以在专用合同条款中进行约定。

1.1.2　合同当事人及其他相关方

1.1.2.1　合同当事人：是指发包人和（或）承包人。

1.1.2.2　发包人：是指与承包人签订合同协议书的当事人及取得该当事人资格的合法继承人。

1.1.2.3　承包人：是指与发包人签订合同协议书的，具有相应工程施工承包资质的当事人及取得该当事人资格的合法继承人。

1.1.2.4　监理人：是指在专用合同条款中指明的，受发包人委托按照法律规定进行工程监督管理的法人或其他组织。

1.1.2.5　设计人：是指在专用合同条款中指明的，受发包人委托负责工程设计并具备相应工程设计资质的法人或其他组织。

1.1.2.6　分包人：是指按照法律规定和合同约定，分包部分工程或工作，并与承包人签订分包合同的具有相应资质的法人。

1.1.2.7　发包人代表：是指由发包人任命并派驻施工现场在发包人授权范围内行使发包人权利的人。

1.1.2.8　项目经理：是指由承包人任命并派驻施工现场，在承包人授权范围内负责合同履行，且按照法律规定具有相应资格的项目负责人。

1.1.2.9　总监理工程师：是指由监理人任命并派驻施工现场进行工程监理的总负责人。

1.1.3　工程和设备

1.1.3.1　工程：是指与合同协议书中工程承包范围对应的永久工程和（或）临时工程。

1.1.3.2　永久工程：是指按合同约定建造并移交给发包人的工程，包括工程设备。

1.1.3.3　临时工程：是指为完成合同约定的永久工程所修建的各类临时性工程，不包括施工设备。

1.1.3.4　单位工程：是指在合同协议书中指明的，具备独立施工条件并能形成独立使用功能的永久工程。

1.1.3.5　工程设备：是指构成永久工程的机电设备、金属结构设备、仪器及其他类似的设备和装置。

1.1.3.6　施工设备：是指为完成合同约定的各项工作所需的设备、器具和其他物品，但不包括工程设备、临时工程和材料。

1.1.3.7　施工现场：是指用于工程施工的场所，以及在专用合同条款中指明作为施工场所组成部分的其他场所，包括永久占地和临时占地。

1.1.3.8 临时设施：是指为完成合同约定的各项工作所服务的临时性生产和生活设施。

1.1.3.9 永久占地：是指专用合同条款中指明为实施工程需永久占用的土地。

1.1.3.10 临时占地：是指专用合同条款中指明为实施工程需要临时占用的土地。

1.1.4 日期和期限

1.1.4.1 开工日期：包括计划开工日期和实际开工日期。计划开工日期是指合同协议书约定的开工日期；实际开工日期是指监理人按照第7.3.2项〔开工通知〕约定发出的符合法律规定的开工通知中载明的开工日期。

1.1.4.2 竣工日期：包括计划竣工日期和实际竣工日期。计划竣工日期是指合同协议书约定的竣工日期；实际竣工日期按照第13.2.3项〔竣工日期〕的约定确定。

1.1.4.3 工期：是指在合同协议书约定的承包人完成工程所需的期限，包括按照合同约定所作的期限变更。

1.1.4.4 缺陷责任期：是指承包人按照合同约定承担缺陷修复义务，且发包人预留质量保证金（已缴纳履约保证金的除外）的期限，自工程实际竣工日期起计算。

1.1.4.5 保修期：是指承包人按照合同约定对工程承担保修责任的期限，从工程竣工验收合格之日起计算。

1.1.4.6 基准日期：招标发包的工程以投标截止日前28天的日期为基准日期，直接发包的工程以合同签订日前28天的日期为基准日期。

1.1.4.7 天：除特别指明外，均指日历天。合同中按天计算时间的，开始当天不计入，从次日开始计算，期限最后一天的截止时间为当天24：00时。

1.1.5 合同价格和费用

1.1.5.1 签约合同价：是指发包人和承包人在合同协议书中确定的总金额，包括安全文明施工费、暂估价及暂列金额等。

1.1.5.2 合同价格：是指发包人用于支付承包人按照合同约定完成承包范围内全部工作的金额，包括合同履行过程中按合同约定发生的价格变化。

1.1.5.3 费用：是指为履行合同所发生的或将要发生的所有必需的开支，包括管理费和应分摊的其他费用，但不包括利润。

1.1.5.4 暂估价：是指发包人在工程量清单或预算书中提供的用于支付必然发生但暂时不能确定价格的材料、工程设备的单价、专业工程以及服务工作的金额。

1.1.5.5 暂列金额：是指发包人在工程量清单或预算书中暂定并包括在合同价格中的一笔款项，用于工程合同签订时尚未确定或者不可预见的所需材料、工程设备、服务的采购，施工中可能发生的工程变更、合同约定调整因素出现时的合同价格调整以及发生的索赔、现场签证确认等的费用。

1.1.5.6 计日工：是指合同履行过程中，承包人完成发包人提出的零星工作或需要采用计日工计价的变更工作时，按合同中约定的单价计价的一种方式。

1.1.5.7 质量保证金：是指按照第 15.3 款〔质量保证金〕约定承包人用于保证其在缺陷责任期内履行缺陷修补义务的担保。

1.1.5.8 总价项目：是指在现行国家、行业以及地方的计量规则中无工程量计算规则，在已标价工程量清单或预算书中以总价或以费率形式计算的项目。

1.1.6 其他

1.1.6.1 书面形式：是指合同文件、信函、电报、传真等可以有形地表现所载内容的形式。

1.2 语言文字

合同以中国的汉语简体文字编写、解释和说明。合同当事人在专用合同条款中约定使用两种以上语言时，汉语为优先解释和说明合同的语言。

1.3 法律

合同所称法律是指中华人民共和国法律、行政法规、部门规章，以及工程所在地的地方性法规、自治条例、单行条例和地方政府规章等。

合同当事人可以在专用合同条款中约定合同适用的其他规范性文件。

1.4 标准和规范

1.4.1 适用于工程的国家标准、行业标准、工程所在地的地方性标准，以及相应的规范、规程等，合同当事人有特别要求的，应在专用合同条款中约定。

1.4.2 发包人要求使用国外标准、规范的，发包人负责提供原文版本和中文译本，并在专用合同条款中约定提供标准规范的名称、份数和时间。

1.4.3 发包人对工程的技术标准、功能要求高于或严于现行国家、行业或地方标准的，应当在专用合同条款中予以明确。除专用合同条款另有约定外，应视为承包人在签订合同前已充分预见前述技术标准和功能要求的复杂程度，签约合同价中已包含由此产生的费用。

1.5 合同文件的优先顺序

组成合同的各项文件应互相解释，互为说明。除专用合同条款另有约定外，解释合同文件的优先顺序如下：

（1）合同协议书；

（2）中标通知书（如果有）；

（3）投标函及其附录（如果有）；

（4）专用合同条款及其附件；

（5）通用合同条款；

（6）技术标准和要求；

（7）图纸；

（8）已标价工程量清单或预算书；

（9）其他合同文件。

上述各项合同文件包括合同当事人就该项合同文件所作出的补充和修改，属于同一类内容的文件，应以最新签署的为准。

在合同订立及履行过程中形成的与合同有关的文件均构成合同文件组成部分，并根据其性质确定优先解释顺序。

1.6　图纸和承包人文件

1.6.1　图纸的提供和交底

发包人应按照专用合同条款约定的期限、数量和内容向承包人免费提供图纸，并组织承包人、监理人和设计人进行图纸会审和设计交底。发包人至迟不得晚于第7.3.2项〔开工通知〕载明的开工日期前14天向承包人提供图纸。

因发包人未按合同约定提供图纸导致承包人费用增加和（或）工期延误的，按照第7.5.1项〔因发包人原因导致工期延误〕约定办理。

1.6.2　图纸的错误

承包人在收到发包人提供的图纸后，发现图纸存在差错、遗漏或缺陷的，应及时通知监理人。监理人接到该通知后，应附具相关意见并立即报送发包人，发包人应在收到监理人报送的通知后的合理时间内作出决定。合理时间是指发包人在收到监理人的报送通知后，尽其努力且不懈怠地完成图纸修改补充所需的时间。

1.6.3　图纸的修改和补充

图纸需要修改和补充的，应经图纸原设计人及审批部门同意，并由监理人在工程或工程相应部位施工前将修改后的图纸或补充图纸提交给承包人，承包人应按修改或补充后的图纸施工。

1.6.4　承包人文件

承包人应按照专用合同条款的约定提供应当由其编制的与工程施工有关的文件，并按照专用合同条款约定的期限、数量和形式提交监理人，并由监理人报送发包人。

除专用合同条款另有约定外，监理人应在收到承包人文件后7天内审查完毕，监理人对承包人文件有异议的，承包人应予以修改，并重新报送监理人。监理人的审查并不减轻或免除承包人根据合同约定应当承担的责任。

1.6.5　图纸和承包人文件的保管

除专用合同条款另有约定外，承包人应在施工现场另外保存一套完整的图纸和承包人文件，供发包人、监理人及有关人员进行工程检查时使用。

1.7　联络

1.7.1　与合同有关的通知、批准、证明、证书、指示、指令、要求、请求、同意、意见、确定和决定等，均应采用书面形式，并应在合同约定的期限内送达接收人和送达地点。

1.7.2　发包人和承包人应在专用合同条款中约定各自的送达接收人和送达地点。任何一方合同当事人指定的接收人或送达地点发生变动的，应提前3天以书面形式通知对方。

1.7.3　发包人和承包人应当及时签收另一方送达至送达地点和指定接收人的来往信函。拒不签收的，由此增加的费用和（或）延误的工期由拒绝接收一方承担。

1.8　严禁贿赂

合同当事人不得以贿赂或变相贿赂的方式，谋取非法利益或损害对方权益。因一方合同当事人的贿赂造成对方损失的，应赔偿损失，并承担相应的法律责任。

承包人不得与监理人或发包人聘请的第三方串通损害发包人利益。未经发包人书面同意，承包人不得为监理人提供合同约定以外的通讯设备、交通工具及其他任何形式的利益，不得向监理人支付报酬。

1.9　化石、文物

在施工现场发掘的所有文物、古迹以及具有地质研究或考古价值的其他遗迹、化石、钱币或物品属于国家所有。一旦发现上述文物，承包人应采取合理有效的保护措施，防止任何人员移动或损坏上述物品，并立即报告有关政府行政管理部门，同时通知监理人。

发包人、监理人和承包人应按有关政府行政管理部门要求采取妥善的保护措施，由此增加的费用和（或）延误的工期由发包人承担。

承包人发现文物后不及时报告或隐瞒不报，致使文物丢失或损坏的，应赔偿损失，并承担相应的法律责任。

1.10 交通运输

1.10.1 出入现场的权利

除专用合同条款另有约定外，发包人应根据施工需要，负责取得出入施工现场所需的批准手续和全部权利，以及取得因施工所需修建道路、桥梁以及其他基础设施的权利，并承担相关手续费用和建设费用。承包人应协助发包人办理修建场内外道路、桥梁以及其他基础设施的手续。

承包人应在订立合同前查勘施工现场，并根据工程规模及技术参数合理预见工程施工所需的进出施工现场的方式、手段、路径等。因承包人未合理预见所增加的费用和（或）延误的工期由承包人承担。

1.10.2 场外交通

发包人应提供场外交通设施的技术参数和具体条件，承包人应遵守有关交通法规，严格按照道路和桥梁的限制荷载行驶，执行有关道路限速、限行、禁止超载的规定，并配合交通管理部门的监督和检查。场外交通设施无法满足工程施工需要的，由发包人负责完善并承担相关费用。

1.10.3 场内交通

发包人应提供场内交通设施的技术参数和具体条件，并应按照专用合同条款的约定向承包人免费提供满足工程施工所需的场内道路和交通设施。因承包人原因造成上述道路或交通设施损坏的，承包人负责修复并承担由此增加的费用。

除发包人按照合同约定提供的场内道路和交通设施外，承包人负责修建、维修、养护和管理施工所需的其他场内临时道路和交通设施。发包人和监理人可以为实现合同目的使用承包人修建的场内临时道路和交通设施。

场外交通和场内交通的边界由合同当事人在专用合同条款中约定。

1.10.4 超大件和超重件的运输

由承包人负责运输的超大件或超重件，应由承包人负责向交通管理部门办理申请手续，发包人给予协助。运输超大件或超重件所需的道路和桥梁临时加固改造费用和其他有关费用，由承包人承担，但专用合同条款另有约定除外。

1.10.5 道路和桥梁的损坏责任

因承包人运输造成施工场地内外公共道路和桥梁损坏的，由承包人承担修复损坏的全部费用和可能引起的赔偿。

1.10.6　水路和航空运输

本款前述各项的内容适用于水路运输和航空运输，其中“道路”一词的涵义包括河道、航线、船闸、机场、码头、堤防以及水路或航空运输中其他相似结构物；“车辆”一词的涵义包括船舶和飞机等。

1.11　知识产权

1.11.1　除专用合同条款另有约定外，发包人提供给承包人的图纸、发包人为实施工程自行编制或委托编制的技术规范以及反映发包人要求的或其他类似性质的文件的著作权属于发包人，承包人可以为实现合同目的而复制、使用此类文件，但不能用于与合同无关的其他事项。未经发包人书面同意，承包人不得为了合同以外的目的而复制、使用上述文件或将之提供给任何第三方。

1.11.2　除专用合同条款另有约定外，承包人为实施工程所编制的文件，除署名权以外的著作权属于发包人，承包人可因实施工程的运行、调试、维修、改造等目的而复制、使用此类文件，但不能用于与合同无关的其他事项。未经发包人书面同意，承包人不得为了合同以外的目的而复制、使用上述文件或将之提供给任何第三方。

1.11.3　合同当事人保证在履行合同过程中不侵犯对方及第三方的知识产权。承包人在使用材料、施工设备、工程设备或采用施工工艺时，因侵犯他人的专利权或其他知识产权所引起的责任，由承包人承担；因发包人提供的材料、施工设备、工程设备或施工工艺导致侵权的，由发包人承担责任。

1.11.4　除专用合同条款另有约定外，承包人在合同签订前和签订时已确定采用的专利、专有技术、技术秘密的使用费已包含在签约合同价中。

1.12　保密

除法律规定或合同另有约定外，未经发包人同意，承包人不得将发包人提供的图纸、文件以及声明需要保密的资料信息等商业秘密泄露给第三方。

除法律规定或合同另有约定外，未经承包人同意，发包人不得将承包人提供的技术秘密及声明需要保密的资料信息等商业秘密泄露给第三方。

1.13　工程量清单错误的修正

除专用合同条款另有约定外，发包人提供的工程量清单，应被认为是准确的和完整的。出现下列情形之一时，发包人应予以修正，并相应调整合同价格：

(1) 工程量清单存在缺项、漏项的;

(2) 工程量清单偏差超出专用合同条款约定的工程量偏差范围的;

(3) 未按照国家现行计量规范强制性规定计量的。

2. 发包人

2.1 许可或批准

发包人应遵守法律，并办理法律规定由其办理的许可、批准或备案，包括但不限于建设用地规划许可证、建设工程规划许可证、建设工程施工许可证、施工所需临时用水、临时用电、中断道路交通、临时占用土地等许可和批准。发包人应协助承包人办理法律规定的有关施工证件和批件。

因发包人原因未能及时办理完毕前述许可、批准或备案，由发包人承担由此增加的费用和(或)延误的工期，并支付承包人合理的利润。

2.2 发包人代表

发包人应在专用合同条款中明确其派驻施工现场的发包人代表的姓名、职务、联系方式及授权范围等事项。发包人代表在发包人的授权范围内，负责处理合同履行过程中与发包人有关的具体事宜。发包人代表在授权范围内的行为由发包人承担法律责任。发包人更换发包人代表的，应提前7天书面通知承包人。

发包人代表不能按照合同约定履行其职责及义务，并导致合同无法继续正常履行的，承包人可以要求发包人撤换发包人代表。

不属于法定必须监理的工程，监理人的职权可以由发包人代表或发包人指定的其他人员行使。

2.3 发包人人员

发包人应要求在施工现场的发包人人员遵守法律及有关安全、质量、环境保护、文明施工等规定，并保障承包人免于承受因发包人人员未遵守上述要求给承包人造成的损失和责任。

发包人人员包括发包人代表及其他由发包人派驻施工现场的人员。

2.4 施工现场、施工条件和基础资料的提供

2.4.1 提供施工现场

除专用合同条款另有约定外，发包人应最迟于开工日期7天前向承包人移交施工现场。

2.4.2 提供施工条件

除专用合同条款另有约定外，发包人应负责提供施工所需要的条件，包括:

（1）将施工用水、电力、通讯线路等施工所必需的条件接至施工现场内；

（2）保证向承包人提供正常施工所需要的进入施工现场的交通条件；

（3）协调处理施工现场周围地下管线和邻近建筑物、构筑物、古树名木的保护工作，并承担相关费用；

（4）按照专用合同条款约定应提供的其他设施和条件。

2.4.3 提供基础资料

发包人应当在移交施工现场前向承包人提供施工现场及工程施工所必需的毗邻区域内供水、排水、供电、供气、供热、通信、广播电视等地下管线资料，气象和水文观测资料，地质勘察资料，相邻建筑物、构筑物和地下工程等有关基础资料，并对所提供资料的真实性、准确性和完整性负责。

按照法律规定确需在开工后方能提供的基础资料，发包人应尽其努力及时地在相应工程施工前的合理期限内提供，合理期限应以不影响承包人的正常施工为限。

2.4.4 逾期提供的责任

因发包人原因未能按合同约定及时向承包人提供施工现场、施工条件、基础资料的，由发包人承担由此增加的费用和（或）延误的工期。

2.5 资金来源证明及支付担保

除专用合同条款另有约定外，发包人应在收到承包人要求提供资金来源证明的书面通知后28天内，向承包人提供能够按照合同约定支付合同价款的相应资金来源证明。

除专用合同条款另有约定外，发包人要求承包人提供履约担保的，发包人应当向承包人提供支付担保。支付担保可以采用银行保函或担保公司担保等形式，具体由合同当事人在专用合同条款中约定。

2.6 支付合同价款

发包人应按合同约定向承包人及时支付合同价款。

2.7 组织竣工验收

发包人应按合同约定及时组织竣工验收。

2.8 现场统一管理协议

发包人应与承包人、由发包人直接发包的专业工程的承包人签订施工现场统一管理协议，明确各方的权利义务。施工现场统一管理协议作为专用合同条款的附件。

3. 承包人

3.1 承包人的一般义务

承包人在履行合同过程中应遵守法律和工程建设标准规范，并履行以下义务：

（1）办理法律规定应由承包人办理的许可和批准，并将办理结果书面报送发包人留存；

（2）按法律规定和合同约定完成工程，并在保修期内承担保修义务；

（3）按法律规定和合同约定采取施工安全和环境保护措施，办理工伤保险，确保工程及人员、材料、设备和设施的安全；

（4）按合同约定的工作内容和施工进度要求，编制施工组织设计和施工措施计划，并对所有施工作业和施工方法的完备性和安全可靠性负责；

（5）在进行合同约定的各项工作时，不得侵害发包人与他人使用公用道路、水源、市政管网等公共设施的权利，避免对邻近的公共设施产生干扰。承包人占用或使用他人的施工场地，影响他人作业或生活的，应承担相应责任；

（6）按照第6.3款〔环境保护〕约定负责施工场地及其周边环境与生态的保护工作；

（7）按第6.1款〔安全文明施工〕约定采取施工安全措施，确保工程及其人员、材料、设备和设施的安全，防止因工程施工造成的人身伤害和财产损失；

（8）将发包人按合同约定支付的各项价款专用于合同工程，且应及时支付其雇用人员工资，并及时向分包人支付合同价款；

（9）按照法律规定和合同约定编制竣工资料，完成竣工资料立卷及归档，并按专用合同条款约定的竣工资料的套数、内容、时间等要求移交发包人；

（10）应履行的其他义务。

3.2　项目经理

3.2.1　项目经理应为合同当事人所确认的人选，并在专用合同条款中明确项目经理的姓名、职称、注册执业证书编号、联系方式及授权范围等事项，项目经理经承包人授权后代表承包人负责履行合同。项目经理应是承包人正式聘用的员工，承包人应向发包人提交项目经理与承包人之间的劳动合同，以及承包人为项目经理缴纳社会保险的有效证明。承包人不提交上述文件的，项目经理无权履行职责，发包人有权要求更换项目经理，由此增加的费用和（或）延误的工期由承包人承担。

项目经理应常驻施工现场，且每月在施工现场时间不得少于专用合同条款约定的天数。项目经理不得同时担任其他项目的项目经理。项目经理确需离开施工现场时，应事先通知监理人，并取得发包人的书面同意。项目经理的通知中应当载明临时代行其职责的人员的注册执业资格、管理经验等资料，该人员应具备履行相应职责的能力。

承包人违反上述约定的，应按照专用合同条款的约定，承担违约责任。

3.2.2 项目经理按合同约定组织工程实施。在紧急情况下为确保施工安全和人员安全，在无法与发包人代表和总监理工程师及时取得联系时，项目经理有权采取必要的措施保证与工程有关的人身、财产和工程的安全，但应在48小时内向发包人代表和总监理工程师提交书面报告。

3.2.3 承包人需要更换项目经理的，应提前14天书面通知发包人和监理人，并征得发包人书面同意。通知中应当载明继任项目经理的注册执业资格、管理经验等资料，继任项目经理继续履行第3.2.1项约定的职责。未经发包人书面同意，承包人不得擅自更换项目经理。承包人擅自更换项目经理的，应按照专用合同条款的约定承担违约责任。

3.2.4 发包人有权书面通知承包人更换其认为不称职的项目经理，通知中应当载明要求更换的理由。承包人应在接到更换通知后14天内向发包人提出书面的改进报告。发包人收到改进报告后仍要求更换的，承包人应在接到第二次更换通知的28天内进行更换，并将新任命的项目经理的注册执业资格、管理经验等资料书面通知发包人。继任项目经理继续履行第3.2.1项约定的职责。承包人无正当理由拒绝更换项目经理的，应按照专用合同条款的约定承担违约责任。

3.2.5 项目经理因特殊情况授权其下属人员履行其某项工作职责的，该下属人员应具备履行相应职责的能力，并应提前7天将上述人员的姓名和授权范围书面通知监理人，并征得发包人书面同意。

3.3 承包人人员

3.3.1 除专用合同条款另有约定外，承包人应在接到开工通知后7天内，向监理人提交承包人项目管理机构及施工现场人员安排的报告，其内容应包括合同管理、施工、技术、材料、质量、安全、财务等主要施工管理人员名单及其岗位、注册执业资格等，以及各工种技术工人的安排情况，并同时提交主要施工管理人员与承包人之间的劳动关系证明和缴纳社会保险的有效证明。

3.3.2 承包人派驻到施工现场的主要施工管理人员应相对稳定。施工过程中如有变动，承包人应及时向监理人提交施工现场人员变动情况的报告。承包人更换主要施工管理人员时，应提前7天书面通知监理人，并征得发包人书面同意。通知中应当载明继任人员的注册执业资格、管理经验等资料。

特殊工种作业人员均应持有相应的资格证明，监理人可以随时检查。

3.3.3 发包人对于承包人主要施工管理人员的资格或能力有异议的，承包人应提供资料证明被质疑人员有能力完成其岗位工作或不存在发包人所质疑的情形。发包人要求撤换不能按照合同约定履行职责及义务的主要施工管理人员的，承包人应当撤换。承包人无正当理由拒绝撤换的，应按照专用合同条款的约定承担违约责任。

3.3.4 除专用合同条款另有约定外，承包人的主要施工管理人员离开施工现场每月累计不超过5天的，应报监理人同意；离开施工现场每月累计超过5天的，应通知监理人，并征得发包人书面同意。主要施工管理人员离开施工现场前应指定一名有经验的人员临时代行其职责，该人员应具备履行相应职责的资格和能力，且应征得监理人或发包人的同意。

3.3.5 承包人擅自更换主要施工管理人员，或前述人员未经监理人或发包人同意擅自离开施工现场的，应按照专用合同条款约定承担违约责任。

3.4 承包人现场查勘

承包人应对基于发包人按照第2.4.3项〔提供基础资料〕提交的基础资料所做出的解释和推断负责，但因基础资料存在错误、遗漏导致承包人解释或推断失实的，由发包人承担责任。

承包人应对施工现场和施工条件进行查勘，并充分了解工程所在地的气象条件、交通条件、风俗习惯以及其他与完成合同工作有关的其他资料。因承包人未能充分查勘、了解前述情况或未能充分估计前述情况所可能产生后果的，承包人承担由此增加的费用和（或）延误的工期。

3.5 分包

3.5.1 分包的一般约定

承包人不得将其承包的全部工程转包给第三人，或将其承包的全部工程肢解后以分包的名义转包给第三人。承包人不得将工程主体结构、关键性工作及专用合同条款中禁止分包的专业工程分包给第三人，主体结构、关键性工作的范围由合同当事人按照法律规定在专用合同条款中予以明确。

承包人不得以劳务分包的名义转包或违法分包工程。

3.5.2 分包的确定

承包人应按专用合同条款的约定进行分包，确定分包人。已标价工程量清单或预算书中给定暂估价的专业工程，按照第10.7款〔暂估价〕确定分包人。按照合同约定进行分包的，承包人应确保分包人具有相应的资质和能力。工程分包不减轻或免除承包人的责任和义务，承包人和分包人就分包工程向发包人承担连带责任。除合同另有约定外，承包人应在分包合同签订后 7 天内向发包人和监理人提交分包合同副本。

3.5.3 分包管理

承包人应向监理人提交分包人的主要施工管理人员表，并对分包人的施工人员进行实名制管理，包括但不限于进出场管理、登记造册以及各种证照的办理。

3.5.4 分包合同价款

(1) 除本项第 (2) 目约定的情况或专用合同条款另有约定外，分包合同价款由承包人与分包人结算，未经承包人同意，发包人不得向分包人支付分包工程价款；

(2) 生效法律文书要求发包人向分包人支付分包合同价款的，发包人有权从应付承包人工程款中扣除该部分款项。

3.5.5 分包合同权益的转让

分包人在分包合同项下的义务持续到缺陷责任期届满以后的，发包人有权在缺陷责任期届满前，要求承包人将其在分包合同项下的权益转让给发包人，承包人应当转让。除转让合同另有约定外，转让合同生效后，由分包人向发包人履行义务。

3.6 工程照管与成品、半成品保护

(1) 除专用合同条款另有约定外，自发包人向承包人移交施工现场之日起，承包人应负责照管工程及工程相关的材料、工程设备，直到颁发工程接收证书之日止。

(2) 在承包人负责照管期间，因承包人原因造成工程、材料、工程设备损坏的，由承包人负责修复或更换，并承担由此增加的费用和 (或) 延误的工期。

(3) 对合同内分期完成的成品和半成品，在工程接收证书颁发前，由承包人承担保护责任。因承包人原因造成成品或半成品损坏的，由承包人负责修复或更换，并承担由此增加的费用和 (或) 延误的工期。

3.7 履约担保

发包人需要承包人提供履约担保的，由合同当事人在专用合同条款中约定履约担保的方式、金额及期限等。履约担保可以采用银行保函或担保公司担保等形式，具体由合同当事人在专用合同条款中约定。

因承包人原因导致工期延长的，继续提供履约担保所增加的费用由承包人承担；非因承包人原因导致工期延长的，继续提供履约担保所增加的费用由发包人承担。

3.8 联合体

3.8.1 联合体各方应共同与发包人签订合同协议书。联合体各方应为履行合同向发包人承担连带责任。

3.8.2 联合体协议经发包人确认后作为合同附件。在履行合同过程中，未经发包人同意，不得修改联合体协议。

3.8.3 联合体牵头人负责与发包人和监理人联系，并接受指示，负责组织联合体各成员全面履行合同。

4. 监理人

4.1 监理人的一般规定

工程实行监理的，发包人和承包人应在专用合同条款中明确监理人的监理内容及监理权限等事项。监理人应当根据发包人授权及法律规定，代表发包人对工程施工相关事项进行检查、查验、审核、验收，并签发相关指示，但监理人无权修改合同，且无权减轻或免除合同约定的承包人的任何责任与义务。

除专用合同条款另有约定外，监理人在施工现场的办公场所、生活场所由承包人提供，所发生的费用由发包人承担。

4.2 监理人员

发包人授予监理人对工程实施监理的权利由监理人派驻施工现场的监理人员行使，监理人员包括总监理工程师及监理工程师。监理人应将授权的总监理工程师和监理工程师的姓名及授权范围以书面形式提前通知承包人。更换总监理工程师的，监理人应提前7天书面通知承包人；更换其他监理人员，监理人应提前48小时书面通知承包人。

4.3 监理人的指示

监理人应按照发包人的授权发出监理指示。监理人的指示应采用书面形式，并经其授权的监理人员签字。紧急情况下，为了保证施工人员的安全或避免工程受损，监理人员可以口头形式发出指示，该指示与书面形式的指示具有同等法律效力，但必须在发出口头指示后24小时内补发书面监理指示，补发的书面监理指示应与口头指示一致。

监理人发出的指示应送达承包人项目经理或经项目经理授权接收的人员。因监理人未能按合同约定发出指示、指示延误或发出了错误指示而导致承包人费用增加和（或）工期延误的，由发包人承担相应责任。除专用合同条款另有约定外，总监理工程师不应将第4.4款〔商定或确定〕约定应由总监理工程师作出确定的权力授权或委托给其他监理人员。

承包人对监理人发出的指示有疑问的，应向监理人提出书面异议，监理人应在48小时内对该指示予以确认、更改或撤销，监理人逾期未回复的，承包人有权拒绝执行上述指示。

监理人对承包人的任何工作、工程或其采用的材料和工程设备未在约定的或合理期限内提出意见的，视为批准，但不免除或减轻承包人对该工作、工程、材料、工程设备等应承担的责任和义务。

4.4　商定或确定

合同当事人进行商定或确定时，总监理工程师应当会同合同当事人尽量通过协商达成一致，不能达成一致的，由总监理工程师按照合同约定审慎做出公正的确定。

总监理工程师应将确定以书面形式通知发包人和承包人，并附详细依据。合同当事人对总监理工程师的确定没有异议的，按照总监理工程师的确定执行。任何一方合同当事人有异议，按照第20条〔争议解决〕约定处理。争议解决前，合同当事人暂按总监理工程师的确定执行；争议解决后，争议解决的结果与总监理工程师的确定不一致的，按照争议解决的结果执行，由此造成的损失由责任人承担。

5. 工程质量

5.1　质量要求

5.1.1　工程质量标准必须符合现行国家有关工程施工质量验收规范和标准的要求。有关工程质量的特殊标准或要求由合同当事人在专用合同条款中约定。

5.1.2　因发包人原因造成工程质量未达到合同约定标准的，由发包人承担由此增加的费用和（或）延误的工期，并支付承包人合理的利润。

5.1.3　因承包人原因造成工程质量未达到合同约定标准的，发包人有权要求承包人返工直至工程质量达到合同约定的标准为止，并由承包人承担由此增加的费用和（或）延误的工期。

5.2　质量保证措施

5.2.1　发包人的质量管理

发包人应按照法律规定及合同约定完成与工程质量有关的各项工作。

5.2.2　承包人的质量管理

承包人按照第7.1款〔施工组织设计〕约定向发包人和监理人提交工程质量保

证体系及措施文件，建立完善的质量检查制度，并提交相应的工程质量文件。对于发包人和监理人违反法律规定和合同约定的错误指示，承包人有权拒绝实施。

承包人应对施工人员进行质量教育和技术培训，定期考核施工人员的劳动技能，严格执行施工规范和操作规程。

承包人应按照法律规定和发包人的要求，对材料、工程设备以及工程的所有部位及其施工工艺进行全过程的质量检查和检验，并作详细记录，编制工程质量报表，报送监理人审查。此外，承包人还应按照法律规定和发包人的要求，进行施工现场取样试验、工程复核测量和设备性能检测，提供试验样品、提交试验报告和测量成果以及其他工作。

5.2.3　监理人的质量检查和检验

监理人按照法律规定和发包人授权对工程的所有部位及其施工工艺、材料和工程设备进行检查和检验。承包人应为监理人的检查和检验提供方便，包括监理人到施工现场，或制造、加工地点，或合同约定的其他地方进行察看和查阅施工原始记录。监理人为此进行的检查和检验，不免除或减轻承包人按照合同约定应当承担的责任。

监理人的检查和检验不应影响施工正常进行。监理人的检查和检验影响施工正常进行的，且经检查检验不合格的，影响正常施工的费用由承包人承担，工期不予顺延；经检查检验合格的，由此增加的费用和（或）延误的工期由发包人承担。

5.3　隐蔽工程检查

5.3.1　承包人自检

承包人应当对工程隐蔽部位进行自检，并经自检确认是否具备覆盖条件。

5.3.2　检查程序

除专用合同条款另有约定外，工程隐蔽部位经承包人自检确认具备覆盖条件的，承包人应在共同检查前48小时书面通知监理人检查，通知中应载明隐蔽检查的内容、时间和地点，并应附有自检记录和必要的检查资料。

监理人应按时到场并对隐蔽工程及其施工工艺、材料和工程设备进行检查。经监理人检查确认质量符合隐蔽要求，并在验收记录上签字后，承包人才能进行覆盖。经监理人检查质量不合格的，承包人应在监理人指示的时间内完成修复，并由监理人重新检查，由此增加的费用和（或）延误的工期由承包人承担。

除专用合同条款另有约定外，监理人不能按时进行检查的，应在检查前24小时向承包人提交书面延期要求，但延期不能超过 48 小时，由此导致工期延误的，工期应予以顺延。监理人未按时进行检查，也未提出延期要求的，视为隐蔽工程检查合格，承包人可自行完成覆盖工作，并作相应记录报送监理人，监理人应签字确认。监理人事后对检查记录有疑问的，可按第 5.3.3 项〔重新检查〕的约定重新检查。

5.3.3 重新检查

承包人覆盖工程隐蔽部位后，发包人或监理人对质量有疑问的，可要求承包人对已覆盖的部位进行钻孔探测或揭开重新检查，承包人应遵照执行，并在检查后重新覆盖恢复原状。经检查证明工程质量符合合同要求的，由发包人承担由此增加的费用和（或）延误的工期，并支付承包人合理的利润；经检查证明工程质量不符合合同要求的，由此增加的费用和（或）延误的工期由承包人承担。

5.3.4 承包人私自覆盖

承包人未通知监理人到场检查，私自将工程隐蔽部位覆盖的，监理人有权指示承包人钻孔探测或揭开检查，无论工程隐蔽部位质量是否合格，由此增加的费用和（或）延误的工期均由承包人承担。

5.4 不合格工程的处理

5.4.1 因承包人原因造成工程不合格的，发包人有权随时要求承包人采取补救措施，直至达到合同要求的质量标准，由此增加的费用和（或）延误的工期由承包人承担。无法补救的，按照第 13.2.4 项〔拒绝接收全部或部分工程〕约定执行。

5.4.2 因发包人原因造成工程不合格的，由此增加的费用和（或）延误的工期由发包人承担，并支付承包人合理的利润。

5.5 质量争议检测

合同当事人对工程质量有争议的，由双方协商确定的工程质量检测机构鉴定，由此产生的费用及因此造成的损失，由责任方承担。合同当事人均有责任的，由双方根据其责任分别承担。合同当事人无法达成一致的，按照第 4.4 款〔商定或确定〕执行。

6. 安全文明施工与环境保护

6.1 安全文明施工

6.1.1 安全生产要求

合同履行期间，合同当事人均应当遵守国家和工程所在地有关安全生产的要求，合同当事人有特别要求的，应在专用合同条款中明确施工项目安全生产标准化达标目标及相应事项。承包人有权拒绝发包人及监理人强令承包人违章作业、冒险施工的任何指示。

在施工过程中，如遇到突发的地质变动、事先未知的地下施工障碍等影响施工安全的紧急情况，承包人应及时报告监理人和发包人，发包人应当及时下令停工并报政府有关行政管理部门采取应急措施。

因安全生产需要暂停施工的，按照第7.8款〔暂停施工〕的约定执行。

6.1.2　安全生产保证措施

承包人应当按照有关规定编制安全技术措施或者专项施工方案，建立安全生产责任制度、治安保卫制度及安全生产教育培训制度，并按安全生产法律规定及合同约定履行安全职责，如实编制工程安全生产的有关记录，接受发包人、监理人及政府安全监督部门的检查与监督。

6.1.3　特别安全生产事项

承包人应按照法律规定进行施工，开工前做好安全技术交底工作，施工过程中做好各项安全防护措施。承包人为实施合同而雇用的特殊工种的人员应受过专门的培训并已取得政府有关管理机构颁发的上岗证书。

承包人在动力设备、输电线路、地下管道、密封防震车间、易燃易爆地段以及临街交通要道附近施工时，施工开始前应向发包人和监理人提出安全防护措施，经发包人认可后实施。

实施爆破作业，在放射、毒害性环境中施工（含储存、运输、使用）及使用毒害性、腐蚀性物品施工时，承包人应在施工前7天以书面通知发包人和监理人，并报送相应的安全防护措施，经发包人认可后实施。

需单独编制危险性较大分部分项专项工程施工方案的，及要求进行专家论证的超过一定规模的危险性较大的分部分项工程，承包人应及时编制和组织论证。

6.1.4　治安保卫

除专用合同条款另有约定外，发包人应与当地公安部门协商，在现场建立治安管理机构或联防组织，统一管理施工场地的治安保卫事项，履行合同工程的治安保卫职责。

发包人和承包人除应协助现场治安管理机构或联防组织维护施工场地的社会治安外，还应做好包括生活区在内的各自管辖区的治安保卫工作。

除专用合同条款另有约定外，发包人和承包人应在工程开工后7天内共同编制施工场地治安管理计划，并制定应对突发治安事件的紧急预案。在工程施工过程中，发生暴乱、爆炸等恐怖事件，以及群殴、械斗等群体性突发治安事件的，发包人和承包人应立即向当地政府报告。发包人和承包人应积极协助当地有关部门采取措施平息事态，防止事态扩大，尽量避免人员伤亡和财产损失。

6.1.5 文明施工

承包人在工程施工期间，应当采取措施保持施工现场平整，物料堆放整齐。工程所在地有关政府行政管理部门有特殊要求的，按照其要求执行。合同当事人对文明施工有其他要求的，可以在专用合同条款中明确。

在工程移交之前，承包人应当从施工现场清除承包人的全部工程设备、多余材料、垃圾和各种临时工程，并保持施工现场清洁整齐。经发包人书面同意，承包人可在发包人指定的地点保留承包人履行保修期内的各项义务所需要的材料、施工设备和临时工程。

6.1.6 安全文明施工费

安全文明施工费由发包人承担，发包人不得以任何形式扣减该部分费用。因基准日期后合同所适用的法律或政府有关规定发生变化，增加的安全文明施工费由发包人承担。

承包人经发包人同意采取合同约定以外的安全措施所产生的费用，由发包人承担。未经发包人同意的，如果该措施避免了发包人的损失，则发包人在避免损失的额度内承担该措施费。如果该措施避免了承包人的损失，由承包人承担该措施费。

除专用合同条款另有约定外，发包人应在开工后 28 天内预付安全文明施工费总额的 50%，其余部分与进度款同期支付。发包人逾期支付安全文明施工费超过 7 天的，承包人有权向发包人发出要求预付的催告通知，发包人收到通知后 7 天内仍未支付的，承包人有权暂停施工，并按第 16.1.1 项〔发包人违约的情形〕执行。

承包人对安全文明施工费应专款专用，承包人应在财务账目中单独列项备查，不得挪作他用，否则发包人有权责令其限期改正；逾期未改正的，可以责令其暂停施工，由此增加的费用和（或）延误的工期由承包人承担。

6.1.7 紧急情况处理

在工程实施期间或缺陷责任期内发生危及工程安全的事件，监理人通知承包人进行抢救，承包人声明无能力或不愿立即执行的，发包人有权雇佣其他人员进行抢救。此类抢救按合同约定属于承包人义务的，由此增加的费用和（或）延误的工期由承包人承担。

6.1.8　事故处理

工程施工过程中发生事故的，承包人应立即通知监理人，监理人应立即通知发包人。发包人和承包人应立即组织人员和设备进行紧急抢救和抢修，减少人员伤亡和财产损失，防止事故扩大，并保护事故现场。需要移动现场物品时，应作出标记和书面记录，妥善保管有关证据。发包人和承包人应按国家有关规定，及时如实地向有关部门报告事故发生的情况，以及正在采取的紧急措施等。

6.1.9　安全生产责任

6.1.9.1　发包人的安全责任

发包人应负责赔偿以下各种情况造成的损失：

（1）工程或工程的任何部分对土地的占用所造成的第三者财产损失；

（2）由于发包人原因在施工场地及其毗邻地带造成的第三者人身伤亡和财产损失；

（3）由于发包人原因对承包人、监理人造成的人员人身伤亡和财产损失；

（4）由于发包人原因造成的发包人自身人员的人身伤害以及财产损失。

6.1.9.2　承包人的安全责任

由于承包人原因在施工场地内及其毗邻地带造成的发包人、监理人以及第三者人员伤亡和财产损失，由承包人负责赔偿。

6.2　职业健康

6.2.1　劳动保护

承包人应按照法律规定安排现场施工人员的劳动和休息时间，保障劳动者的休息时间，并支付合理的报酬和费用。承包人应依法为其履行合同所雇用的人员办理必要的证件、许可、保险和注册等，承包人应督促其分包人为分包人所雇用的人员办理必要的证件、许可、保险和注册等。

承包人应按照法律规定保障现场施工人员的劳动安全，并提供劳动保护，并应按国家有关劳动保护的规定，采取有效的防止粉尘、降低噪声、控制有害气体和保障高温、高寒、高空作业安全等劳动保护措施。承包人雇佣人员在施工中受到伤害的，承包人应立即采取有效措施进行抢救和治疗。

承包人应按法律规定安排工作时间，保证其雇佣人员享有休息和休假的权利。因工程施工的特殊需要占用休假日或延长工作时间的，应不超过法律规定的限度，并按法律规定给予补休或付酬。

6.2.2　生活条件

承包人应为其履行合同所雇用的人员提供必要的膳宿条件和生活环境；承包人应采取有效措施预防传染病，保证施工人员的健康，并定期对施工现场、施工人员生活基地和工程进行防疫和卫生的专业检查和处理，在远离城镇的施工场地，还应配备必要的伤病防治和急救的医务人员与医疗设施。

6.3　环境保护

承包人应在施工组织设计中列明环境保护的具体措施。在合同履行期间，承包人应采取合理措施保护施工现场环境。对施工作业过程中可能引起的大气、水、噪音以及固体废物污染采取具体可行的防范措施。

承包人应当承担因其原因引起的环境污染侵权损害赔偿责任，因上述环境污染引起纠纷而导致暂停施工的，由此增加的费用和（或）延误的工期由承包人承担。

7. 工期和进度

7.1　施工组织设计

7.1.1　施工组织设计的内容

施工组织设计应包含以下内容：

（1）施工方案；

（2）施工现场平面布置图；

（3）施工进度计划和保证措施；

（4）劳动力及材料供应计划；

（5）施工机械设备的选用；

（6）质量保证体系及措施；

（7）安全生产、文明施工措施；

（8）环境保护、成本控制措施；

（9）合同当事人约定的其他内容。

7.1.2　施工组织设计的提交和修改

除专用合同条款另有约定外，承包人应在合同签订后 14 天内，但至迟不得晚于第 7.3.2 项〔开工通知〕载明的开工日期前 7 天，向监理人提交详细的施工组织设计，并由监理人报送发包人。除专用合同条款另有约定外，发包人和监理人应在监理人收到施工组织设计后 7 天内确认或提出修改意见。对发包人和监理人提出的合理意见和要求，承包人应自费修改完善。根据工程实际情况需要修改施工组织设计的，承包人应向发包人和监理人提交修改后的施工组织设计。

施工进度计划的编制和修改按照第7.2款〔施工进度计划〕执行。

7.2 施工进度计划

7.2.1 施工进度计划的编制

承包人应按照第7.1款〔施工组织设计〕约定提交详细的施工进度计划，施工进度计划的编制应当符合国家法律规定和一般工程实践惯例，施工进度计划经发包人批准后实施。施工进度计划是控制工程进度的依据，发包人和监理人有权按照施工进度计划检查工程进度情况。

7.2.2 施工进度计划的修订

施工进度计划不符合合同要求或与工程的实际进度不一致的，承包人应向监理人提交修订的施工进度计划，并附具有关措施和相关资料，由监理人报送发包人。除专用合同条款另有约定外，发包人和监理人应在收到修订的施工进度计划后7天内完成审核和批准或提出修改意见。发包人和监理人对承包人提交的施工进度计划的确认，不能减轻或免除承包人根据法律规定和合同约定应承担的任何责任或义务。

7.3 开工

7.3.1 开工准备

除专用合同条款另有约定外，承包人应按照第7.1款〔施工组织设计〕约定的期限，向监理人提交工程开工报审表，经监理人报发包人批准后执行。开工报审表应详细说明按施工进度计划正常施工所需的施工道路、临时设施、材料、工程设备、施工设备、施工人员等落实情况以及工程的进度安排。

除专用合同条款另有约定外，合同当事人应按约定完成开工准备工作。

7.3.2 开工通知

发包人应按照法律规定获得工程施工所需的许可。经发包人同意后，监理人发出的开工通知应符合法律规定。监理人应在计划开工日期7天前向承包人发出开工通知，工期自开工通知中载明的开工日期起算。

除专用合同条款另有约定外，因发包人原因造成监理人未能在计划开工日期之日起90天内发出开工通知的，承包人有权提出价格调整要求，或者解除合同。发包人应当承担由此增加的费用和（或）延误的工期，并向承包人支付合理利润。

7.4 测量放线

7.4.1 除专用合同条款另有约定外，发包人应在至迟不得晚于第7.3.2项〔开工通知〕载明的开工日期前7天通过监理人向承包人提供测量基准点、基准线和水准点及其书面资料。发包人应对其提供的测量基准点、基准线和水准点及其书面资料的真实性、准确性和完整性负责。

承包人发现发包人提供的测量基准点、基准线和水准点及其书面资料存在错误或疏漏的，应及时通知监理人。监理人应及时报告发包人，并会同发包人和承包人予以核实。发包人应就如何处理和是否继续施工作出决定，并通知监理人和承包人。

7.4.2 承包人负责施工过程中的全部施工测量放线工作，并配置具有相应资质的人员、合格的仪器、设备和其他物品。承包人应矫正工程的位置、标高、尺寸或准线中出现的任何差错，并对工程各部分的定位负责。

施工过程中对施工现场内水准点等测量标志物的保护工作由承包人负责。

7.5 工期延误

7.5.1 因发包人原因导致工期延误

在合同履行过程中，因下列情况导致工期延误和（或）费用增加的，由发包人承担由此延误的工期和（或）增加的费用，且发包人应支付承包人合理的利润：

（1）发包人未能按合同约定提供图纸或所提供图纸不符合合同约定的；

（2）发包人未能按合同约定提供施工现场、施工条件、基础资料、许可、批准等开工条件的；

（3）发包人提供的测量基准点、基准线和水准点及其书面资料存在错误或疏漏的；

（4）发包人未能在计划开工日期之日起7天内同意下达开工通知的；

（5）发包人未能按合同约定日期支付工程预付款、进度款或竣工结算款的；

（6）监理人未按合同约定发出指示、批准等文件的；

（7）专用合同条款中约定的其他情形。

因发包人原因未按计划开工日期开工的，发包人应按实际开工日期顺延竣工日期，确保实际工期不低于合同约定的工期总日历天数。因发包人原因导致工期延误需要修订施工进度计划的，按照第7.2.2项〔施工进度计划的修订〕执行。

7.5.2 因承包人原因导致工期延误

因承包人原因造成工期延误的，可以在专用合同条款中约定逾期竣工违约金的计算方法和逾期竣工违约金的上限。承包人支付逾期竣工违约金后，不免除承包人继续完成工程及修补缺陷的义务。

7.6 不利物质条件

不利物质条件是指有经验的承包人在施工现场遇到的不可预见的自然物质条件、

非自然的物质障碍和污染物，包括地表以下物质条件和水文条件以及专用合同条款约定的其他情形，但不包括气候条件。

承包人遇到不利物质条件时，应采取克服不利物质条件的合理措施继续施工，并及时通知发包人和监理人。通知应载明不利物质条件的内容以及承包人认为不可预见的理由。监理人经发包人同意后应当及时发出指示，指示构成变更的，按第10条〔变更〕约定执行。承包人因采取合理措施而增加的费用和（或）延误的工期由发包人承担。

7.7 异常恶劣的气候条件

异常恶劣的气候条件是指在施工过程中遇到的，有经验的承包人在签订合同时不可预见的，对合同履行造成实质性影响的，但尚未构成不可抗力事件的恶劣气候条件。合同当事人可以在专用合同条款中约定异常恶劣的气候条件的具体情形。

承包人应采取克服异常恶劣的气候条件的合理措施继续施工，并及时通知发包人和监理人。监理人经发包人同意后应当及时发出指示，指示构成变更的，按第10条〔变更〕约定办理。承包人因采取合理措施而增加的费用和（或）延误的工期由发包人承担。

7.8 暂停施工

7.8.1 发包人原因引起的暂停施工

因发包人原因引起暂停施工的，监理人经发包人同意后，应及时下达暂停施工指示。情况紧急且监理人未及时下达暂停施工指示的，按照第7.8.4项〔紧急情况下的暂停施工〕执行。

因发包人原因引起的暂停施工，发包人应承担由此增加的费用和（或）延误的工期，并支付承包人合理的利润。

7.8.2 承包人原因引起的暂停施工

因承包人原因引起的暂停施工，承包人应承担由此增加的费用和（或）延误的工期，且承包人在收到监理人复工指示后84天内仍未复工的，视为第16.2.1项〔承包人违约的情形〕第（7）目约定的承包人无法继续履行合同的情形。

7.8.3 指示暂停施工

监理人认为有必要时，并经发包人批准后，可向承包人作出暂停施工的指示，承包人应按监理人指示暂停施工。

7.8.4 紧急情况下的暂停施工

因紧急情况需暂停施工，且监理人未及时下达暂停施工指示的，承包人可先暂停施工，并及时通知监理人。监理人应在接到通知后24小时内发出指示，逾期未发出指示，视为同意承包人暂停施工。监理人不同意承包人暂停施工的，应说明理由，承包人对监理人的答复有异议，按照第20条〔争议解决〕约定处理。

7.8.5 暂停施工后的复工

暂停施工后，发包人和承包人应采取有效措施积极消除暂停施工的影响。在工程复工前，监理人会同发包人和承包人确定因暂停施工造成的损失，并确定工程复工条件。当工程具备复工条件时，监理人应经发包人批准后向承包人发出复工通知，承包人应按照复工通知要求复工。

承包人无故拖延和拒绝复工的，承包人承担由此增加的费用和（或）延误的工期；因发包人原因无法按时复工的，按照第7.5.1项〔因发包人原因导致工期延误〕约定办理。

7.8.6 暂停施工持续56天以上

监理人发出暂停施工指示后56天内未向承包人发出复工通知，除该项停工属于第7.8.2项〔承包人原因引起的暂停施工〕及第17条〔不可抗力〕约定的情形外，承包人可向发包人提交书面通知，要求发包人在收到书面通知后28天内准许已暂停施工的部分或全部工程继续施工。发包人逾期不予批准的，则承包人可以通知发包人，将工程受影响的部分视为按第10.1款〔变更的范围〕第（2）项的可取消工作。

暂停施工持续84天以上不复工的，且不属于第7.8.2项〔承包人原因引起的暂停施工〕及第17条〔不可抗力〕约定的情形，并影响到整个工程以及合同目的实现的，承包人有权提出价格调整要求，或者解除合同。解除合同的，按照第16.1.3项〔因发包人违约解除合同〕执行。

7.8.7 暂停施工期间的工程照管

暂停施工期间，承包人应负责妥善照管工程并提供安全保障，由此增加的费用由责任方承担。

7.8.8 暂停施工的措施

暂停施工期间，发包人和承包人均应采取必要的措施确保工程质量及安全，防止因暂停施工扩大损失。

7.9 提前竣工

7.9.1 发包人要求承包人提前竣工的，发包人应通过监理人向承包人下达提前竣工指示，承包人应向发包人和监理人提交提前竣工建议书，提前竣工建议书应包括实施的方案、缩短的时间、增加的合同价格等内容。发包人接受该提前竣工建议书的，监理人应与发包人和承包人协商采取加快工程进度的措施，并修订施工进度计划，由此增加的费用由发包人承担。承包人认为提前竣工指示无法执行的，应向监理人和发包人提出书面异议，发包人和监理人应在收到异议后 7 天内予以答复。任何情况下，发包人不得压缩合理工期。

7.9.2 发包人要求承包人提前竣工，或承包人提出提前竣工的建议能够给发包人带来效益的，合同当事人可以在专用合同条款中约定提前竣工的奖励。

8. 材料与设备

8.1 发包人供应材料与工程设备

发包人自行供应材料、工程设备的，应在签订合同时在专用合同条款的附件《发包人供应材料设备一览表》中明确材料、工程设备的品种、规格、型号、数量、单价、质量等级和送达地点。

承包人应提前 30 天通过监理人以书面形式通知发包人供应材料与工程设备进场。承包人按照第 7.2.2 项〔施工进度计划的修订〕约定修订施工进度计划时，需同时提交经修订后的发包人供应材料与工程设备的进场计划。

8.2 承包人采购材料与工程设备

承包人负责采购材料、工程设备的，应按照设计和有关标准要求采购，并提供产品合格证明及出厂证明，对材料、工程设备质量负责。合同约定由承包人采购的材料、工程设备，发包人不得指定生产厂家或供应商，发包人违反本款约定指定生产厂家或供应商的，承包人有权拒绝，并由发包人承担相应责任。

8.3 材料与工程设备的接收与拒收

8.3.1 发包人应按《发包人供应材料设备一览表》约定的内容提供材料和工程设备，并向承包人提供产品合格证明及出厂证明，对其质量负责。发包人应提前 24 小时以书面形式通知承包人、监理人材料和工程设备到货时间，承包人负责材料和工程设备的清点、检验和接收。

发包人提供的材料和工程设备的规格、数量或质量不符合合同约定的，或因发包人原因导致交货日期延误或交货地点变更等情况的，按照第 16.1 款〔发包人违约〕约定办理。

8.3.2 承包人采购的材料和工程设备，应保证产品质量合格，承包人应在材料和工程设备到货前 24 小时通知监理人检验。承包人进行永久设备、材料的制造和生产的，应符合相关质量标准，并向监理人提交材料的样本以及有关资料，并应在使用该材料或工程设备之前获得监理人同意。

承包人采购的材料和工程设备不符合设计或有关标准要求时，承包人应在监理人要求的合理期限内将不符合设计或有关标准要求的材料、工程设备运出施工现场，并重新采购符合要求的材料、工程设备，由此增加的费用和（或）延误的工期，由承包人承担。

8.4　材料与工程设备的保管与使用

8.4.1　发包人供应材料与工程设备的保管与使用

发包人供应的材料和工程设备，承包人清点后由承包人妥善保管，保管费用由发包人承担，但已标价工程量清单或预算书已经列支或专用合同条款另有约定除外。因承包人原因发生丢失毁损的，由承包人负责赔偿；监理人未通知承包人清点的，承包人不负责材料和工程设备的保管，由此导致丢失毁损的由发包人负责。

发包人供应的材料和工程设备使用前，由承包人负责检验，检验费用由发包人承担，不合格的不得使用。

8.4.2　承包人采购材料与工程设备的保管与使用

承包人采购的材料和工程设备由承包人妥善保管，保管费用由承包人承担。法律规定材料和工程设备使用前必须进行检验或试验的，承包人应按监理人的要求进行检验或试验，检验或试验费用由承包人承担，不合格的不得使用。

发包人或监理人发现承包人使用不符合设计或有关标准要求的材料和工程设备时，有权要求承包人进行修复、拆除或重新采购，由此增加的费用和（或）延误的工期，由承包人承担。

8.5　禁止使用不合格的材料和工程设备

8.5.1　监理人有权拒绝承包人提供的不合格材料或工程设备，并要求承包人立即进行更换。监理人应在更换后再次进行检查和检验，由此增加的费用和（或）延误的工期由承包人承担。

8.5.2　监理人发现承包人使用了不合格的材料和工程设备，承包人应按照监理人的指示立即改正，并禁止在工程中继续使用不合格的材料和工程设备。

8.5.3　发包人提供的材料或工程设备不符合合同要求的，承包人有权拒绝，并可要求发包人更换，由此增加的费用和（或）延误的工期由发包人承担，并支付承包人合理的利润。

8.6 样品

8.6.1 样品的报送与封存

需要承包人报送样品的材料或工程设备，样品的种类、名称、规格、数量等要求均应在专用合同条款中约定。样品的报送程序如下：

（1）承包人应在计划采购前28天向监理人报送样品。承包人报送的样品均应来自供应材料的实际生产地，且提供的样品的规格、数量足以表明材料或工程设备的质量、型号、颜色、表面处理、质地、误差和其他要求的特征。

（2）承包人每次报送样品时应随附申报单，申报单应载明报送样品的相关数据和资料，并标明每件样品对应的图纸号，预留监理人批复意见栏。监理人应在收到承包人报送的样品后7天向承包人回复经发包人签认的样品审批意见。

（3）经发包人和监理人审批确认的样品应按约定的方法封样，封存的样品作为检验工程相关部分的标准之一。承包人在施工过程中不得使用与样品不符的材料或工程设备。

（4）发包人和监理人对样品的审批确认仅为确认相关材料或工程设备的特征或用途，不得被理解为对合同的修改或改变，也并不减轻或免除承包人任何的责任和义务。如果封存的样品修改或改变了合同约定，合同当事人应当以书面协议予以确认。

8.6.2 样品的保管

经批准的样品应由监理人负责封存于现场，承包人应在现场为保存样品提供适当和固定的场所并保持适当和良好的存储环境条件。

8.7 材料与工程设备的替代

8.7.1 出现下列情况需要使用替代材料和工程设备的，承包人应按照第8.7.2项约定的程序执行：

（1）基准日期后生效的法律规定禁止使用的；

（2）发包人要求使用替代品的；

（3）因其他原因必须使用替代品的。

8.7.2 承包人应在使用替代材料和工程设备28天前书面通知监理人，并附下列文件：

（1）被替代的材料和工程设备的名称、数量、规格、型号、品牌、性能、价格及其他相关资料；

（2）替代品的名称、数量、规格、型号、品牌、性能、价格及其他相关资料；

（3）替代品与被替代产品之间的差异以及使用替代品可能对工程产生的影响；

（4）替代品与被替代产品的价格差异；

（5）使用替代品的理由和原因说明；

（6）监理人要求的其他文件。

监理人应在收到通知后14天内向承包人发出经发包人签认的书面指示；监理人逾期发出书面指示的，视为发包人和监理人同意使用替代品。

8.7.3 发包人认可使用替代材料和工程设备的，替代材料和工程设备的价格，按照已标价工程量清单或预算书相同项目的价格认定；无相同项目的，参考相似项目价格认定；既无相同项目也无相似项目的，按照合理的成本与利润构成的原则，由合同当事人按照第4.4款〔商定或确定〕确定价格。

8.8 施工设备和临时设施

8.8.1 承包人提供的施工设备和临时设施

承包人应按合同进度计划的要求，及时配置施工设备和修建临时设施。进入施工场地的承包人设备需经监理人核查后才能投入使用。承包人更换合同约定的承包人设备的，应报监理人批准。

除专用合同条款另有约定外，承包人应自行承担修建临时设施的费用，需要临时占地的，应由发包人办理申请手续并承担相应费用。

8.8.2 发包人提供的施工设备和临时设施

发包人提供的施工设备或临时设施在专用合同条款中约定。

8.8.3 要求承包人增加或更换施工设备

承包人使用的施工设备不能满足合同进度计划和（或）质量要求时，监理人有权要求承包人增加或更换施工设备，承包人应及时增加或更换，由此增加的费用和（或）延误的工期由承包人承担。

8.9 材料与设备专用要求

承包人运入施工现场的材料、工程设备、施工设备以及在施工场地建设的临时设施，包括备品备件、安装工具与资料，必须专用于工程。未经发包人批准，承包人不得运出施工现场或挪作他用；经发包人批准，承包人可以根据施工进度计划撤走闲置的施工设备和其他物品。

9. 试验与检验

9.1 试验设备与试验人员

9.1.1 承包人根据合同约定或监理人指示进行的现场材料试验，应由承包人提供试验场所、试验人员、试验设备以及其他必要的试验条件。监理人在必要时可以使用承包人提供的试验场所、试验设备以及其他试验条件，进行以工程质量检查为目的的材料复核试验，承包人应予以协助。

9.1.2 承包人应按专用合同条款的约定提供试验设备、取样装置、试验场所和试验条件，并向监理人提交相应进场计划表。

承包人配置的试验设备要符合相应试验规程的要求并经过具有资质的检测单位检测，且在正式使用该试验设备前，需要经过监理人与承包人共同校定。

9.1.3 承包人应向监理人提交试验人员的名单及其岗位、资格等证明资料，试验人员必须能够熟练进行相应的检测试验，承包人对试验人员的试验程序和试验结果的正确性负责。

9.2 取样

试验属于自检性质的，承包人可以单独取样。试验属于监理人抽检性质的，可由监理人取样，也可由承包人的试验人员在监理人的监督下取样。

9.3 材料、工程设备和工程的试验和检验

9.3.1 承包人应按合同约定进行材料、工程设备和工程的试验和检验，并为监理人对上述材料、工程设备和工程的质量检查提供必要的试验资料和原始记录。按合同约定应由监理人与承包人共同进行试验和检验的，由承包人负责提供必要的试验资料和原始记录。

9.3.2 试验属于自检性质的，承包人可以单独进行试验。试验属于监理人抽检性质的，监理人可以单独进行试验，也可由承包人与监理人共同进行。承包人对由监理人单独进行的试验结果有异议的，可以申请重新共同进行试验。约定共同进行试验的，监理人未按照约定参加试验的，承包人可自行试验，并将试验结果报送监理人，监理人应承认该试验结果。

9.3.3 监理人对承包人的试验和检验结果有异议的，或为查清承包人试验和检验成果的可靠性要求承包人重新试验和检验的，可由监理人与承包人共同进行。重新试验和检验的结果证明该项材料、工程设备或工程的质量不符合合同要求的，由此增加的费用和（或）延误的工期由承包人承担；重新试验和检验结果证明该项材料、工程设备和工程符合合同要求的，由此增加的费用和（或）延误的工期由发包人承担。

9.4 现场工艺试验

承包人应按合同约定或监理人指示进行现场工艺试验。对大型的现场工艺试验，

监理人认为必要时，承包人应根据监理人提出的工艺试验要求，编制工艺试验措施计划，报送监理人审查。

10. 变更

10.1 变更的范围

除专用合同条款另有约定外，合同履行过程中发生以下情形的，应按照本条约定进行变更：

（1）增加或减少合同中任何工作，或追加额外的工作；

（2）取消合同中任何工作，但转由他人实施的工作除外；

（3）改变合同中任何工作的质量标准或其他特性；

（4）改变工程的基线、标高、位置和尺寸；

（5）改变工程的时间安排或实施顺序。

10.2 变更权

发包人和监理人均可以提出变更。变更指示均通过监理人发出，监理人发出变更指示前应征得发包人同意。承包人收到经发包人签认的变更指示后，方可实施变更。未经许可，承包人不得擅自对工程的任何部分进行变更。

涉及设计变更的，应由设计人提供变更后的图纸和说明。如变更超过原设计标准或批准的建设规模时，发包人应及时办理规划、设计变更等审批手续。

10.3 变更程序

10.3.1 发包人提出变更

发包人提出变更的，应通过监理人向承包人发出变更指示，变更指示应说明计划变更的工程范围和变更的内容。

10.3.2 监理人提出变更建议

监理人提出变更建议的，需要向发包人以书面形式提出变更计划，说明计划变更工程范围和变更的内容、理由，以及实施该变更对合同价格和工期的影响。发包人同意变更的，由监理人向承包人发出变更指示。发包人不同意变更的，监理人无权擅自发出变更指示。

10.3.3 变更执行

承包人收到监理人下达的变更指示后，认为不能执行，应立即提出不能执行该变更指示的理由。承包人认为可以执行变更的，应当书面说明实施该变更指示对合同价格和工期的影响，且合同当事人应当按照第10.4款〔变更估价〕约定确定变更估价。

10.4 变更估价

10.4.1 变更估价原则

除专用合同条款另有约定外，变更估价按照本款约定处理：

（1）已标价工程量清单或预算书有相同项目的，按照相同项目单价认定；

（2）已标价工程量清单或预算书中无相同项目，但有类似项目的，参照类似项目的单价认定；

（3）变更导致实际完成的变更工程量与已标价工程量清单或预算书中列明的该项目工程量的变化幅度超过15%的，或已标价工程量清单或预算书中无相同项目及类似项目单价的，按照合理的成本与利润构成的原则，由合同当事人按照第4.4款〔商定或确定〕确定变更工作的单价。

10.4.2 变更估价程序

承包人应在收到变更指示后14天内，向监理人提交变更估价申请。监理人应在收到承包人提交的变更估价申请后7天内审查完毕并报送发包人，监理人对变更估价申请有异议，通知承包人修改后重新提交。发包人应在承包人提交变更估价申请后14天内审批完毕。发包人逾期未完成审批或未提出异议的，视为认可承包人提交的变更估价申请。

因变更引起的价格调整应计入最近一期的进度款中支付。

10.5 承包人的合理化建议

承包人提出合理化建议的，应向监理人提交合理化建议说明，说明建议的内容和理由，以及实施该建议对合同价格和工期的影响。

除专用合同条款另有约定外，监理人应在收到承包人提交的合理化建议后7天内审查完毕并报送发包人，发现其中存在技术上的缺陷，应通知承包人修改。发包人应在收到监理人报送的合理化建议后7天内审批完毕。合理化建议经发包人批准的，监理人应及时发出变更指示，由此引起的合同价格调整按照第10.4款〔变更估价〕约定执行。发包人不同意变更的，监理人应书面通知承包人。

合理化建议降低了合同价格或者提高了工程经济效益的，发包人可对承包人给予奖励，奖励的方法和金额在专用合同条款中约定。

10.6 变更引起的工期调整

因变更引起工期变化的，合同当事人均可要求调整合同工期，由合同当事人按照第4.4款〔商定或确定〕并参考工程所在地的工期定额标准确定增减工期天数。

10.7 暂估价

暂估价专业分包工程、服务、材料和工程设备的明细由合同当事人在专用合同条款中约定。

10.7.1 依法必须招标的暂估价项目

对于依法必须招标的暂估价项目，采取以下第1种方式确定。合同当事人也可以在专用合同条款中选择其他招标方式。

第1种方式：对于依法必须招标的暂估价项目，由承包人招标，对该暂估价项目的确认和批准按照以下约定执行：

（1）承包人应当根据施工进度计划，在招标工作启动前14天将招标方案通过监理人报送发包人审查，发包人应当在收到承包人报送的招标方案后7天内批准或提出修改意见。承包人应当按照经过发包人批准的招标方案开展招标工作；

（2）承包人应当根据施工进度计划，提前14天将招标文件通过监理人报送发包人审批，发包人应当在收到承包人报送的相关文件后7天内完成审批或提出修改意见；发包人有权确定招标控制价并按照法律规定参加评标；

（3）承包人与供应商、分包人在签订暂估价合同前，应当提前7天将确定的中标候选供应商或中标候选分包人的资料报送发包人，发包人应在收到资料后3天内与承包人共同确定中标人；承包人应当在签订合同后7天内，将暂估价合同副本报送发包人留存。

第2种方式：对于依法必须招标的暂估价项目，由发包人和承包人共同招标确定暂估价供应商或分包人的，承包人应按照施工进度计划，在招标工作启动前14天通知发包人，并提交暂估价招标方案和工作分工。发包人应在收到后7天内确认。确定中标人后，由发包人、承包人与中标人共同签订暂估价合同。

10.7.2 不属于依法必须招标的暂估价项目

除专用合同条款另有约定外，对于不属于依法必须招标的暂估价项目，采取以下第1种方式确定：

第1种方式：对于不属于依法必须招标的暂估价项目，按本项约定确认和批准：

（1）承包人应根据施工进度计划，在签订暂估价项目的采购合同、分包合同前28天向监理人提出书面申请。监理人应当在收到申请后3天内报送发包人，发包人应当在收到申请后14天内给予批准或提出修改意见，发包人逾期未予批准或提出修改意见的，视为该书面申请已获得同意；

（2）发包人认为承包人确定的供应商、分包人无法满足工程质量或合同要求的，发包人可以要求承包人重新确定暂估价项目的供应商、分包人；

（3）承包人应当在签订暂估价合同后7天内，将暂估价合同副本报送发包人留存。

第2种方式：承包人按照第10.7.1项〔依法必须招标的暂估价项目〕约定的第1种方式确定暂估价项目。

第3种方式：承包人直接实施的暂估价项目

承包人具备实施暂估价项目的资格和条件的，经发包人和承包人协商一致后，可由承包人自行实施暂估价项目，合同当事人可以在专用合同条款约定具体事项。

10.7.3 因发包人原因导致暂估价合同订立和履行迟延的，由此增加的费用和（或）延误的工期由发包人承担，并支付承包人合理的利润。因承包人原因导致暂估价合同订立和履行迟延的，由此增加的费用和（或）延误的工期由承包人承担。

10.8 暂列金额

暂列金额应按照发包人的要求使用，发包人的要求应通过监理人发出。合同当事人可以在专用合同条款中协商确定有关事项。

10.9 计日工

需要采用计日工方式的，经发包人同意后，由监理人通知承包人以计日工计价方式实施相应的工作，其价款按列入已标价工程量清单或预算书中的计日工计价项目及其单价进行计算；已标价工程量清单或预算书中无相应的计日工单价的，按照合理的成本与利润构成的原则，由合同当事人按照第4.4款〔商定或确定〕确定计日工的单价。

采用计日工计价的任何一项工作，承包人应在该项工作实施过程中，每天提交以下报表和有关凭证报送监理人审查：

（1）工作名称、内容和数量；

（2）投入该工作的所有人员的姓名、专业、工种、级别和耗用工时；

（3）投入该工作的材料类别和数量；

（4）投入该工作的施工设备型号、台数和耗用台时；

（5）其他有关资料和凭证。

计日工由承包人汇总后，列入最近一期进度付款申请单，由监理人审查并经发包人批准后列入进度付款。

11. 价格调整

11.1　市场价格波动引起的调整

除专用合同条款另有约定外，市场价格波动超过合同当事人约定的范围，合同价格应当调整。合同当事人可以在专用合同条款中约定选择以下一种方式对合同价格进行调整：

第1种方式：采用价格指数进行价格调整。

（1）价格调整公式

因人工、材料和设备等价格波动影响合同价格时，根据专用合同条款中约定的数据，按以下公式计算差额并调整合同价格：

$$\Delta P = P_0\left[A + \left(B_1 \times \frac{F_{t1}}{F_{01}} + B_2 \times \frac{F_{t2}}{F_{02}} + B_3 \times \frac{F_{t3}}{F_{03}} + \cdots + B_n \times \frac{F_{tn}}{F_{0n}}\right) - 1\right]$$

公式中：　ΔP——需调整的价格差额；

P_0——约定的付款证书中承包人应得到的已完成工程量的金额。此项金额应不包括价格调整、不计质量保证金的扣留和支付、预付款的支付和扣回。约定的变更及其他金额已按现行价格计价的，也不计在内；

A——定值权重（即不调部分的权重）；

B_1；B_2；B_3……B_n——各可调因子的变值权重（即可调部分的权重），为各可调因子在签约合同价中所占的比例；

F_{t1}；F_{t2}；F_{t3}……F_{tn}——各可调因子的现行价格指数，指约定的付款证书相关周期最后一天的前42天的各可调因子的价格指数；

F_{01}；F_{02}；F_{03}……F_{0n}——各可调因子的基本价格指数，指基准日期的各可调因子的价格指数。

以上价格调整公式中的各可调因子、定值和变值权重，以及基本价格指数及其来源在投标函附录价格指数和权重表中约定，非招标订立的合同，由合同当事人在专用合同条款中约定。价格指数应首先采用工程造价管理机构发布的价格指数，无前述价格指数时，可采用工程造价管理机构发布的价格代替。

（2）暂时确定调整差额

在计算调整差额时无现行价格指数的，合同当事人同意暂用前次价格指数计算。实际价格指数有调整的，合同当事人进行相应调整。

（3）权重的调整

因变更导致合同约定的权重不合理时，按照第4.4款〔商定或确定〕执行。

（4）因承包人原因工期延误后的价格调整

因承包人原因未按期竣工的，对合同约定的竣工日期后继续施工的工程，在使用价格调整公式时，应采用计划竣工日期与实际竣工日期的两个价格指数中较低的一个作为现行价格指数。

第2种方式：采用造价信息进行价格调整。

合同履行期间，因人工、材料、工程设备和机械台班价格波动影响合同价格时，人工、机械使用费按照国家或省、自治区、直辖市建设行政管理部门、行业建设管理部门或其授权的工程造价管理机构发布的人工、机械使用费系数进行调整；需要进行价格调整的材料，其单价和采购数量应由发包人审批，发包人确认需调整的材料单价及数量，作为调整合同价格的依据。

（1）人工单价发生变化且符合省级或行业建设主管部门发布的人工费调整规定，合同当事人应按省级或行业建设主管部门或其授权的工程造价管理机构发布的人工费等文件调整合同价格，但承包人对人工费或人工单价的报价高于发布价格的除外。

（2）材料、工程设备价格变化的价款调整按照发包人提供的基准价格，按以下风险范围规定执行：

① 承包人在已标价工程量清单或预算书中载明材料单价低于基准价格的：除专用合同条款另有约定外，合同履行期间材料单价涨幅以基准价格为基础超过5%时，或材料单价跌幅以在已标价工程量清单或预算书中载明材料单价为基础超过5%时，其超过部分据实调整。

② 承包人在已标价工程量清单或预算书中载明材料单价高于基准价格的：除专用合同条款另有约定外，合同履行期间材料单价跌幅以基准价格为基础超过5%时，材料单价涨幅以在已标价工程量清单或预算书中载明材料单价为基础超过5%时，其超过部分据实调整。

③ 承包人在已标价工程量清单或预算书中载明材料单价等于基准价格的：除专用合同条款另有约定外，合同履行期间材料单价涨跌幅以基准价格为基础超过±5%时，其超过部分据实调整。

④ 承包人应在采购材料前将采购数量和新的材料单价报发包人核对，发包人确认用于工程时，发包人应确认采购材料的数量和单价。发包人在收到承包人报送的

确认资料后5天内不予答复的视为认可，作为调整合同价格的依据。未经发包人事先核对，承包人自行采购材料的，发包人有权不予调整合同价格。发包人同意的，可以调整合同价格。

前述基准价格是指由发包人在招标文件或专用合同条款中给定的材料、工程设备的价格，该价格原则上应当按照省级或行业建设主管部门或其授权的工程造价管理机构发布的信息价编制。

(3) 施工机械台班单价或施工机械使用费发生变化超过省级或行业建设主管部门或其授权的工程造价管理机构规定的范围时，按规定调整合同价格。

第3种方式：专用合同条款约定的其他方式。

11.2 法律变化引起的调整

基准日期后，法律变化导致承包人在合同履行过程中所需要的费用发生除第11.1款〔市场价格波动引起的调整〕约定以外的增加时，由发包人承担由此增加的费用；减少时，应从合同价格中予以扣减。基准日期后，因法律变化造成工期延误时，工期应予以顺延。

因法律变化引起的合同价格和工期调整，合同当事人无法达成一致的，由总监理工程师按第4.4款〔商定或确定〕的约定处理。

因承包人原因造成工期延误，在工期延误期间出现法律变化的，由此增加的费用和（或）延误的工期由承包人承担。

12. 合同价格、计量与支付

12.1 合同价格形式

发包人和承包人应在合同协议书中选择下列一种合同价格形式：

1. 单价合同

单价合同是指合同当事人约定以工程量清单及其综合单价进行合同价格计算、调整和确认的建设工程施工合同，在约定的范围内合同单价不作调整。合同当事人应在专用合同条款中约定综合单价包含的风险范围和风险费用的计算方法，并约定风险范围以外的合同价格的调整方法，其中因市场价格波动引起的调整按第11.1款〔市场价格波动引起的调整〕约定执行。

2. 总价合同

总价合同是指合同当事人约定以施工图、已标价工程量清单或预算书及有关条件进行合同价格计算、调整和确认的建设工程施工合同，在约定的范围内合同总价不作调整。合同当事人应在专用合同条款中约定总价包含的风险范围和风险费用的计算方法，并约定风险范围以外的合同价格的调整方法，其中因市场价格波动引起的调整按第 11.1 款〔市场价格波动引起的调整〕、因法律变化引起的调整按第 11.2 款〔法律变化引起的调整〕约定执行。

3. 其他价格形式

合同当事人可在专用合同条款中约定其他合同价格形式。

12.2 预付款

12.2.1 预付款的支付

预付款的支付按照专用合同条款约定执行，但至迟应在开工通知载明的开工日期 7 天前支付。预付款应当用于材料、工程设备、施工设备的采购及修建临时工程、组织施工队伍进场等。

除专用合同条款另有约定外，预付款在进度付款中同比例扣回。在颁发工程接收证书前，提前解除合同的，尚未扣完的预付款应与合同价款一并结算。

发包人逾期支付预付款超过 7 天的，承包人有权向发包人发出要求预付的催告通知，发包人收到通知后 7 天内仍未支付的，承包人有权暂停施工，并按第 16.1.1 项〔发包人违约的情形〕执行。

12.2.2 预付款担保

发包人要求承包人提供预付款担保的，承包人应在发包人支付预付款 7 天前提供预付款担保，专用合同条款另有约定除外。预付款担保可采用银行保函、担保公司担保等形式，具体由合同当事人在专用合同条款中约定。在预付款完全扣回之前，承包人应保证预付款担保持续有效。

发包人在工程款中逐期扣回预付款后，预付款担保额度应相应减少，但剩余的预付款担保金额不得低于未被扣回的预付款金额。

12.3 计量

12.3.1 计量原则

工程量计量按照合同约定的工程量计算规则、图纸及变更指示等进行计量。工程量计算规则应以相关的国家标准、行业标准等为依据，由合同当事人在专用合同条款中约定。

12.3.2 计量周期

除专用合同条款另有约定外，工程量的计量按月进行。

12.3.3　单价合同的计量

除专用合同条款另有约定外，单价合同的计量按照本项约定执行：

（1）承包人应于每月25日向监理人报送上月20日至当月19日已完成的工程量报告，并附具进度付款申请单、已完成工程量报表和有关资料。

（2）监理人应在收到承包人提交的工程量报告后7天内完成对承包人提交的工程量报表的审核并报送发包人，以确定当月实际完成的工程量。监理人对工程量有异议的，有权要求承包人进行共同复核或抽样复测。承包人应协助监理人进行复核或抽样复测，并按监理人要求提供补充计量资料。承包人未按监理人要求参加复核或抽样复测的，监理人复核或修正的工程量视为承包人实际完成的工程量。

（3）监理人未在收到承包人提交的工程量报表后的7天内完成审核的，承包人报送的工程量报告中的工程量视为承包人实际完成的工程量，据此计算工程价款。

12.3.4　总价合同的计量

除专用合同条款另有约定外，按月计量支付的总价合同，按照本项约定执行：

（1）承包人应于每月25日向监理人报送上月20日至当月19日已完成的工程量报告，并附具进度付款申请单、已完成工程量报表和有关资料。

（2）监理人应在收到承包人提交的工程量报告后7天内完成对承包人提交的工程量报表的审核并报送发包人，以确定当月实际完成的工程量。监理人对工程量有异议的，有权要求承包人进行共同复核或抽样复测。承包人应协助监理人进行复核或抽样复测并按监理人要求提供补充计量资料。承包人未按监理人要求参加复核或抽样复测的，监理人审核或修正的工程量视为承包人实际完成的工程量。

（3）监理人未在收到承包人提交的工程量报表后的7天内完成复核的，承包人提交的工程量报告中的工程量视为承包人实际完成的工程量。

12.3.5　总价合同采用支付分解表计量支付的，可以按照第12.3.4项〔总价合同的计量〕约定进行计量，但合同价款按照支付分解表进行支付。

12.3.6　其他价格形式合同的计量

合同当事人可在专用合同条款中约定其他价格形式合同的计量方式和程序。

12.4　工程进度款支付

12.4.1　付款周期

除专用合同条款另有约定外，付款周期应按照第12.3.2项〔计量周期〕的约定与计量周期保持一致。

12.4.2 进度付款申请单的编制

除专用合同条款另有约定外，进度付款申请单应包括下列内容：

（1）截至本次付款周期已完成工作对应的金额；

（2）根据第10条〔变更〕应增加和扣减的变更金额；

（3）根据第12.2款〔预付款〕约定应支付的预付款和扣减的返还预付款；

（4）根据第15.3款〔质量保证金〕约定应扣减的质量保证金；

（5）根据第19条〔索赔〕应增加和扣减的索赔金额；

（6）对已签发的进度款支付证书中出现错误的修正，应在本次进度付款中支付或扣除的金额；

（7）根据合同约定应增加和扣减的其他金额。

12.4.3 进度付款申请单的提交

（1）单价合同进度付款申请单的提交

单价合同的进度付款申请单，按照第12.3.3项〔单价合同的计量〕约定的时间按月向监理人提交，并附上已完成工程量报表和有关资料。单价合同中的总价项目按月进行支付分解，并汇总列入当期进度付款申请单。

（2）总价合同进度付款申请单的提交

总价合同按月计量支付的，承包人按照第12.3.4项〔总价合同的计量〕约定的时间按月向监理人提交进度付款申请单，并附上已完成工程量报表和有关资料。

总价合同按支付分解表支付的，承包人应按照第12.4.6项〔支付分解表〕及第12.4.2项〔进度付款申请单的编制〕的约定向监理人提交进度付款申请单。

（3）其他价格形式合同的进度付款申请单的提交

合同当事人可在专用合同条款中约定其他价格形式合同的进度付款申请单的编制和提交程序。

12.4.4 进度款审核和支付

（1）除专用合同条款另有约定外，监理人应在收到承包人进度付款申请单以及相关资料后7天内完成审查并报送发包人，发包人应在收到后7天内完成审批并签发进度款支付证书。发包人逾期未完成审批且未提出异议的，视为已签发进度款支付证书。

发包人和监理人对承包人的进度付款申请单有异议的，有权要求承包人修正和提供补充资料，承包人应提交修正后的进度付款申请单。监理人应在收到承包人修正后的进度付款申请单及相关资料后 7 天内完成审查并报送发包人，发包人应在收到监理人报送的进度付款申请单及相关资料后 7 天内，向承包人签发无异议部分的临时进度款支付证书。存在争议的部分，按照第 20 条〔争议解决〕的约定处理。

（2）除专用合同条款另有约定外，发包人应在进度款支付证书或临时进度款支付证书签发后 14 天内完成支付，发包人逾期支付进度款的，应按照中国人民银行发布的同期同类贷款基准利率支付违约金。

（3）发包人签发进度款支付证书或临时进度款支付证书，不表明发包人已同意、批准或接受了承包人完成的相应部分的工作。

12.4.5　进度付款的修正

在对已签发的进度款支付证书进行阶段汇总和复核中发现错误、遗漏或重复的，发包人和承包人均有权提出修正申请。经发包人和承包人同意的修正，应在下期进度付款中支付或扣除。

12.4.6　支付分解表

1. 支付分解表的编制要求

（1）支付分解表中所列的每期付款金额，应为第 12.4.2 项〔进度付款申请单的编制〕第（1）目的估算金额；

（2）实际进度与施工进度计划不一致的，合同当事人可按照第 4.4 款〔商定或确定〕修改支付分解表；

（3）不采用支付分解表的，承包人应向发包人和监理人提交按季度编制的支付估算分解表，用于支付参考。

2. 总价合同支付分解表的编制与审批

（1）除专用合同条款另有约定外，承包人应根据第 7.2 款〔施工进度计划〕约定的施工进度计划、签约合同价和工程量等因素对总价合同按月进行分解，编制支付分解表。承包人应当在收到监理人和发包人批准的施工进度计划后 7 天内，将支付分解表及编制支付分解表的支持性资料报送监理人。

（2）监理人应在收到支付分解表后 7 天内完成审核并报送发包人。发包人应在收到经监理人审核的支付分解表后 7 天内完成审批，经发包人批准的支付分解表为有约束力的支付分解表。

（3）发包人逾期未完成支付分解表审批的，也未及时要求承包人进行修正和提供补充资料的，则承包人提交的支付分解表视为已经获得发包人批准。

3. 单价合同的总价项目支付分解表的编制与审批

除专用合同条款另有约定外，单价合同的总价项目，由承包人根据施工进度计划和总价项目的总价构成、费用性质、计划发生时间和相应工程量等因素按月进行分解，形成支付分解表，其编制与审批参照总价合同支付分解表的编制与审批执行。

12.5 支付账户

发包人应将合同价款支付至合同协议书中约定的承包人账户。

13. 验收和工程试车

13.1 分部分项工程验收

13.1.1 分部分项工程质量应符合国家有关工程施工验收规范、标准及合同约定，承包人应按照施工组织设计的要求完成分部分项工程施工。

13.1.2 除专用合同条款另有约定外，分部分项工程经承包人自检合格并具备验收条件的，承包人应提前48小时通知监理人进行验收。监理人不能按时进行验收的，应在验收前24小时向承包人提交书面延期要求，但延期不能超过48小时。监理人未按时进行验收，也未提出延期要求的，承包人有权自行验收，监理人应认可验收结果。分部分项工程未经验收的，不得进入下一道工序施工。

分部分项工程的验收资料应当作为竣工资料的组成部分。

13.2 竣工验收

13.2.1 竣工验收条件

工程具备以下条件的，承包人可以申请竣工验收：

(1) 除发包人同意的甩项工作和缺陷修补工作外，合同范围内的全部工程以及有关工作，包括合同要求的试验、试运行以及检验均已完成，并符合合同要求；

(2) 已按合同约定编制了甩项工作和缺陷修补工作清单以及相应的施工计划；

(3) 已按合同约定的内容和份数备齐竣工资料。

13.2.2 竣工验收程序

除专用合同条款另有约定外，承包人申请竣工验收的，应当按照以下程序进行：

(1) 承包人向监理人报送竣工验收申请报告，监理人应在收到竣工验收申请报告后14天内完成审查并报送发包人。监理人审查后认为尚不具备验收条件的，应通知承包人在竣工验收前承包人还需完成的工作内容，承包人应在完成监理人通知的全部工作内容后，再次提交竣工验收申请报告。

(2) 监理人审查后认为已具备竣工验收条件的，应将竣工验收申请报告提交发包人，发包人应在收到经监理人审核的竣工验收申请报告后 28 天内审批完毕并组织监理人、承包人、设计人等相关单位完成竣工验收。

（3）竣工验收合格的，发包人应在验收合格后 14 天内向承包人签发工程接收证书。发包人无正当理由逾期不颁发工程接收证书的，自验收合格后第 15 天起视为已颁发工程接收证书。

（4）竣工验收不合格的，监理人应按照验收意见发出指示，要求承包人对不合格工程返工、修复或采取其他补救措施，由此增加的费用和（或）延误的工期由承包人承担。承包人在完成不合格工程的返工、修复或采取其他补救措施后，应重新提交竣工验收申请报告，并按本项约定的程序重新进行验收。

（5）工程未经验收或验收不合格，发包人擅自使用的，应在转移占有工程后 7 天内向承包人颁发工程接收证书；发包人无正当理由逾期不颁发工程接收证书的，自转移占有后第 15 天起视为已颁发工程接收证书。

除专用合同条款另有约定外，发包人不按照本项约定组织竣工验收、颁发工程接收证书的，每逾期一天，应以签约合同价为基数，按照中国人民银行发布的同期同类贷款基准利率支付违约金。

13.2.3　竣工日期

工程经竣工验收合格的，以承包人提交竣工验收申请报告之日为实际竣工日期，并在工程接收证书中载明；因发包人原因，未在监理人收到承包人提交的竣工验收申请报告 42 天内完成竣工验收，或完成竣工验收不予签发工程接收证书的，以提交竣工验收申请报告的日期为实际竣工日期；工程未经竣工验收，发包人擅自使用的，以转移占有工程之日为实际竣工日期。

13.2.4　拒绝接收全部或部分工程

对于竣工验收不合格的工程，承包人完成整改后，应当重新进行竣工验收，经重新组织验收仍不合格的且无法采取措施补救的，则发包人可以拒绝接收不合格工程，因不合格工程导致其他工程不能正常使用的，承包人应采取措施确保相关工程的正常使用，由此增加的费用和（或）延误的工期由承包人承担。

13.2.5　移交、接收全部与部分工程

除专用合同条款另有约定外，合同当事人应当在颁发工程接收证书后 7 天内完成工程的移交。

发包人无正当理由不接收工程的，发包人自应当接收工程之日起，承担工程照管、成品保护、保管等与工程有关的各项费用，合同当事人可以在专用合同条款中另行约定发包人逾期接收工程的违约责任。

承包人无正当理由不移交工程的，承包人应承担工程照管、成品保护、保管等与工程有关的各项费用，合同当事人可以在专用合同条款中另行约定承包人无正当理由不移交工程的违约责任。

13.3 工程试车

13.3.1 试车程序

工程需要试车的，除专用合同条款另有约定外，试车内容应与承包人承包范围相一致，试车费用由承包人承担。工程试车应按如下程序进行：

(1) 具备单机无负荷试车条件，承包人组织试车，并在试车前 48 小时书面通知监理人，通知中应载明试车内容、时间、地点。承包人准备试车记录，发包人根据承包人要求为试车提供必要条件。试车合格的，监理人在试车记录上签字。监理人在试车合格后不在试车记录上签字，自试车结束满 24 小时后视为监理人已经认可试车记录，承包人可继续施工或办理竣工验收手续。

监理人不能按时参加试车，应在试车前 24 小时以书面形式向承包人提出延期要求，但延期不能超过 48 小时，由此导致工期延误的，工期应予以顺延。监理人未能在前述期限内提出延期要求，又不参加试车的，视为认可试车记录。

(2) 具备无负荷联动试车条件，发包人组织试车，并在试车前 48 小时以书面形式通知承包人。通知中应载明试车内容、时间、地点和对承包人的要求，承包人按要求做好准备工作。试车合格，合同当事人在试车记录上签字。承包人无正当理由不参加试车的，视为认可试车记录。

13.3.2 试车中的责任

因设计原因导致试车达不到验收要求，发包人应要求设计人修改设计，承包人按修改后的设计重新安装。发包人承担修改设计、拆除及重新安装的全部费用，工期相应顺延。因承包人原因导致试车达不到验收要求，承包人按监理人要求重新安装和试车，并承担重新安装和试车的费用，工期不予顺延。

因工程设备制造原因导致试车达不到验收要求的，由采购该工程设备的合同当事人负责重新购置或修理，承包人负责拆除和重新安装，由此增加的修理、重新购置、拆除及重新安装的费用及延误的工期由采购该工程设备的合同当事人承担。

13.3.3 投料试车

如需进行投料试车的，发包人应在工程竣工验收后组织投料试车。发包人要求在工程竣工验收前进行或需要承包人配合时，应征得承包人同意，并在专用合同条款中约定有关事项。

投料试车合格的，费用由发包人承担；因承包人原因造成投料试车不合格的，承包人应按照发包人要求进行整改，由此产生的整改费用由承包人承担；非因承包人原因导致投料试车不合格的，如发包人要求承包人进行整改的，由此产生的费用由发包人承担。

13.4 提前交付单位工程的验收

13.4.1 发包人需要在工程竣工前使用单位工程的，或承包人提出提前交付已经竣工的单位工程且经发包人同意的，可进行单位工程验收，验收的程序按照第13.2款〔竣工验收〕的约定进行。

验收合格后，由监理人向承包人出具经发包人签认的单位工程接收证书。已签发单位工程接收证书的单位工程由发包人负责照管。单位工程的验收成果和结论作为整体工程竣工验收申请报告的附件。

13.4.2 发包人要求在工程竣工前交付单位工程，由此导致承包人费用增加和（或）工期延误的，由发包人承担由此增加的费用和（或）延误的工期，并支付承包人合理的利润。

13.5 施工期运行

13.5.1 施工期运行是指合同工程尚未全部竣工，其中某项或某几项单位工程或工程设备安装已竣工，根据专用合同条款约定，需要投入施工期运行的，经发包人按第13.4款〔提前交付单位工程的验收〕的约定验收合格，证明能确保安全后，才能在施工期投入运行。

13.5.2 在施工期运行中发现工程或工程设备损坏或存在缺陷的，由承包人按第15.2款〔缺陷责任期〕约定进行修复。

13.6 竣工退场

13.6.1 竣工退场

颁发工程接收证书后，承包人应按以下要求对施工现场进行清理：

（1）施工现场内残留的垃圾已全部清除出场；

（2）临时工程已拆除，场地已进行清理、平整或复原；

（3）按合同约定应撤离的人员、承包人施工设备和剩余的材料，包括废弃的施工设备和材料，已按计划撤离施工现场；

（4）施工现场周边及其附近道路、河道的施工堆积物，已全部清理；

（5）施工现场其他场地清理工作已全部完成。

施工现场的竣工退场费用由承包人承担。承包人应在专用合同条款约定的期限内完成竣工退场，逾期未完成的，发包人有权出售或另行处理承包人遗留的物品，由此支出的费用由承包人承担，发包人出售承包人遗留物品所得款项在扣除必要费用后应返还承包人。

13.6.2　地表还原

承包人应按发包人要求恢复临时占地及清理场地，承包人未按发包人的要求恢复临时占地，或者场地清理未达到合同约定要求的，发包人有权委托其他人恢复或清理，所发生的费用由承包人承担。

14. 竣工结算

14.1　竣工结算申请

除专用合同条款另有约定外，承包人应在工程竣工验收合格后 28 天内向发包人和监理人提交竣工结算申请单，并提交完整的结算资料，有关竣工结算申请单的资料清单和份数等要求由合同当事人在专用合同条款中约定。

除专用合同条款另有约定外，竣工结算申请单应包括以下内容：

（1）竣工结算合同价格；

（2）发包人已支付承包人的款项；

（3）应扣留的质量保证金。已缴纳履约保证金的或提供其他工程质量担保方式的除外；

（4）发包人应支付承包人的合同价款。

14.2　竣工结算审核

（1）除专用合同条款另有约定外，监理人应在收到竣工结算申请单后 14 天内完成核查并报送发包人。发包人应在收到监理人提交的经审核的竣工结算申请单后 14 天内完成审批，并由监理人向承包人签发经发包人签认的竣工付款证书。监理人或发包人对竣工结算申请单有异议的，有权要求承包人进行修正和提供补充资料，承包人应提交修正后的竣工结算申请单。

发包人在收到承包人提交竣工结算申请书后 28 天内未完成审批且未提出异议的，视为发包人认可承包人提交的竣工结算申请单，并自发包人收到承包人提交的竣工结算申请单后第 29 天起视为已签发竣工付款证书。

（2）除专用合同条款另有约定外，发包人应在签发竣工付款证书后的14天内，完成对承包人的竣工付款。发包人逾期支付的，按照中国人民银行发布的同期同类贷款基准利率支付违约金；逾期支付超过56天的，按照中国人民银行发布的同期同类贷款基准利率的两倍支付违约金。

（3）承包人对发包人签认的竣工付款证书有异议的，对于有异议部分应在收到发包人签认的竣工付款证书后7天内提出异议，并由合同当事人按照专用合同条款约定的方式和程序进行复核，或按照第20条〔争议解决〕约定处理。对于无异议部分，发包人应签发临时竣工付款证书，并按本款第（2）项完成付款。承包人逾期未提出异议的，视为认可发包人的审批结果。

14.3　甩项竣工协议

发包人要求甩项竣工的，合同当事人应签订甩项竣工协议。在甩项竣工协议中应明确，合同当事人按照第14.1款〔竣工结算申请〕及14.2款〔竣工结算审核〕的约定，对已完合格工程进行结算，并支付相应合同价款。

14.4　最终结清

14.4.1　最终结清申请单

（1）除专用合同条款另有约定外，承包人应在缺陷责任期终止证书颁发后7天内，按专用合同条款约定的份数向发包人提交最终结清申请单，并提供相关证明材料。

除专用合同条款另有约定外，最终结清申请单应列明质量保证金、应扣除的质量保证金、缺陷责任期内发生的增减费用。

（2）发包人对最终结清申请单内容有异议的，有权要求承包人进行修正和提供补充资料，承包人应向发包人提交修正后的最终结清申请单。

14.4.2　最终结清证书和支付

（1）除专用合同条款另有约定外，发包人应在收到承包人提交的最终结清申请单后14天内完成审批并向承包人颁发最终结清证书。发包人逾期未完成审批，又未提出修改意见的，视为发包人同意承包人提交的最终结清申请单，且自发包人收到承包人提交的最终结清申请单后15天起视为已颁发最终结清证书。

（2）除专用合同条款另有约定外，发包人应在颁发最终结清证书后7天内完成支付。发包人逾期支付的，按照中国人民银行发布的同期同类贷款基准利率支付违约金；逾期支付超过56天的，按照中国人民银行发布的同期同类贷款基准利率的两倍支付违约金。

(3) 承包人对发包人颁发的最终结清证书有异议的，按第 20 条〔争议解决〕的约定办理。

15. 缺陷责任与保修

15.1 工程保修的原则

在工程移交发包人后，因承包人原因产生的质量缺陷，承包人应承担质量缺陷责任和保修义务。缺陷责任期届满，承包人仍应按合同约定的工程各部位保修年限承担保修义务。

15.2 缺陷责任期

15.2.1 缺陷责任期从工程通过竣工验收之日起计算，合同当事人应在专用合同条款约定缺陷责任期的具体期限，但该期限最长不超过 24 个月。

单位工程先于全部工程进行验收，经验收合格并交付使用的，该单位工程缺陷责任期自单位工程验收合格之日起算。因承包人原因导致工程无法按合同约定期限进行竣工验收的，缺陷责任期从实际通过竣工验收之日起计算。因发包人原因导致工程无法按合同约定期限进行竣工验收的，在承包人提交竣工验收报告 90 天后，工程自动进入缺陷责任期；发包人未经竣工验收擅自使用工程的，缺陷责任期自工程转移占有之日起开始计算。

15.2.2 缺陷责任期内，由承包人原因造成的缺陷，承包人应负责维修，并承担鉴定及维修费用。如承包人不维修也不承担费用，发包人可按合同约定从保证金或银行保函中扣除，费用超出保证金额的，发包人可按合同约定向承包人进行索赔。承包人维修并承担相应费用后，不免除对工程的损失赔偿责任。发包人有权要求承包人延长缺陷责任期，并应在原缺陷责任期届满前发出延长通知。但缺陷责任期（含延长部分）最长不能超过 24 个月。

由他人原因造成的缺陷，发包人负责组织维修，承包人不承担费用，且发包人不得从保证金中扣除费用。

15.2.3 任何一项缺陷或损坏修复后，经检查证明其影响了工程或工程设备的使用性能，承包人应重新进行合同约定的试验和试运行，试验和试运行的全部费用应由责任方承担。

15.2.4 除专用合同条款另有约定外，承包人应于缺陷责任期届满后 7 天内向发包人发出缺陷责任期届满通知，发包人应在收到缺陷责任期满通知后 14 天内核实承包人是否履行缺陷修复义务，承包人未能履行缺陷修复义务的，发包人有权扣除相应金额的维修费用。发包人应在收到缺陷责任期届满通知后 14 天内，向承包人颁发缺陷责任期终止证书。

15.3　质量保证金

经合同当事人协商一致扣留质量保证金的，应在专用合同条款中予以明确。

在工程项目竣工前，承包人已经提供履约担保的，发包人不得同时预留工程质量保证金。

15.3.1　承包人提供质量保证金的方式

承包人提供质量保证金有以下三种方式：

（1）质量保证金保函；

（2）相应比例的工程款；

（3）双方约定的其他方式。

除专用合同条款另有约定外，质量保证金原则上采用上述第（1）种方式。

15.3.2　质量保证金的扣留

质量保证金的扣留有以下三种方式：

（1）在支付工程进度款时逐次扣留，在此情形下，质量保证金的计算基数不包括预付款的支付、扣回以及价格调整的金额；

（2）工程竣工结算时一次性扣留质量保证金；

（3）双方约定的其他扣留方式。

除专用合同条款另有约定外，质量保证金的扣留原则上采用上述第（1）种方式。

发包人累计扣留的质量保证金不得超过工程价款结算总额的 3%。如承包人在发包人签发竣工付款证书后 28 天内提交质量保证金保函，发包人应同时退还扣留的作为质量保证金的工程价款；保函金额不得超过工程价款结算总额的 3%。

发包人在退还质量保证金的同时按照中国人民银行发布的同期同类贷款基准利率支付利息。

15.3.3　质量保证金的退还

缺陷责任期内，承包人认真履行合同约定的责任，到期后，承包人可向发包人申请返还保证金。

发包人在接到承包人返还保证金申请后，应于 14 天内会同承包人按照合同约定的内容进行核实。如无异议，发包人应当按照约定将保证金返还给承包人。对返还期限没有约定或者约定不明确的，发包人应当在核实后 14 天内将保证金返还承包人，逾期未返还的，依法承担违约责任。发包人在接到承包人返还保证金申请后 14 天内不予答复，经催告后 14 天内仍不予答复，视同认可承包人的返还保证金申请。

发包人和承包人对保证金预留、返还以及工程维修质量、费用有争议的，按本合同第 20 条约定的争议和纠纷解决程序处理。

15.4　保修

15.4.1　保修责任

工程保修期从工程竣工验收合格之日起算，具体分部分项工程的保修期由合同当事人在专用合同条款中约定，但不得低于法定最低保修年限。在工程保修期内，承包人应当根据有关法律规定以及合同约定承担保修责任。

发包人未经竣工验收擅自使用工程的，保修期自转移占有之日起算。

15.4.2　修复费用

保修期内，修复的费用按照以下约定处理：

（1）保修期内，因承包人原因造成工程的缺陷、损坏，承包人应负责修复，并承担修复的费用以及因工程的缺陷、损坏造成的人身伤害和财产损失；

（2）保修期内，因发包人使用不当造成工程的缺陷、损坏，可以委托承包人修复，但发包人应承担修复的费用，并支付承包人合理利润；

（3）因其他原因造成工程的缺陷、损坏，可以委托承包人修复，发包人应承担修复的费用，并支付承包人合理的利润，因工程的缺陷、损坏造成的人身伤害和财产损失由责任方承担。

15.4.3　修复通知

在保修期内，发包人在使用过程中，发现已接收的工程存在缺陷或损坏的，应书面通知承包人予以修复，但情况紧急必须立即修复缺陷或损坏的，发包人可以口头通知承包人并在口头通知后 48 小时内书面确认，承包人应在专用合同条款约定的合理期限内到达工程现场并修复缺陷或损坏。

15.4.4　未能修复

因承包人原因造成工程的缺陷或损坏，承包人拒绝维修或未能在合理期限内修复缺陷或损坏，且经发包人书面催告后仍未修复的，发包人有权自行修复或委托第三方修复，所需费用由承包人承担。但修复范围超出缺陷或损坏范围的，超出范围部分的修复费用由发包人承担。

15.4.5　承包人出入权

在保修期内，为了修复缺陷或损坏，承包人有权出入工程现场，除情况紧急必须立即修复缺陷或损坏外，承包人应提前 24 小时通知发包人进场修复的时间。承包人进入工程现场前应获得发包人同意，且不应影响发包人正常的生产经营，并应遵守发包人有关保安和保密等规定。

16. 违约

16.1　发包人违约

16.1.1　发包人违约的情形

在合同履行过程中发生的下列情形，属于发包人违约：

（1）因发包人原因未能在计划开工日期前 7 天内下达开工通知的；

（2）因发包人原因未能按合同约定支付合同价款的；

（3）发包人违反第 10.1 款〔变更的范围〕第（2）项约定，自行实施被取消的工作或转由他人实施的；

（4）发包人提供的材料、工程设备的规格、数量或质量不符合合同约定，或因发包人原因导致交货日期延误或交货地点变更等情况的；

（5）因发包人违反合同约定造成暂停施工的；

（6）发包人无正当理由没有在约定期限内发出复工指示，导致承包人无法复工的；

（7）发包人明确表示或者以其行为表明不履行合同主要义务的；

（8）发包人未能按照合同约定履行其他义务的。

发包人发生除本项第（7）目以外的违约情况时，承包人可向发包人发出通知，要求发包人采取有效措施纠正违约行为。发包人收到承包人通知后 28 天内仍不纠正违约行为的，承包人有权暂停相应部位工程施工，并通知监理人。

16.1.2　发包人违约的责任

发包人应承担因其违约给承包人增加的费用和（或）延误的工期，并支付承包人合理的利润。此外，合同当事人可在专用合同条款中另行约定发包人违约责任的承担方式和计算方法。

16.1.3　因发包人违约解除合同

除专用合同条款另有约定外，承包人按第 16.1.1 项〔发包人违约的情形〕约定暂停施工满 28 天后，发包人仍不纠正其违约行为并致使合同目的不能实现的，或出现第 16.1.1 项〔发包人违约的情形〕第（7）目约定的违约情况，承包人有权解除合同，发包人应承担由此增加的费用，并支付承包人合理的利润。

16.1.4　因发包人违约解除合同后的付款

承包人按照本款约定解除合同的，发包人应在解除合同后 28 天内支付下列款项，并解除履约担保：

（1）合同解除前所完成工作的价款；

（2）承包人为工程施工订购并已付款的材料、工程设备和其他物品的价款；

（3）承包人撤离施工现场以及遣散承包人人员的款项；

（4）按照合同约定在合同解除前应支付的违约金；

（5）按照合同约定应当支付给承包人的其他款项；

（6）按照合同约定应退还的质量保证金；

（7）因解除合同给承包人造成的损失。

合同当事人未能就解除合同后的结清达成一致的，按照第20条〔争议解决〕的约定处理。

承包人应妥善做好已完工程和与工程有关的已购材料、工程设备的保护和移交工作，并将施工设备和人员撤出施工现场，发包人应为承包人撤出提供必要条件。

16.2 承包人违约

16.2.1 承包人违约的情形

在合同履行过程中发生的下列情形，属于承包人违约：

（1）承包人违反合同约定进行转包或违法分包的；

（2）承包人违反合同约定采购和使用不合格的材料和工程设备的；

（3）因承包人原因导致工程质量不符合合同要求的；

（4）承包人违反第8.9款〔材料与设备专用要求〕的约定，未经批准，私自将已按照合同约定进入施工现场的材料或设备撤离施工现场的；

（5）承包人未能按施工进度计划及时完成合同约定的工作，造成工期延误的；

（6）承包人在缺陷责任期及保修期内，未能在合理期限对工程缺陷进行修复，或拒绝按发包人要求进行修复的；

（7）承包人明确表示或者以其行为表明不履行合同主要义务的；

（8）承包人未能按照合同约定履行其他义务的。

承包人发生除本项第（7）目约定以外的其他违约情况时，监理人可向承包人发出整改通知，要求其在指定的期限内改正。

16.2.2 承包人违约的责任

承包人应承担因其违约行为而增加的费用和（或）延误的工期。此外，合同当事人可在专用合同条款中另行约定承包人违约责任的承担方式和计算方法。

16.2.3 因承包人违约解除合同

除专用合同条款另有约定外，出现第16.2.1项〔承包人违约的情形〕第（7）目约定的违约情况时，或监理人发出整改通知后，承包人在指定的合理期限内仍不纠正违约行为并致使合同目的不能实现的，发包人有权解除合同。合同解除后，因继续完成工程的需要，发包人有权使用承包人在施工现场的材料、设备、临时工程、承包人文件和由承包人或以其名义编制的其他文件，合同当事人应在专用合同条款约定相应费用的承担方式。发包人继续使用的行为不免除或减轻承包人应承担的违约责任。

16.2.4 因承包人违约解除合同后的处理

因承包人原因导致合同解除的，则合同当事人应在合同解除后28天内完成估价、付款和清算，并按以下约定执行：

（1）合同解除后，按第4.4款〔商定或确定〕商定或确定承包人实际完成工作对应的合同价款，以及承包人已提供的材料、工程设备、施工设备和临时工程等的价值；

（2）合同解除后，承包人应支付的违约金；

（3）合同解除后，因解除合同给发包人造成的损失；

（4）合同解除后，承包人应按照发包人要求和监理人的指示完成现场的清理和撤离；

（5）发包人和承包人应在合同解除后进行清算，出具最终结清付款证书，结清全部款项。

因承包人违约解除合同的，发包人有权暂停对承包人的付款，查清各项付款和已扣款项。发包人和承包人未能就合同解除后的清算和款项支付达成一致的，按照第20条〔争议解决〕的约定处理。

16.2.5 采购合同权益转让

因承包人违约解除合同的，发包人有权要求承包人将其为实施合同而签订的材料和设备的采购合同的权益转让给发包人，承包人应在收到解除合同通知后14天内，协助发包人与采购合同的供应商达成相关的转让协议。

16.3 第三人造成的违约

在履行合同过程中，一方当事人因第三人的原因造成违约的，应当向对方当事人承担违约责任。一方当事人和第三人之间的纠纷，依照法律规定或者按照约定解决。

17. 不可抗力

17.1　不可抗力的确认

不可抗力是指合同当事人在签订合同时不可预见，在合同履行过程中不可避免且不能克服的自然灾害和社会性突发事件，如地震、海啸、瘟疫、骚乱、戒严、暴动、战争和专用合同条款中约定的其他情形。

不可抗力发生后，发包人和承包人应收集证明不可抗力发生及不可抗力造成损失的证据，并及时认真统计所造成的损失。合同当事人对是否属于不可抗力或其损失的意见不一致的，由监理人按第4.4款〔商定或确定〕的约定处理。发生争议时，按第20条〔争议解决〕的约定处理。

17.2　不可抗力的通知

合同一方当事人遇到不可抗力事件，使其履行合同义务受到阻碍时，应立即通知合同另一方当事人和监理人，书面说明不可抗力和受阻碍的详细情况，并提供必要的证明。

不可抗力持续发生的，合同一方当事人应及时向合同另一方当事人和监理人提交中间报告，说明不可抗力和履行合同受阻的情况，并于不可抗力事件结束后28天内提交最终报告及有关资料。

17.3　不可抗力后果的承担

17.3.1　不可抗力引起的后果及造成的损失由合同当事人按照法律规定及合同约定各自承担。不可抗力发生前已完成的工程应当按照合同约定进行计量支付。

17.3.2　不可抗力导致的人员伤亡、财产损失、费用增加和（或）工期延误等后果，由合同当事人按以下原则承担：

（1）永久工程、已运至施工现场的材料和工程设备的损坏，以及因工程损坏造成的第三人人员伤亡和财产损失由发包人承担；

（2）承包人施工设备的损坏由承包人承担；

（3）发包人和承包人承担各自人员伤亡和财产的损失；

（4）因不可抗力影响承包人履行合同约定的义务，已经引起或将引起工期延误的，应当顺延工期，由此导致承包人停工的费用损失由发包人和承包人合理分担，停工期间必须支付的工人工资由发包人承担；

（5）因不可抗力引起或将引起工期延误，发包人要求赶工的，由此增加的赶工费用由发包人承担；

(6) 承包人在停工期间按照发包人要求照管、清理和修复工程的费用由发包人承担。

不可抗力发生后，合同当事人均应采取措施尽量避免和减少损失的扩大，任何一方当事人没有采取有效措施导致损失扩大的，应对扩大的损失承担责任。

因合同一方迟延履行合同义务，在迟延履行期间遭遇不可抗力的，不免除其违约责任。

17.4　因不可抗力解除合同

因不可抗力导致合同无法履行连续超过 84 天或累计超过 140 天的，发包人和承包人均有权解除合同。合同解除后，由双方当事人按照第 4.4 款〔商定或确定〕商定或确定发包人应支付的款项，该款项包括：

(1) 合同解除前承包人已完成工作的价款；

(2) 承包人为工程订购的并已交付给承包人，或承包人有责任接受交付的材料、工程设备和其他物品的价款；

(3) 发包人要求承包人退货或解除订货合同而产生的费用，或因不能退货或解除合同而产生的损失；

(4) 承包人撤离施工现场以及遣散承包人人员的费用；

(5) 按照合同约定在合同解除前应支付给承包人的其他款项；

(6) 扣减承包人按照合同约定应向发包人支付的款项；

(7) 双方商定或确定的其他款项。

除专用合同条款另有约定外，合同解除后，发包人应在商定或确定上述款项后 28 天内完成上述款项的支付。

18. 保险

18.1　工程保险

除专用合同条款另有约定外，发包人应投保建筑工程一切险或安装工程一切险；发包人委托承包人投保的，因投保产生的保险费和其他相关费用由发包人承担。

18.2　工伤保险

18.2.1　发包人应依照法律规定参加工伤保险，并为在施工现场的全部员工办理工伤保险，缴纳工伤保险费，并要求监理人及由发包人为履行合同聘请的第三方依法参加工伤保险。

18.2.2　承包人应依照法律规定参加工伤保险，并为其履行合同的全部员工办理工伤保险，缴纳工伤保险费，并要求分包人及由承包人为履行合同聘请的第三方依法参加工伤保险。

18.3　其他保险

发包人和承包人可以为其施工现场的全部人员办理意外伤害保险并支付保险费，包括其员工及为履行合同聘请的第三方的人员，具体事项由合同当事人在专用合同条款约定。

除专用合同条款另有约定外，承包人应为其施工设备等办理财产保险。

18.4　持续保险

合同当事人应与保险人保持联系，使保险人能够随时了解工程实施中的变动，并确保按保险合同条款要求持续保险。

18.5　保险凭证

合同当事人应及时向另一方当事人提交其已投保的各项保险的凭证和保险单复印件。

18.6　未按约定投保的补救

18.6.1　发包人未按合同约定办理保险，或未能使保险持续有效的，则承包人可代为办理，所需费用由发包人承担。发包人未按合同约定办理保险，导致未能得到足额赔偿的，由发包人负责补足。

18.6.2　承包人未按合同约定办理保险，或未能使保险持续有效的，则发包人可代为办理，所需费用由承包人承担。承包人未按合同约定办理保险，导致未能得到足额赔偿的，由承包人负责补足。

18.7　通知义务

除专用合同条款另有约定外，发包人变更除工伤保险之外的保险合同时，应事先征得承包人同意，并通知监理人；承包人变更除工伤保险之外的保险合同时，应事先征得发包人同意，并通知监理人。

保险事故发生时，投保人应按照保险合同规定的条件和期限及时向保险人报告。发包人和承包人应当在知道保险事故发生后及时通知对方。

19. 索赔

19.1　承包人的索赔

根据合同约定，承包人认为有权得到追加付款和（或）延长工期的，应按以下程序向发包人提出索赔：

（1）承包人应在知道或应当知道索赔事件发生后28天内，向监理人递交索赔意向通知书，并说明发生索赔事件的事由；承包人未在前述28天内发出索赔意向通知书的，丧失要求追加付款和（或）延长工期的权利；

（2）承包人应在发出索赔意向通知书后28天内，向监理人正式递交索赔报告；索赔报告应详细说明索赔理由以及要求追加的付款金额和（或）延长的工期，并附必要的记录和证明材料；

（3）索赔事件具有持续影响的，承包人应按合理时间间隔继续递交延续索赔通知，说明持续影响的实际情况和记录，列出累计的追加付款金额和（或）工期延长天数；

（4）在索赔事件影响结束后28天内，承包人应向监理人递交最终索赔报告，说明最终要求索赔的追加付款金额和（或）延长的工期，并附必要的记录和证明材料。

19.2　对承包人索赔的处理

对承包人索赔的处理如下：

（1）监理人应在收到索赔报告后14天内完成审查并报送发包人。监理人对索赔报告存在异议的，有权要求承包人提交全部原始记录副本；

（2）发包人应在监理人收到索赔报告或有关索赔的进一步证明材料后的28天内，由监理人向承包人出具经发包人签认的索赔处理结果。发包人逾期答复的，则视为认可承包人的索赔要求；

（3）承包人接受索赔处理结果的，索赔款项在当期进度款中进行支付；承包人不接受索赔处理结果的，按照第20条〔争议解决〕约定处理。

19.3　发包人的索赔

根据合同约定，发包人认为有权得到赔付金额和（或）延长缺陷责任期的，监理人应向承包人发出通知并附有详细的证明。

发包人应在知道或应当知道索赔事件发生后28天内通过监理人向承包人提出索赔意向通知书，发包人未在前述28天内发出索赔意向通知书的，丧失要求赔付金额和（或）延长缺陷责任期的权利。发包人应在发出索赔意向通知书后28天内，通过监理人向承包人正式递交索赔报告。

19.4　对发包人索赔的处理

对发包人索赔的处理如下：

（1）承包人收到发包人提交的索赔报告后，应及时审查索赔报告的内容、查验发包人证明材料；

（2）承包人应在收到索赔报告或有关索赔的进一步证明材料后28天内，将索赔处理结果答复发包人。如果承包人未在上述期限内作出答复的，则视为对发包人索赔要求的认可；

（3）承包人接受索赔处理结果的，发包人可从应支付给承包人的合同价款中扣除赔付的金额或延长缺陷责任期；发包人不接受索赔处理结果的，按第20条〔争议解决〕约定处理。

19.5 提出索赔的期限

（1）承包人按第14.2款〔竣工结算审核〕约定接收竣工付款证书后，应被视为已无权再提出在工程接收证书颁发前所发生的任何索赔。

（2）承包人按第14.4款〔最终结清〕提交的最终结清申请单中，只限于提出工程接收证书颁发后发生的索赔。提出索赔的期限自接受最终结清证书时终止。

20. 争议解决

20.1 和解

合同当事人可以就争议自行和解，自行和解达成协议的经双方签字并盖章后作为合同补充文件，双方均应遵照执行。

20.2 调解

合同当事人可以就争议请求建设行政主管部门、行业协会或其他第三方进行调解，调解达成协议的，经双方签字并盖章后作为合同补充文件，双方均应遵照执行。

20.3 争议评审

合同当事人在专用合同条款中约定采取争议评审方式解决争议以及评审规则，并按下列约定执行：

20.3.1 争议评审小组的确定

合同当事人可以共同选择一名或三名争议评审员，组成争议评审小组。除专用合同条款另有约定外，合同当事人应当自合同签订后28天内，或者争议发生后14天内，选定争议评审员。

选择一名争议评审员的，由合同当事人共同确定；选择三名争议评审员的，各自选定一名，第三名成员为首席争议评审员，由合同当事人共同确定或由合同当事人委托已选定的争议评审员共同确定，或由专用合同条款约定的评审机构指定第三名首席争议评审员。

除专用合同条款另有约定外，评审员报酬由发包人和承包人各承担一半。

20.3.2 争议评审小组的决定

合同当事人可在任何时间将与合同有关的任何争议共同提请争议评审小组进行评审。争议评审小组应秉持客观、公正原则，充分听取合同当事人的意见，依据相关法律、规范、标准、案例经验及商业惯例等，自收到争议评审申请报告后14天内作出书面决定，并说明理由。合同当事人可以在专用合同条款中对本项事项另行约定。

20.3.3 争议评审小组决定的效力

争议评审小组作出的书面决定经合同当事人签字确认后，对双方具有约束力，双方应遵照执行。

任何一方当事人不接受争议评审小组决定或不履行争议评审小组决定的，双方可选择采用其他争议解决方式。

20.4 仲裁或诉讼

因合同及合同有关事项产生的争议，合同当事人可以在专用合同条款中约定以下一种方式解决争议：

（1）向约定的仲裁委员会申请仲裁；

（2）向有管辖权的人民法院起诉。

20.5 争议解决条款效力

合同有关争议解决的条款独立存在，合同的变更、解除、终止、无效或者被撤销均不影响其效力。

第三部分　专用合同条款

1. 一般约定

1.1　词语定义

1.1.1　合同

1.1.1.10　其他合同文件包括：____

____

____。

1.1.2　合同当事人及其他相关方

1.1.2.4　监理人：

名　　称：____；

资质类别和等级：____；

联系电话：____；

电子信箱：____；

通信地址：____。

1.1.2.5　设计人：

名　　称：____；

资质类别和等级：____；

联系电话：____；

电子信箱：____；

通信地址：____。

1.1.3　工程和设备

1.1.3.7　作为施工现场组成部分的其他场所包括：________________________

____。

1.1.3.9　永久占地包括：____。

1.1.3.10　临时占地包括：____。

1.3　法律

适用于合同的其他规范性文件：______________________________________

____。

1.4 标准和规范

1.4.1 适用于工程的标准规范包括：______________________________

____。

1.4.2 发包人提供国外标准、规范的名称：__________________________

____；

发包人提供国外标准、规范的份数：______________________________；

发包人提供国外标准、规范的名称：______________________________。

1.4.3 发包人对工程的技术标准和功能要求的特殊要求：

____

____。

1.5 合同文件的优先顺序

合同文件组成及优先顺序为：____________________________________

____

____。

1.6 图纸和承包人文件

1.6.1 图纸的提供

发包人向承包人提供图纸的期限：________________________________；

发包人向承包人提供图纸的数量：________________________________；

发包人向承包人提供图纸的内容：________________________________。

1.6.4 承包人文件

需要由承包人提供的文件，包括：________________________________

____；

承包人提供的文件的期限为：____________________________________；

承包人提供的文件的数量为：____________________________________；

承包人提供的文件的形式为：____________________________________；

发包人审批承包人文件的期限：__________________________________。

1.6.5 现场图纸准备

关于现场图纸准备的约定：______________________________________。

1.7 联络

1.7.1 发包人和承包人应当在________天内将与合同有关的通知、批准、证明、证书、指示、指令、要求、请求、同意、意见、确定和决定等书面函件送达对方当事人。

1.7.2 发包人接收文件的地点：________________________________；

发包人指定的接收人为：________________________________。

承包人接收文件的地点：________________________________；

承包人指定的接收人为：________________________________。

监理人接收文件的地点：________________________________；

监理人指定的接收人为：________________________________。

1.10 交通运输

1.10.1 出入现场的权利

关于出入现场的权利的约定：________________________________

____。

1.10.3 场内交通

关于场外交通和场内交通的边界的约定：________________________

____。

关于发包人向承包人免费提供满足工程施工需要的场内道路和交通设施的约定：

____

____。

1.10.4 超大件和超重件的运输

运输超大件或超重件所需的道路和桥梁临时加固改造费用和其他有关费用由____________承担。

1.11 知识产权

1.11.1 关于发包人提供给承包人的图纸、发包人为实施工程自行编制或委托编制的技术规范以及反映发包人关于合同要求或其他类似性质的文件的著作权的归属：____

____。

关于发包人提供的上述文件的使用限制的要求________________________

____。

1.11.2 关于承包人为实施工程所编制文件的著作权的归属：____________

____。

关于承包人提供的上述文件的使用限制的要求：____。

1.11.4　承包人在施工过程中所采用的专利、专有技术、技术秘密的使用费的承担方式：____。

1.13　工程量清单错误的修正

出现工程量清单错误时，是否调整合同价格：____________________。

允许调整合同价格的工程量偏差范围：____。

2. 发包人

2.2　发包人代表

发包人代表：

姓　　名：____________________；

身份证号：____________________；

职　　务：____________________；

联系电话：____________________；

电子信箱：____________________；

通信地址：____________________。

发包人对发包人代表的授权范围如下：____。

2.4　施工现场、施工条件和基础资料的提供

2.4.1　提供施工现场

关于发包人移交施工现场的期限要求：____。

2.4.2　提供施工条件

关于发包人应负责提供施工所需要的条件，包括：____。

2.5　资金来源证明及支付担保

发包人提供资金来源证明的期限要求：____________________。

发包人是否提供支付担保：____________________。

发包人提供支付担保的形式：____________________。

3. 承包人

3.1 承包人的一般义务

(9) 承包人提交的竣工资料的内容：________________________

________________________。

承包人需要提交的竣工资料套数：________________________。

承包人提交的竣工资料的费用承担：________________________。

承包人提交的竣工资料移交时间：________________________。

承包人提交的竣工资料形式要求：________________________。

(10) 承包人应履行的其他义务：________________________

________________________。

3.2 项目经理

3.2.1 项目经理：

姓　　名：________________________；

身份证号：________________________；

建造师执业资格等级：________________________；

建造师注册证书号：________________________；

建造师执业印章号：________________________；

安全生产考核合格证书号：________________________；

联系电话：________________________；

电子信箱：________________________；

通信地址：________________________；

承包人对项目经理的授权范围如下：________________________

________________________。

关于项目经理每月在施工现场的时间要求：________________________

________________________。

承包人未提交劳动合同，以及没有为项目经理缴纳社会保险证明的违约责任：

____

________________________。

项目经理未经批准，擅自离开施工现场的违约责任：________________________

________________________。

3.2.3 承包人擅自更换项目经理的违约责任：______________________________

____。

3.2.4 承包人无正当理由拒绝更换项目经理的违约责任：___________________

____。

3.3 承包人人员

3.3.1 承包人提交项目管理机构及施工现场管理人员安排报告的期限：______

____。

3.3.3 承包人无正当理由拒绝撤换主要施工管理人员的违约责任：__________

____。

3.3.4 承包人主要施工管理人员离开施工现场的批准要求：_______________

____。

3.3.5 承包人擅自更换主要施工管理人员的违约责任：____________________

____。

承包人主要施工管理人员擅自离开施工现场的违约责任：____________________

____。

3.5 分包

3.5.1 分包的一般约定

禁止分包的工程包括：____。

主体结构、关键性工作的范围：____

____。

3.5.2 分包的确定

允许分包的专业工程包括：____。

其他关于分包的约定：____

____。

3.5.4 分包合同价款

关于分包合同价款支付的约定：____。

3.6 工程照管与成品、半成品保护

承包人负责照管工程及工程相关的材料、工程设备的起始时间：_____________

____。

3.7 履约担保

承包人是否提供履约担保：____。

承包人提供履约担保的形式、金额及期限的：____。

4. 监理人

4.1 监理人的一般规定

关于监理人的监理内容：________________________。

关于监理人的监理权限：________________________。

关于监理人在施工现场的办公场所、生活场所的提供和费用承担的约定：____。

4.2 监理人员

总监理工程师：

姓　　名：________________________；

职　　务：________________________；

监理工程师执业资格证书号：________________________；

联系电话：________________________；

电子信箱：________________________；

通信地址：________________________；

关于监理人的其他约定：________________________。

4.4 商定或确定

在发包人和承包人不能通过协商达成一致意见时，发包人授权监理人对以下事项进行确定：

（1）________________________；

（2）________________________；

（3）________________________。

5. 工程质量

5.1 质量要求

5.1.1 特殊质量标准和要求：____。

关于工程奖项的约定：____。

5.3 隐蔽工程检查

5.3.2 承包人提前通知监理人隐蔽工程检查的期限的约定：________________

____。

监理人不能按时进行检查时，应提前________小时提交书面延期要求。

关于延期最长不得超过：________小时。

6. 安全文明施工与环境保护

6.1　安全文明施工

6.1.1　项目安全生产的达标目标及相应事项的约定：____________________

____。

6.1.4　关于治安保卫的特别约定：______________________________

____。

关于编制施工场地治安管理计划的约定：__________________________

____。

6.1.5　文明施工

合同当事人对文明施工的要求：______________________________

____。

6.1.6　关于安全文明施工费支付比例和支付期限的约定：________________

____。

7. 工期和进度

7.1　施工组织设计

7.1.1　合同当事人约定的施工组织设计应包括的其他内容：______________

____。

7.1.2　施工组织设计的提交和修改

承包人提交详细施工组织设计的期限的约定：______________________

____。

发包人和监理人在收到详细的施工组织设计后确认或提出修改意见的期限：

____。

7.2　施工进度计划

7.2.2　施工进度计划的修订

发包人和监理人在收到修订的施工进度计划后确认或提出修改意见的期限：

____。

7.3 开工

7.3.1 开工准备

关于承包人提交工程开工报审表的期限：________________。

关于发包人应完成的其他开工准备工作及期限：________________

________________。

关于承包人应完成的其他开工准备工作及期限：________________

________________。

7.3.2 开工通知

因发包人原因造成监理人未能在计划开工日期之日起________天内发出开工通知的，承包人有权提出价格调整要求，或者解除合同。

7.4 测量放线

7.4.1 发包人通过监理人向承包人提供测量基准点、基准线和水准点及其书面资料的期限：________________。

7.5 工期延误

7.5.1 因发包人原因导致工期延误

(7) 因发包人原因导致工期延误的其他情形：________________

________________。

7.5.2 因承包人原因导致工期延误

因承包人原因造成工期延误，逾期竣工违约金的计算方法为：________________

________________。

因承包人原因造成工期延误，逾期竣工违约金的上限：________________

________________。

7.6 不利物质条件

不利物质条件的其他情形和有关约定：________________

________________。

7.7 异常恶劣的气候条件

发包人和承包人同意以下情形视为异常恶劣的气候条件：

(1) ________________；

(2) ________________；

(3) ________________。

7.9 提前竣工的奖励

7.9.2 提前竣工的奖励：____。

8. 材料与设备

8.4 料与工程设备的保管与使用

8.4.1 发包人供应的材料设备的保管费用的承担：______________________
____。

8.6 样品

8.6.1 样品的报送与封存

需要承包人报送样品的材料或工程设备，样品的种类、名称、规格、数量要求：
____
____。

8.8 施工设备和临时设施

8.8.1 承包人提供的施工设备和临时设施

关于修建临时设施费用承担的约定：__________________________________
____。

9. 试验与检验

9.1 试验设备与试验人员

9.1.2 试验设备

施工现场需要配置的试验场所：______________________________________
____。

施工现场需要配备的试验设备：______________________________________
____。

施工现场需要具备的其他试验条件：__________________________________
____。

9.4 现场工艺试验

现场工艺试验的有关约定：____
____。

10. 变更

10.1 变更的范围

关于变更的范围的约定：____

____。

10.4 变更估价

10.4.1 变更估价原则

关于变更估价的约定：____

____。

10.5 承包人的合理化建议

监理人审查承包人合理化建议的期限：____________________________。

发包人审批承包人合理化建议的期限：____________________________。

承包人提出的合理化建议降低了合同价格或者提高了工程经济效益的奖励的方法和金额为：____

____。

10.7 暂估价

暂估价材料和工程设备的明细详见附件11：《暂估价一览表》。

10.7.1 依法必须招标的暂估价项目

对于依法必须招标的暂估价项目的确认和批准采取第________种方式确定。

10.7.2 不属于依法必须招标的暂估价项目

对于不属于依法必须招标的暂估价项目的确认和批准采取第________种方式确定。

第3种方式：承包人直接实施的暂估价项目

承包人直接实施的暂估价项目的约定：____________________________

____。

10.8 暂列金额

合同当事人关于暂列金额使用的约定：____________________________

____。

11. 价格调整

11.1 市场价格波动引起的调整

市场价格波动是否调整合同价格的约定：__________________________。

因市场价格波动调整合同价格，采用以下第________种方式对合同价格进行调整：

第1种方式：采用价格指数进行价格调整。

关于各可调因子、定值和变值权重，以及基本价格指数及其来源的约定：______

____；

第 2 种方式：采用造价信息进行价格调整。

（2）关于基准价格的约定：____。

专用合同条款①承包人在已标价工程量清单或预算书中载明的材料单价低于基准价格的：专用合同条款合同履行期间材料单价涨幅以基准价格为基础超过____%时，或材料单价跌幅以已标价工程量清单或预算书中载明材料单价为基础超过____%时，其超过部分据实调整。

② 承包人在已标价工程量清单或预算书中载明的材料单价高于基准价格的：专用合同条款合同履行期间材料单价跌幅以基准价格为基础超过____%时，材料单价涨幅以已标价工程量清单或预算书中载明材料单价为基础超过____%时，其超过部分据实调整。

③ 承包人在已标价工程量清单或预算书中载明的材料单价等于基准单价的：专用合同条款合同履行期间材料单价涨跌幅以基准单价为基础超过±____%时，其超过部分据实调整。

第 3 种方式：其他价格调整方式：____

____。

12. 合同价格、计量与支付

12.1　合同价格形式

1. 单价合同。

综合单价包含的风险范围：____

____。

风险费用的计算方法：____

____。

风险范围以外合同价格的调整方法：________________________________

____。

2. 总价合同。

总价包含的风险范围：____

____。

风险费用的计算方法：____

____。

风险范围以外合同价格的调整方法：________________________________

____。

3. 其他价格方式：____

____。

12.2　预付款

12.2.1　预付款的支付

预付款支付比例或金额：______________________________。

预付款支付期限：__________________________________。

预付款扣回的方式：________________________________。

12.2.2　预付款担保

承包人提交预付款担保的期限：________________________。

预付款担保的形式为：______________________________。

12.3　计量

12.3.1　计量原则

工程量计算规则：__________________________________。

12.3.2　计量周期

关于计量周期的约定：______________________________。

12.3.3　单价合同的计量

关于单价合同计量的约定：__________________________。

12.3.4　总价合同的计量

关于总价合同计量的约定：__________________________。

12.3.5　总价合同采用支付分解表计量支付的，是否适用第12.3.4项〔总价合同的计量〕约定进行计量：______________________________。

12.3.6　其他价格形式合同的计量

其他价格形式的计量方式和程序：________________________

____。

12.4　工程进度款支付

12.4.1　付款周期

关于付款周期的约定：______________________________。

12.4.2　进度付款申请单的编制

关于进度付款申请单编制的约定：________________________

____。

12.4.3 进度付款申请单的提交

(1) 单价合同进度付款申请单提交的约定：________________。

(2) 总价合同进度付款申请单提交的约定：________________。

(3) 其他价格形式合同进度付款申请单提交的约定：________________

____。

12.4.4 进度款审核和支付

(1) 监理人审查并报送发包人的期限：________________。

发包人完成审批并签发进度款支付证书的期限：________________

____。

(2) 发包人支付进度款的期限：________________。

发包人逾期支付进度款的违约金的计算方式：________________

____。

12.4.6 支付分解表的编制

2. 总价合同支付分解表的编制与审批：________________

____。

3. 单价合同的总价项目支付分解表的编制与审批：________________

____。

13. 验收和工程试车

13.1 分部分项工程验收

13.1.2 监理人不能按时进行验收时，应提前________小时提交书面延期要求。

关于延期最长不得超过：________小时。

13.2 竣工验收

13.2.2 竣工验收程序

关于竣工验收程序的约定：________________

____。

发包人不按照本项约定组织竣工验收、颁发工程接收证书的违约金的计算方法：

____

____。

13.2.5 移交、接收全部与部分工程

承包人向发包人移交工程的期限：________________。

发包人未按本合同约定接收全部或部分工程的，违约金的计算方法为：________________________。

承包人未按时移交工程的，违约金的计算方法为：________________________。

13.3 工程试车

13.3.1 试车程序

工程试车内容：____。

（1）单机无负荷试车费用由________________承担；

（2）无负荷联动试车费用由________________承担。

13.3.3 投料试车

关于投料试车相关事项的约定：________________________。

13.6 竣工退场

13.6.1 竣工退场

承包人完成竣工退场的期限：________________。

14. 竣工结算

14.1 竣工结算申请

承包人提交竣工结算申请单的期限：________________。

竣工结算申请单应包括的内容：________________________。

14.2 竣工结算审核

发包人审批竣工付款申请单的期限：________________。

发包人完成竣工付款的期限：________________。

关于竣工付款证书异议部分复核的方式和程序：________________________。

14.4 最终结清

14.4.1 最终结清申请单

承包人提交最终结清申请单的份数：________________。

承包人提交最终结算申请单的期限：________________________________。

14.4.2 最终结清证书和支付

（1）发包人完成最终结清申请单的审批并颁发最终结清证书的期限：__________

____。

（2）发包人完成支付的期限：________________________________。

15. 缺陷责任期与保修

15.2 缺陷责任期

缺陷责任期的具体期限：____

____。

15.3 质量保证金

关于是否扣留质量保证金的约定：________________________________。

在工程项目竣工前，承包人按专用合同条款第 3.7 条提供履约担保的，发包人不得同时预留工程质量保证金。

15.3.1 承包人提供质量保证金的方式

质量保证金采用以下第________种方式：

（1）质量保证金保函，保证金额为：________________________________；

（2）________%的工程款；

（3）其他方式：____。

15.3.2 质量保证金的扣留

质量保证金的扣留采取以下第________种方式：

（1）在支付工程进度款时逐次扣留，在此情形下，质量保证金的计算基数不包括预付款的支付、扣回以及价格调整的金额；

（2）工程竣工结算时一次性扣留质量保证金；

（3）其他扣留方式：____。

关于质量保证金的补充约定：____________________________________

____。

15.4 保修

15.4.1 保修责任

工程保修期为：____

____。

15.4.3 修复通知

承包人收到保修通知并到达工程现场的合理时间：________________________

____。

16. 违约

16.1 发包人违约

16.1.1 发包人违约的情形

发包人违约的其他情形：____

____。

16.1.2 发包人违约的责任

发包人违约责任的承担方式和计算方法：

(1) 因发包人原因未能在计划开工日期前7天内下达开工通知的违约责任：

____。

(2) 因发包人原因未能按合同约定支付合同价款的违约责任：______________

____。

(3) 发包人违反第10.1款〔变更的范围〕第(2)项约定，自行实施被取消的工作或转由他人实施的违约责任：____

____。

(4) 发包人提供的材料、工程设备的规格、数量或质量不符合合同约定，或因发包人原因导致交货日期延误或交货地点变更等情况的违约责任：______________。

(5) 因发包人违反合同约定造成暂停施工的违约责任：____________________

____。

(6) 发包人无正当理由没有在约定期限内发出复工指示，导致承包人无法复工的违约责任：____。

(7) 其他：____。

16.1.3 因发包人违约解除合同

承包人按16.1.1项〔发包人违约的情形〕约定暂停施工满________天后发包人仍不纠正其违约行为并致使合同目的不能实现的，承包人有权解除合同。

16.2 承包人违约

16.2.1 承包人违约的情形

承包人违约的其他情形：____

____。

16.2.2 承包人违约的责任

承包人违约责任的承担方式和计算方法：________________________________

____。

16.2.3 因承包人违约解除合同

关于承包人违约解除合同的特别约定：________________________________

____。

发包人继续使用承包人在施工现场的材料、设备、临时工程、承包人文件和由承包人或以其名义编制的其他文件的费用承担方式：________________________。

17. 不可抗力

17.1 不可抗力的确认

除通用合同条款约定的不可抗力事件之外，视为不可抗力的其他情形：________

____。

17.4 因不可抗力解除合同

合同解除后，发包人应在商定或确定发包人应支付款项后________天内完成款项的支付。

18. 保险

18.1 工程保险

关于工程保险的特别约定：____。

18.3 其他保险

关于其他保险的约定：____。

承包人是否应为其施工设备等办理财产保险：____________________________

____。

18.7 通知义务

关于变更保险合同时的通知义务的约定：________________________________

____。

20. 争议解决

20.3 争议评审

合同当事人是否同意将工程争议提交争议评审小组决定：__________________

____。

20.3.1　争议评审小组的确定

争议评审小组成员的确定：____。

选定争议评审员的期限：____。

争议评审小组成员的报酬承担方式：________________________________。

其他事项的约定：____。

20.3.2　争议评审小组的决定

合同当事人关于本项的约定：______________________________________。

20.4　仲裁或诉讼

因合同及合同有关事项发生的争议，按下列第________种方式解决：

（1）向______________________仲裁委员会申请仲裁；

（2）向______________________人民法院起诉。

附　　件

协议书附件：

附件1：承包人承揽工程项目一览表

专用合同条款附件：

附件2：发包人供应材料设备一览表

附件3：工程质量保修书

附件4：主要建设工程文件目录

附件5：承包人用于本工程施工的机械设备表

附件6：承包人主要施工管理人员表

附件7：分包人主要施工管理人员表

附件8：履约担保格式

附件9：预付款担保格式

附件10：支付担保格式

附件11：暂估价一览表

附件 1：

承包人承揽工程项目一览表

单位工程名称	建设规模	建筑面积（平方米）	结构形式	层数	生产能力	设备安装内容	合同价格（元）	开工日期	竣工日期

附件 2：

发包人供应材料设备一览表

序号	材料、设备品种	规格型号	单位	数量	单价（元）	质量等级	供应时间	送达地点	备注

附件3：

工程质量保修书

发包人（全称）：____

承包人（全称）：____

发包人和承包人根据《中华人民共和国建筑法》和《建设工程质量管理条例》，经协商一致就____________（工程全称）签订工程质量保修书。

一、工程质量保修范围和内容

承包人在质量保修期内，按照有关法律规定和合同约定，承担工程质量保修责任。

质量保修范围包括地基基础工程、主体结构工程，屋面防水工程、有防水要求的卫生间、房间和外墙面的防渗漏，供热与供冷系统，电气管线、给排水管道、设备安装和装修工程，以及双方约定的其他项目。具体保修的内容，双方约定如下：

____

____

____。

二、质量保修期

根据《建设工程质量管理条例》及有关规定，工程的质量保修期如下：

1. 地基基础工程和主体结构工程为设计文件规定的工程合理使用年限；

2. 屋面防水工程、有防水要求的卫生间、房间和外墙面的防渗为______年；

3. 装修工程为________年；

4. 电气管线、给排水管道、设备安装工程为________年；

5. 供热与供冷系统为________个采暖期、供冷期；

6. 住宅小区内的给排水设施、道路等配套工程为________年；

7. 其他项目保修期限约定如下：

____

____

____

__________。

质量保修期自工程竣工验收合格之日起计算。

三、缺陷责任期

工程缺陷责任期为________个月，缺陷责任期自工程通过竣工验收之日起计算。单位工程先于全部工程进行验收，单位工程缺陷责任期自单位工程验收合格之日起算。

缺陷责任期终止后，发包人应退还剩余的质量保证金。

四、质量保修责任

1. 属于保修范围、内容的项目，承包人应当在接到保修通知之日起 7 天内派人保修。承包人不在约定期限内派人保修的，发包人可以委托他人修理。

2. 发生紧急事故需抢修的，承包人在接到事故通知后，应当立即到达事故现场抢修。

3. 对于涉及结构安全的质量问题，应当按照《建设工程质量管理条例》的规定，立即向当地建设行政主管部门和有关部门报告，采取安全防范措施，并由原设计人或者具有相应资质等级的设计人提出保修方案，承包人实施保修。

4. 质量保修完成后，由发包人组织验收。

五、保修费用

保修费用由造成质量缺陷的责任方承担。

六、双方约定的其他工程质量保修事项：______________________________

____

____

__________。

工程质量保修书由发包人、承包人在工程竣工验收前共同签署，作为施工合同附件，其有效期限至保修期满。

发包人（公章）：____________________　　承包人（公章）：____________________

地　址：____________________________　　地　址：____________________________

法定代表人（签字）：________________

委托代理人（签字）：________________

电　话：________________________

传　真：________________________

开户银行：______________________

账　号：________________________

邮政编码：______________________

法定代表人（签字）：________________

委托代理人（签字）：________________

电　话：________________________

传　真：________________________

开户银行：______________________

账　号：________________________

邮政编码：______________________

附件 4：

主要建设工程文件目录

文件名称	套数	费用（元）	质量	移交时间	责任人

附件5：

承包人用于本工程施工的机械设备表

序号	机械或设备名称	规格型号	数量	产地	制造年份	额定功率（kW）	生产能力	备注

附件6：

承包人主要施工管理人员表

<table>
<tr><th>名称</th><th>姓名</th><th>职务</th><th>职称</th><th>主要资历、经验及承担过的项目</th></tr>
<tr><td colspan="5">一、总部人员</td></tr>
<tr><td>项目主管</td><td></td><td></td><td></td><td></td></tr>
<tr><td rowspan="3">其他人员</td><td></td><td></td><td></td><td></td></tr>
<tr><td></td><td></td><td></td><td></td></tr>
<tr><td></td><td></td><td></td><td></td></tr>
<tr><td colspan="5">二、现场人员</td></tr>
<tr><td>项目经理</td><td></td><td></td><td></td><td></td></tr>
<tr><td>项目副经理</td><td></td><td></td><td></td><td></td></tr>
<tr><td>技术负责人</td><td></td><td></td><td></td><td></td></tr>
<tr><td>造价管理</td><td></td><td></td><td></td><td></td></tr>
<tr><td>质量管理</td><td></td><td></td><td></td><td></td></tr>
<tr><td>材料管理</td><td></td><td></td><td></td><td></td></tr>
<tr><td>计划管理</td><td></td><td></td><td></td><td></td></tr>
<tr><td>安全管理</td><td></td><td></td><td></td><td></td></tr>
<tr><td rowspan="6">其他人员</td><td></td><td></td><td></td><td></td></tr>
<tr><td></td><td></td><td></td><td></td></tr>
<tr><td></td><td></td><td></td><td></td></tr>
<tr><td></td><td></td><td></td><td></td></tr>
<tr><td></td><td></td><td></td><td></td></tr>
<tr><td></td><td></td><td></td><td></td></tr>
</table>

附件7：

分包人主要施工管理人员表

名称	姓名	职务	职称	主要资历、经验及承担过的项目
一、总部人员				
项目主管				
其他人员				
二、现场人员				
项目经理				
项目副经理				
技术负责人				
造价管理				
质量管理				
材料管理				
计划管理				
安全管理				
其他人员				

附件8：

履约担保

_______________(发包人名称)：

鉴于___________(发包人名称，以下简称“发包人”)与____________________ ______________________(承包人名称)(以下称“承包人”)于____年____月____日就_____________________________(工程名称)施工及有关事项协商一致共同签订《建设工程施工合同》。我方愿意无条件地、不可撤销地就承包人履行与你方签订的合同，向你方提供连带责任担保。

1. 担保金额人民币(大写)__________________元(￥____________)。

2. 担保有效期自你方与承包人签订的合同生效之日起至你方签发或应签发工程接收证书之日止。

3. 在本担保有效期内，因承包人违反合同约定的义务给你方造成经济损失时，我方在收到你方以书面形式提出的在担保金额内的赔偿要求后，在7天内无条件支付。

4. 你方和承包人按合同约定变更合同时，我方承担本担保规定的义务不变。

5. 因本保函发生的纠纷，可由双方协商解决，协商不成的，任何一方均可提请________仲裁委员会仲裁。

6. 本保函自我方法定代表人(或其授权代理人)签字并加盖公章之日起生效。

担保人：________________________(盖单位章)

法定代表人或其委托代理人：___________(签字)

地　　址：____

邮政编码：____

电　　话：____

传　　真：____

___________年___________月___________日

附件9：

预付款担保

____________________（发包人名称）：

根据________________（承包人名称）（以下称“承包人”）与________（发包人名称）（以下简称“发包人”）于____年____月____日签订的________________（工程名称）《建设工程施工合同》，承包人按约定的金额向你方提交一份预付款担保，即有权得到你方支付相等金额的预付款。我方愿意就你方提供给承包人的预付款为承包人提供连带责任担保。

1. 担保金额人民币（大写）____________________元（￥__________________）。

2. 担保有效期自预付款支付给承包人起生效，至你方签发的进度款支付证书说明已完全扣清止。

3. 在本保函有效期内，因承包人违反合同约定的义务而要求收回预付款时，我方在收到你方的书面通知后，在7天内无条件支付。但本保函的担保金额，在任何时候不应超过预付款金额减去你方按合同约定在向承包人签发的进度款支付证书中扣除的金额。

4. 你方和承包人按合同约定变更合同时，我方承担本保函规定的义务不变。

5. 因本保函发生的纠纷，可由双方协商解决，协商不成的，任何一方均可提请________仲裁委员会仲裁。

6. 本保函自我方法定代表人（或其授权代理人）签字并加盖公章之日起生效。

担保人：____（盖单位章）

法定代表人或其委托代理人：____________________________________（签字）

地　　址：____

邮政编码：____

电　　话：____

传　　真：____

________年________月________日

附件 10：

支付担保

___________________（承包人）：

鉴于你方作为承包人已经与___________________（发包人名称）（以下称“发包人”）于_______年_______月_______日签订了_____________________（工程名称）《建设工程施工合同》（以下称“主合同”），应发包人的申请，我方愿就发包人履行主合同约定的工程款支付义务以保证的方式向你方提供如下担保：

一、保证的范围及保证金额

1. 我方的保证范围是主合同约定的工程款。

2. 本保函所称主合同约定的工程款是指主合同约定的除工程质量保证金以外的合同价款。

3. 我方保证的金额是主合同约定的工程款的_______%，数额最高不超过人民币元（大写：_______）。

二、保证的方式及保证期间

1. 我方保证的方式为：连带责任保证。

2. 我方保证的期间为：自本合同生效之日起至主合同约定的工程款支付完毕之日后_______日内。

3. 你方与发包人协议变更工程款支付日期的，经我方书面同意后，保证期间按照变更后的支付日期做相应调整。

三、承担保证责任的形式

我方承担保证责任的形式是代为支付。发包人未按主合同约定向你方支付工程款的，由我方在保证金额内代为支付。

四、代偿的安排

1. 你方要求我方承担保证责任的，应向我方发出书面索赔通知及发包人未支付主合同约定工程款的证明材料。索赔通知应写明要求索赔的金额，支付款项应到达的账号。

2. 在出现你方与发包人因工程质量发生争议，发包人拒绝向你方支付工程款的情形时，你方要求我方履行保证责任代为支付的，需提供符合相应条件要求的工程质量检测机构出具的质量说明材料。

3. 我方收到你方的书面索赔通知及相应的证明材料后7天内无条件支付。

五、保证责任的解除

1. 在本保函承诺的保证期间内，你方未书面向我方主张保证责任的，自保证期间届满次日起，我方保证责任解除。

2. 发包人按主合同约定履行了工程款的全部支付义务的，自本保函承诺的保证期间届满次日起，我方保证责任解除。

3. 我方按照本保函向你方履行保证责任所支付金额达到本保函保证金额时，自我方向你方支付（支付款项从我方账户划出）之日起，保证责任即解除。

4. 按照法律法规的规定或出现应解除我方保证责任的其他情形的，我方在本保函项下的保证责任亦解除。

5. 我方解除保证责任后，你方应自我方保证责任解除之日起________个工作日内，将本保函原件返还我方。

六、免责条款

1. 因你方违约致使发包人不能履行义务的，我方不承担保证责任。

2. 依照法律法规的规定或你方与发包人的另行约定，免除发包人部分或全部义务的，我方亦免除其相应的保证责任。

3. 你方与发包人协议变更主合同的，如加重发包人责任致使我方保证责任加重的，需征得我方书面同意，否则我方不再承担因此而加重部分的保证责任，但主合同第10条〔变更〕约定的变更不受本款限制。

4. 因不可抗力造成发包人不能履行义务的，我方不承担保证责任。

七、争议解决

因本保函或本保函相关事项发生的纠纷，可由双方协商解决，协商不成的，按下列第________种方式解决：

（1）向______________________________仲裁委员会申请仲裁；

（2）向______________________________人民法院起诉。

八、保函的生效

本保函自我方法定代表人（或其授权代理人）签字并加盖公章之日起生效。

担保人：____（盖章）

法定代表人或委托代理人：____（签字）

地　　址：____

邮政编码：____

传　　真：____

________年________月________日

附件 11：

11-1：材料暂估价表

序号	名称	单位	数量	单价（元）	合价（元）	备注

11-2：工程设备暂估价表

序号	名称	单位	数量	单价（元）	合价（元）	备注

11-3：专业工程暂估价表

序号	专业工程名称	工程内容	金额
小计：			

参考文献

[1] 李福和，顾增平，蔡敏编著．施工合同法律风险防范与合同管理（依据《建设工程施工合同（示范文本）》(GF-2017-0201) 编写）[M]．北京：中国建筑工业出版社，2018.

[2] 宿辉，何佰洲主编．2017版《建设工程施工合同（示范文本）》(GF-2017-0201) 条文注释与应用指南 [M]．北京：中国建筑工业出版社，2018.

[3] 杨晓蓉主编．建设工程合同的原理与实务：以关系契约理论为视角 [M]．北京：人民法院出版社，2018.

[4] 王建东，杨国锋主编．建设工程施工合同：表达技术与文本解读 [M]．北京：法律出版社，2016.

[5] 最高人民法院民事审判第一庭编著．最高人民法院建设工程施工合同司法解释二理解与适用 [M]．北京：人民法院出版社，2018.

[6] 袁海兵，何涛，李妃主编．最高人民法院建设工程案例精析 [M]．北京：法律出版社，2018.

[7] 刘黎虹主编．工程招投标与合同管理 [M]．北京：机械工业出版社，2017.

[8] 段开龄主编．风险及保险理论之研讨——向传统的智慧挑战 [M]．天津：南开大学出版社，2003.

[9] 冯俊华主编．企业管理概论 [M]．北京：化学工业出版社，2006.

[10] 王学文主编．工程导论 [M]．北京：电子工业出版社，2012.

[11] 王明涛．证券投资频度风险的计量与控制研究 [J]．郑州大学学报（工学版），2003，24 (2)：53-58.

[12] 郭晓亭，蒲勇健，杨秀苔．VaR模型及其在证券投资管理中的应用 [J]．重庆大学学报（自然科学版），2006，29 (3)：152-155.

[13] 叶青，易丹辉．中国证券市场风险分析基本框架的研究 [J]．金融研究，2000 (6)：65-70.

[14] 李波，常燕．论建筑企业风险管理与索赔管理 [J]．建筑经济，2002 (8)：34-35.

[15] 孙嘉天，吴景泰．WBS-RBS方法在海外工程项目风险辨识中的应用 [J]．沈阳航空工业学院学报，2009，26 (2)：65-69.

[16] 田光明．情景分析法 [J]．晋图学刊，2008 (3)：7-9.

[17] 孙建军，柯青，SunJianjun，等．不完全信息环境下的情报分析方法——情景分析法及其在情报研究中的应用 [J]．图书情报工作，2007，51 (2)：63-66.

[18] 张甲辉．工程项目工期风险作用路径及防范研究：[D]．重庆：重庆大学，2014.

［19］ 杨立文．企业重大风险防控研究．中国总会计师，2019（03）：92-93.

［20］ 雷坤，孙峻，喻大严．基于语义检索的建设工程施工合同风险研究［J］．建筑经济，2019，40（02）：106-110.

［21］ 王乃卿．企业宏观经济运行的系统性风险管理［J］．时代金融，2017（21）：110-111.

［22］ 张敏．面向发包单位的价格指数调整价格差额法的应用研究［D］．四川：西华大学，2017.

［23］ 张宜龙．住宅建筑工程造价指数预测模型及应用研究［D］．重庆：重庆交通大学，2016.